REFLEXIONES PHYSICO - MATHEMATICAE
(NOVARUM OBSERVATIONUM TOMUS III)

Cette oeuvre qui parut en 1647, est sans doute la fin d'une trilogie qui aurait compris les Cogitata et l'Universae Geometriae Synopsis (éditées en 1644). On cite l'ouvrage sous le nom de Reflexiones physico-mathematicae (ce qui désigne l'apport personnel dans le volume) ou mieux, sous le nom de Novarum Observationum Tomus III.

Après une épitre dédicatoire à Louis de Valois Comte d'Alès, l'ami de Gassendi et de Mersenne, celui qui avait permis d'étudier la chute des graves, depuis le haut du mât d'un navire en marche, deux préfaces de Mersenne (écrites après coup) précisent que le présent volume continue les Cogitata: ce liber III tient compte des nouvelles lectures du Minime, de ses réflexions et expériences personnelles, des renseignements qu'il a recueillis lors de son voyage en Italie (1644-1645) et lors de celui qu'il entreprit dans le midi de la France (1646).

Le premier traité n'est pas de la main de Mersenne, mais c'est Aristarchi Samii de Mundi Systemate (préface de Roberval non paginée et p. 1-62). Avec toutes les autorisations nécessaires, Mersenne publie ce texte dont les deux éditions originales (en 1643 et 1644) avaient été rapidement épuisées. Dans cet ouvrage (mystification, intuition ou crainte des censures religieuses?), Roberval attribue allègrement au philosophe samien ses propres idées tout en prétendant restituer un texte arabe presque illisible. En fait c'est une oeuvre personnelle et qui n'a rien de commun avec celle du véritable Aristarque: cette dernière ne sera publiée qu'en 1823 par Fortia d'Urban.

Dans cet Aristarchus, Roberval ne veut pas instaurer de nouvelles polémiques, il présente sa théorie comme une hypothèse de travail: c'est une explication des propositions galiléennes sur les divers mouvements du soleil et des planètes. La correspondance de Mersenne montre l'estime que porte le Minime à l'oeuvre de son ami (geometrae nostro).

Dans ses Reflexiones personnelles Mersenne traite, en 25 chapitres, des sujets qui, toute sa vie, l'ont préoccupé:

1) les phénomènes physiques d'après les dernières découvertes (utilité du microscope; la balistique; le centre de gravité et Descartes; la cycloïde;

2) et 3) les mesures et les poids surtout d'après ses propres expériences en Italie, mais aussi en comparaison avec les mesures
espagnoles;

4) et 5) les problèmes posés par l'eau et par le vide (les tubes,
les siphons, l'expérience barométrique et Pascal, la différence
entre l'eau des rivières et celle de la mer;

6) et 7) les problèmes posés par l'air d'après Galilée; le mercure;
les outres gonflées d'air; la respiration sous l'eau;

8) les forces de percussion;

9), 10), 11), 12) et 13) la chute des graves (diverses expériences,
surtout celles que Mersenne a réalisées depuis la coupole de
S. Pierre; le funépendule et le centre de percussion; les mouvements des corps;

14) le son et les expériences balistiques (surtout celles qui ont
été faites en Provence avec le marquis d'Oraison ou en Hollande
avec Const. Huygens;

15) et 16) autres problèmes sur la chute des graves (expériences
réalisées en plusieurs lieux; apports de Galilée et de Torricelli;
le plan incliné;

17) autres problèmes concernant les projectiles (importance de Torricelli; résistance de l'air);

18) les problèmes posés par les cylindres (bobines)

19) les difficultés posées par le funépendule et la chute des graves (importance de Baliani);

20) les questions d'harmonie (la guitare, l'écho; description du
célèbre Musée de musique de Goreto à Ferrare);

21) les mystères des nombres (triangle numérique; carrés; tétraèdres;
les nombres premiers et Frénicle);

22) le diapason;

23) errata et compléments (brasses florentine et génoise; mesures
des basiliques et cathédrales; expériences dans les salines;
la force de percussion des arcs);

24) le voyage de Mersenne dans le midi de la France (1646);

25) les tubes et les liquides qui peuvent servir à l'expérience du
vide.

Dans cet ouvrage, de prime abord, l'on pourrait reprocher à
Mersenne un certain manque d'ordre. Mais il faut se souvenir que son
but n'est pas de se limiter à une seule question qu'il traiterait ex
cathedra, mais plutôt (et c'est l'un des titres du livre) de tenir
le lecteur au courant de dernières découvertes.

Et s'il abandonne un sujet pour y revenir un ou deux chapitres plus loin, c'est qu'il se laisse porter non par quelque fantaisie, mais par quelque association d'idées.

Dans le chapitre I et dans les Préfaces, qui d'ailleurs complètent les classiques errata, il s'en explique, montrant comment il peut passer, par exemple, des problèmes de la vitesse à ceux du vide (mention du traité de Valerianus Magni), à ceux de la matière subtile, aux sources vauclusiennes...

Mais partout il garde toujours la même sérénité pour exposer les théories les plus opposées (par ex. dans la chute des graves), ménager charitablement les susceptibilités des auteurs d'opinions contradictoires (par ex. de Roberval et de Torricelli sur l'invention de la trochoïde), relancer la curiosité scientifique des lecteurs, leur fournir des tableaux ou des figures pour rendre les problèmes moins ardus.

Le Tomus III est une étape nécessaire dans l'Histoire des Sciences.

A. BEAULIEU.

NOVARVM
OBSERVATIONVM
PHYSICO-
MATHEMATICARVM
F. MARINI
MERSENNI
MINIMI.

TOMVS III.

QVIBVS ACCESSIT ARISTARCHVS SAMIVS
DE MVNDI SYSTEMATE.

PARISIIS,
Sumptibus ANTONII BERTIER, viâ
Iacobæâ sub signo Fortunæ.

M. DC. XLVII.
CVM PRIVILEGIO REGIS.

2

Arias tam in Prouincia, quam animo paterno regis, Illuftriſſime Princeps, quàm in aliis Gallia & Italia locis Obſeruationes à me factas, cùm ex parte promoueris, eiſque faueris impenſè, Tibi nuncupandas Optimus quiſque iudicauerit: Quod eò libentiùs præſto, quò certius illas à te ſolità benignitate, vultúque ſereno excipiendas arbitror.

Quod cùm nouerint Viri, qui te colunt, Clariſſimi, (quos inter eminet Dominus de Champigny, qui Regio nomine, ſupremâ æquitate atque prudentiâ Ius in eadem Prouincia dicit,) libentiſſimè perlegent Experimenta, quibus Opuſculi, quod Tibi nunc offero, Capita exornantur.

Quàm verò studiosè Phænomena visuri sint, qui te circumstant Eruditissimi viri, Columbius præsertim ille Tuus, qui his adfuit, quémque possit Heron ipse in Hydraulicis Præceptorem audire: omnique genere Virtutum, atque scientiarum excultissimus Neuraus, statim atque nouerint illa doctissimum habere Principem Approbatorem, nullus dubito.

A quibus, te volente, vnum ausim Phænomenon

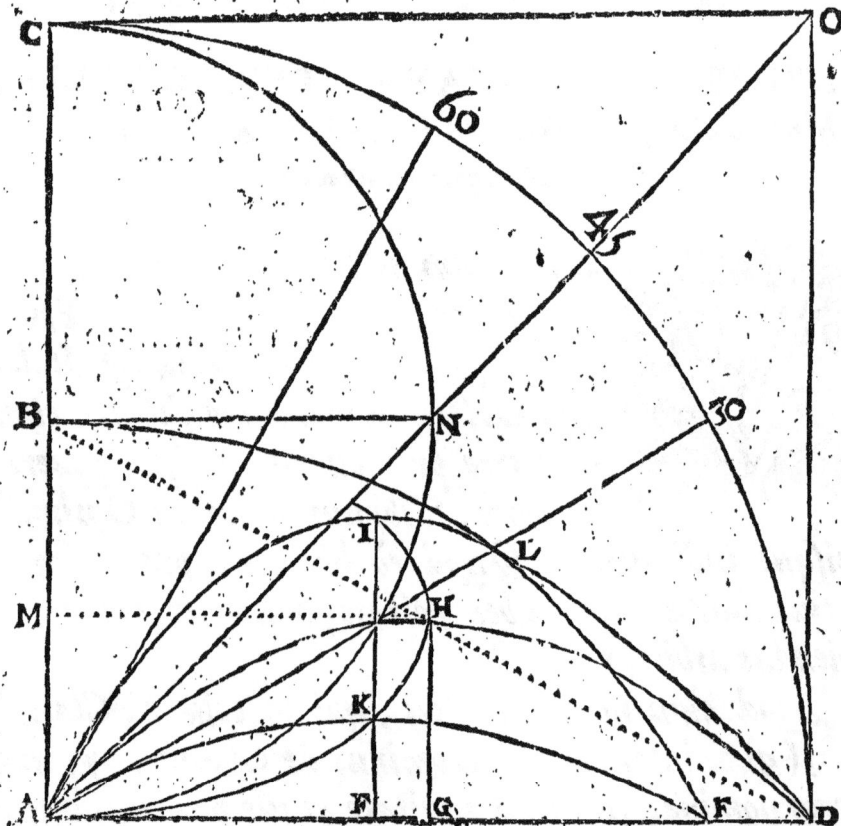

expectare, quo plurá condere valeamus: quot videlicet Orgyas globus tormenti maioris iuxta diametrum

A N O erectus, quóue tempore lineam Iactus anguli semirecti *A H D* percurrat.

Cùm enim Theoria doceat globum illum ex *A* puncto in *O* explosum, eâ velocitate, quam ex *B* cadens in *A* sibi comparasset, Parabolam *A H D* descripturum, adeovt linea recta Horizontalis *A D*, sit verticalis *A B* dupla; quantum sit aëris impedimentum docebit Illustris Obseruatio; quam maximè iuuabit, Verticalis Iactus ex *A* in *B*, dummodo vtriusque duratio satis accuratè Funependulo, siue Horologio tripedali notetur.

Docet enim Theoria Iactus semirecti *A O*, siue *A H D* durationem, esse temporis, quo graue cadit ab axis vertice *H* in *G*, duplam: hoc est, æqualem tempori, quo à *C* ad *A* descendit, cùm duplo tempore cadat ab altitudine quadrupla.

Porrò Tauroëntum eligi potest, è cuius portu nobili Iactum semirectum, ad Castellum in mari Mediterraneo, ad vnum vel alterum milliare situm, dimetientur Obseruatores, vel in ipso Castello, vel secus illud in statione positi, cum Horologijs, quibus tam Verticalis, quàm Semirecti, imo & Horizontalis Iactuum durationes explorent.

Vt vt sit, Illustrissime Princeps, quarto & vltimo istius Opusculi Capite Phænomena reperies satis admiranda, in quorum inuenienda ratione quæ singulis circumstantiis, & omnibus Obseruatoribus satisfaciat, hactenus sudauit doctorum ingenium.

Hoc autem lauidense munusculum illis manibus, eáque mente excipe, Generosissime Princeps, quibus ante

triennium omnes Mathematicarum partes à Veteri-
bus excultas accepisti, vt tam Nouis, quàm Veteribus
testatum faciam me tuarum Virtutum Cultorem, Ti-
bique addictißimum.

E Conuentu Parisiensi Minimorum.

Natali die B. Virginis
anno. 1647.

PRÆFATIO I. AD LECTOREM

1. *Velocitas acquifita, permanens, & agens, quid.* 2. *An inferior pars cylindri aërei fit denfior & grauior.* 3. *Cylindrus aëreus an breuior in vno, quàm in alio loco.* 4. *Cylindri hydrargyrei altitudo in vacuo quanta.* 5. *Variæ vacui circumftantiæ cylindro aëreo explicatæ.* 6. *Vacui folutio Democritica.* 7. *Valerius Magnus vltimus vacui obferuator.* 8. *Tractatus illius de vacuo iudicium.* 9. *Torricellius primus vacui obferuator.* 10. *De Duodecima refonante.* 11. *Quomodo fiant lacus, feu Caftella fontium, & quantum aquæ contineant.*

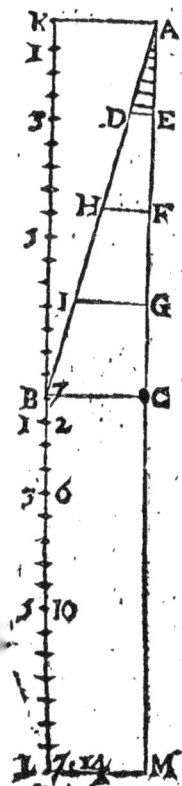

TYPORVM erratis penitùs emendatis, vt habentur ad calcem operis, quædam fuperfunt aduertenda, quorum primùm ad ea pertinet quæ paginis 133 & 134 dicta funt de tribus velocitatibus: quarum definitiones ex repetita figura pag. 133 facilius intelligentur.

Eft igitur velocitas *acquifita*, quæ per aliquod tempus per partes continuò maiores, & maiores acquiritur; v. g. in tempore A E, velocitas D E, quæ acquiritur per continua augmenta ab A in E.

Velocitas *permanens* eft ea, quæ per aliquod tempus acquifita, per fubfequens tempus perfeuerat, qualis eft velocitas D E, refpectu temporis H F.

Velocitas *agens* eft ea, quæ fufficit ad acquirendum idem fpatium motu æquabili,

quod acquireretur per quamcúmque velocitatem motu æquabiliter accelerato.
Eſtque hæc vltima, in ſpatiis à quiete in-
ceptis, ſemper æqualis dimidio majoris velocitatis ; cuiuſmodi eſt dimidia D E, ſi
conſideretur tempus A E : vel dimidia I G,
ſi conſideretur tempus A G, &c.

At in aliis ſpatiis , ſemper æqualis eſt
dimidio maximæ, & dimidio minimæ velocitatis ſimul ſumptis ; vt in tempore
E G, ſi ipſi D E, quæ eſt velocitas permanens temporis E G, iungatur dimidium
velocitatis per eiuſdem tempus acquiſitæ,
habebitur velocitas agens temporis E G.
Iuxta quæ prædictas paginas emendabis,
aut intelliges.

Secundum eſt, circa cylindrum aëreum,
in quem vacui apparentis cauſam multi
refundunt, vt pag. 104 & 219 diximus, quique propterea fatebuntur calculum pag. 104 initum legitimum eſſe: adeout
totius aëreæ columnæ grauitatem ex eo phœnomeno concludere liceat: ſi tamen ſupponatur eiuſdem vbique grauitatis.

Quæ verò pag. 219. vrgebam contra cylindrum aëreum,
ita ſolui poteſt; Primò ſi negetur vacuum idem in tubo in
capſam vndiq; clauſam iniecto futurű, niſi ſimul concedatur
aëris capſula incluſi preſſionem eſſe tantam vt totum cylindrum aëreum ſuppleat: hanc autem preſſionem, vel conden-
ſationem aëris ei æqualem eſſe, quæ fieret à prælo, cuius robur æquale toti ponderi cylindri aërei, vel, quod hîc perinde eſt, hydrargyrei.

Verùm ſi prematur eò magis aër, quò fuerit inferior, aërem in ſuprema atmoſphæra multò leuiorem eſſe oportet;
quàm

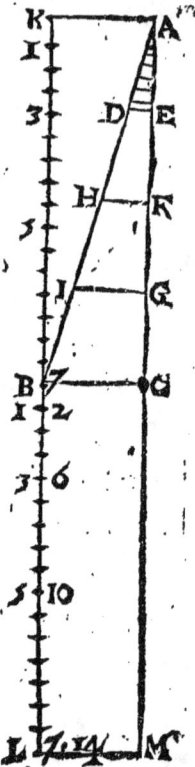

quàm in infimâ, in qua tamen sola grauitatem illius in-
uenimus aqueæ grauitatis plusquàm millecuplam.

Sed maius istud aëris inferioris pondus dubium admodum, cùm aquæ superioris & inferioris pondus idem in-
ueniamus: quanquam si intelligatur cylindrus aqueus, vel
aëreus inferior pedalis à superiore ita separari, atque diuidi,
vt sit eiusdem roboris, & resistentiæ, quibus superiori coniunctus pollebat, peræque contranitatur cylindro mercuriali, eodem modo quo cylindrus pedalis aqueus semper
plenus, absciffus à reliquo cylindro aqueo 15, verbi gratiâ,
pedum, per lumen aliquod fluens, tantundem aquæ tribueret, quantum cylindrus integer 16 pedum, si fingatur
lle cylindrus pedalis in ea semper manere preffione, quam
i 15 pedibus prementibus acquisierat: quam fuisse Cla-
iffimi Torricellij sententiam ex litteris Excellentiffimi
Riccij, anno, si bene memini, 1644, didici.

Tertium, si prædictus aëris cylindrus sit prædicti vacui tubo contenti, vel altitudinis hydrargyreæ causa, vt
pote cui æquiponderet, videtur illum cylindrum aëreum
breuiorem, &ideo cylindrum hydrargyreum minoris altitudinis futurum, si fiat observatio ex turris, aut montis a-
icuius vertice, verbi gratiâ, ad tholi S. Petri fenestras, quæ
cùm 50, ad minimum, sexpedas à terra distent, si cylindrus aëreus vnicam 2500 sexpedarum leucam altus effet,
lle cylindrus breuior effet quinquagesimâ sui parte, iuxta
prædictas fenestras, quàm prope S. Petri Confeffionem.

Sed cùm pag. 104. oftenderimus cylindrum aëreum effe
leucarum, ad minimum, sola pars centesima refcindetur,
quæ cùm soli centesimæ parti cylindri hydrargyrei refpondeat, vix fenfibilis erit illius decurtatio, quandoquidem solâ ferè pedis quinquagesimâ parte, hoc eft, proxi-

e

mé, quartâ parte lineę, breuior erit.

At verò fi ex vertice montis leúcam alti experiaris, cy-lindrus hydrargyreus futurus eft vniùs duntaxat pedis, cum fefquidigito.: quòd fi minimè contigerit, fignum eft cau-fam iftiùs vacui non effe cylindrum aëreum: nifi quis con-tendérit fuperiorem aëris fuperficiem non effe fphæri-cam, fed plus aut minus attolli, iuxtà varios terræ fitus.

Porrò fi fuerit atmofphæra fphærica, cuius fit idem ac terræ centrum, Rothomagi cylindrus hydrargyreus Pari-fienfi, hicque Diuionenfi, aut Lingonenfi altior effe de-beret, cùm Rothomagum à Lutetia differat totâ Sequa-næ decliuitate, quæ forfan turrim B. Mariæ Parifienfis, vel etiam pyramidem admirandâ Rothomagenfem exęquat: fitque præterea major decliuitas reliquæ Sequanæ vſque ad illius originem. Quod etiam de cæteris fluuiis dicen-dum.

Viderint ergo Nannetenfes Niuernenfes, fed & Lin-gonenfes, cuius habeant altitudinis cylindrum hydrargy-reum: quem hîc non femper vniformem reperimus, quan-doquidem tubus in folo mercurio immerfus, cylindrum fuum mercurialem nuper coram viris Clariffimis, pedum 2, digitorum 3 ; habuit; cuius rei teftes habeo nobiliffimum adolefcentem, fublimique præditum ingenio Cæfarem E-ftreum, Illuftriffimum Longi-Ponti Abbatem, & viros præ-ftantiffimos, Launoium Doctorem Facultatis Theologicæ, Cartefium, & Roberuallum : quemadmodum alterius ob-feruationis, quæ dedit cylindrum pedum 2 & ; proximè, feu ferè 4 digitorum, quibus vna vel altera duntaxat linea deerat, teftes produco R. P. Vatierum Iefuiftam, & vtrum-que Pafchalium eximios Geometras & Philofophos, cum aliis multis.

PRÆFATIO AD LECTOREM.

Quod notaſſe fuit operæpretium, vt qui deinceps expe-rietur in locis editiſſimis, vel etiam iuxta mare, videat, & accuratè metiatur cylindrorum hydrargyeorum altitudi-nem, ſolo mercurio in ſcutella tubum excipiente poſito: cui ſi aquam vel alium liquorem addiderit, notet iſtius liquoris altitudinem, quippe qui cylindri mercurialis augeat altitu-dinem: notetque præterea tuborum, quibus expertus fuerit altitudinem, ſi fortè vacui aëreialtitudo quidpiam in cylin-dro hydrargyreo mutet, vt iam moneo tubum vitreum, quo ſumus experti, fuiſſe pedes 3 ½ altum: cuius baſeos diame-ter ½ digiti, ſeu 4 linearum: quanquam longè fututus ſit commodior, ſi diametrum digitalem habuerit, dum-modo lumen ita minuatur, vt digito perfectè claudi poſ-ſit; quod facilius præſtabit Obſeruator, ſi lumen limbo polito marginetur, ne fortè digiti pulpam ſcabra crepi-do lædat.

Cylindros autem illos hydrargyri potius vbique futuros æquáles arbitror, ſiue quòd tanta ſit aëris altitudo, nihil vr apud nos poſſit ſenſui obnoxium exhiberi; verbi gratiâ, ſi vel pſam lunam tranſgrediatur; ſiue ob alias cauſas nobis gnotas, ſiue quòd illa columna aërea huius phænome-ni non ſit cauſa, vt iterum & deinceps in ænigmate dega-nus.

Monendum etiam de hydrargyri grauitate, ſi quod enim hydrargyrum ſit altero grauius, cylindrus vacuum aëreum efficiens eâ ratione minoris erit altitudinis, quâ grauius fue-rit, vt iam alias dixeram. Vbi monitum velim criticum lecto-rem, qui ſolœcis vritur, tam maſculino, quàm neutro genere hydrargyrum gaudere, noſque propterea alterutro indiſcri-minatim vſos eſſe. Si tamé aliquid occurrat quo iure lędatur, d eum viri litterati benignitate emendaturum confidimus.

Adde quòd hæc obſeruatio poſſet etiam adhiberi Atmoſphæræ examini, num videlicet ſit Elliptica, vt multi credunt, ſi enim major illius diameter per mundi polos, minor verò per Cancrum & Capricornū tranſeat, minor erit hydrargyri cylindrus in æquinoctiali, quàm ſub polis, & vice verſâ: docebuntque obſeruationes diametrorum iſtarum differentiam; modò ſit in aëris grauitate perpetua vniformitas.

Quartum, ſi quid in illo tubo vacuo ponderes, inueniaſque quantò ſit leuius, quàm in aëre, grauitas aëris innoteſcet; hincque concludetur quantum aër grauibus deſcentibus velocitatis adimat, hoc eſt quantò velociùs deſcenſura ſint in in vacuo aëreo, quàm in ipſo aëre.

Erit etiam ille cylindrus aëreus vtilis ad explicandam rationem, cur cùm cylindrus aqueus 2, aut plurium pedum in flumen, vel in vas aliquod inferius aquâ plenum inuerſus non effluat in vas, vt ſit eiuſdem altitudinis cum aquâ vaſis, vel fluuii, quòd videlicet non ſit ſatis robuſtus vt totum aëris cylindrum erigat, & altiùs cogat aſcendere,

Quòd tamen Peripatetici refundunt in vacui timorem, & fugâ, ne videlicet in locum aquæ in ſcutellam ex tubo exeuntis aër ſuccedere nequeat: quid ergo dicent cum tubus 35 pedes altus in ſcutellam effluet, donec ad 32 pedum altitudinem peruenerit? vbi iam fuga vacui?

Sed vtilior eſſe videtur in vibrationibus explicandis quas facit mercurius in tubo perpendiculariter erecto; in quo poſtquam deſcendit, & vacuum reliquit, aut fecit, non illico manet in ſua proximè futurâ 2 pedum altitudine, ſed altiùs & inferiùs reciprocis vibrationibus aſcendit, & deſcendit, idque in noſtro prædicto tubo, duodecies circiter, donec quieſcat ea lege vt primæ vibrationes ſint majores, ſequétes verò minores, inſtar funependulorum, quorum theoria forte iuuari poffit ab illis hydrargyri vibrationibus perpendicularibus.

Ratio enim cur ita reciprocetur mercurius, oritur ex æquilibrio fuo cum columna aërea, quæ deprimitur & attollitur inftar hydrargyri: hæc enim lex æquilibrij, ob impetum, fiue motum præcedentem impreffum. Iam verò fupereft explorandum quæ fit ratio magnitudinis, & frequentiæ illarum vibrationum; an tuborum altitudines fint inter fe in ratione duplicata magnitudinis, aut etiam frequentiæ vibrationum; an verò fequantur rationem fimplicem Aritmethicam: quæ omnia facilè duplici tubo folui poffunt, quorum major fit 5, minor 2 ½ pedum: quanquam fit illuftrior obferuatio futura, fi fiat cum tubis 10, & 5 pedum, vbi commodum fuerit.

Quæ Deo dante aliquando foluemus, quemadmodum, & alia plurima, verbi gratiâ, quantum aër in vacuo pofitus tractione mercurij rarefiat: iam quibufdam notatum eft vfque ad octuplum rarefieri, hoc eft octuplò majorem locum occupare, qua de re fufius in Hydraulicis noftris.

Porrò tam multa circa phænomenon iftud notanda veniunt, vix vt quifpiam omnia narret, verbi gratiâ, mercurius ad 2 ½ vel ½ pedum altitudinem redactus, qui cenfetur, in illa fententiâ, effe in æquilibrio cum cylindro aëreo, vtcumque alto, bilance examinatus, dum in fcutellæ hydrargyrum immergitur, nullius effe debere ponderis videtur, cur enim quidpiam feret bilanx, vbi cylindrus aëreus hoc munere fungitur? & tamen experimur tantundem ponderare in bilance, quantum abfque illo cylindro aëreo: quod fignum effe videtur aëreum illum cylindrum non effe caufam huiufce phænomeni.

Quanquam responderi potest alium quoque cylindrum aëris fundo tubi clauso inniti, quod eadem vi premat, quo cylindrus alter aëreus premit, aut impellit mercurium scutellæ, eóque mediante ipsius tubi mercurium, adeóvt cùm bilance expenditur, se toto grauitet, eâque tandem ratione cylindrus aëreus omnes vacui circumstantias explicèt.

Adde quòd vber in obturantis digiti pulpa factum vix in illum cylindrum aëreum rejici possit, cùm vis ex parte interioris tubi carnem trahens sentiatur: quanquam volunt aërem digiti latera pellentem, & ad tubum, si posset, ingrediendum affatim irruentem, illud vber efficere.

Omitto varios vacui, & aëris ludos intra mercurium in horizontali plano situm huc illuc currentem, & varia vtriusque discrimina, varios etiam aëreis, aut aquæ cylindrulos super hydrargyri 2 ½ pedum cylindrum ascendentes.

Omitto quoque Democritum hac in re dicturum exigua vacuola mercurio, & aliis corporibus adiuncta, in vnum confluere, & alia id genus, quæ pro vario Philosophiæ systemate hi vel illi dicturi sunt: quemadmodum videmus confluere diuersos, & huc illuc dispersos hydragyri globulos in vnicum corpus, quod posteà solo motu dispergitur in eosdem vel similes globulos: quod etiam in aëris particulis cernitur, quæ dum aqueo globo spumante disperguntur, postea in vnum pedetentim coëunt.

Hucúsque perueneram cùm in manus meas incidit tractatus R. P. Valeriani Magni, quem eò libentiùs perlegi, quò me certiorem fecit Romæ vir Clarissimus Lucas Holstenius Patrem illum esse doctrinâ eximium, & à me inuifendum; quod vbi præftitiffem, & tantum virum morbo laborantem inueniffem, áque Illuftris Cartefij principia Philofophica legenda tribuiffem, fi fortè conueniret cum eaPhilifophia,quam ipfe proprio marte fe condidiffe afferebat, mihi tandem innotuit quanto fit ingenio, qui Philofophiam integram ex eo folo inuenerit, quòd accuratè notarit mentis fuæ receffus, & quâ ratione quilibet motus & affectus animi fe inuicem præueniant, & confequantur: quam tum demum aggreffus eft, cùm apud Capucinos Philofophiam pluribus annis docuiffet, & omnes Ariftotelis Græcos, aut Latinos Interpretes, nihil habere vidiffet,quòd illius exfatiaret animum.

Huius igitur viri dum expectamus Philofophiam & Theologiam, cuius & de Luce mentis libellum, Holftenij beneficio,legi,&,eodem Patre mihi commodante, librum de fidei Analyfi aduerfusHæreticos,nunc illius tractatum de vacuo,quod tubis coram Rege Poloniæ induxit,aggrediamur.

Nec enim Hiftoriam primi Obferuatoris,de qua vlt. capite fufiùs, retexere velim; nec addere Clariffimum Pafchalium Rothomagi dudum plures huiufce vacui Obferuationes, quàm vllum alium,feciffe, idque tubis non folùm 15 pedum, fed 45, quo primus,vt arbitror,inuenita quæ, vel etiam vini cylindrum hydrargyreo quatuordecies altiorem, idem omnino præftare, hoc eft tubum aquâ vinoque plenum, & in aliam aquam aliquo vafe contentam inuerfum nullâ fuæ aquæ guttâ effluere, & exhauriri,donec 32 pedum altitudinem fuperarit: quod licet Clariffimus Torricellius præuidiffet, minimè tamen, puto, fuerat expertus. Vt vt fit,Primò , Valerianus Magnus fe non effe primum obferuatorem difcet ex hac Præfatione,

& ex cap. 25. noſtrarum Reflexionum, Secundò mercurij grauitatem non ſolùm eſſe duodecuplam grauitatis a-quæ, ſed proximè quartodecuplam. Tertiò, cùm ait ex Galileo non poſſe aquam in fiſtula præter 18 vlnas, vel potiùs brachia, vt loquitur Galileus, eleuari, niſi ſanè intelligat, falſum eſſe, multis ſi quidem modis in fiſtula poteſt vlteriùs eleuari, nempe per compreſſionem, aut impulſionem, quibus apud nos Organa Cteſibica multifariam parantur: addendum eſt igitur, cùm eleuatur aqua inſpirato, aut expirato aëre.

Quartò cùm ſe putat oſtédiſſe locum ſine locato, id oculis Latomorum, non Philoſophorum menti dictum, quippe Nobiliſſimi Philoſophi vix dubitát tubi locum aëre vacuú ſubtiliore materiâ repleri, quæ ſuccedat aëri, nulliúſque ſit grauitatis, eodem ferè modo quo aquæ currenti ſuccedit alia, cuius ſucceſſionem lapides, & alia ná impediunt.

Quintò, tantum abeſt vix fieri poſſe, vt credit, quin intra digitum, & orificium tubi mercurio pleni obturandum aliquid aëris intercipiatur, cùm ſæpe numero abſque vllo aëre ingrediente obſeruauerimus, quanquam particulæ exiguæ aëreæ, vel aqueç nihil ferè obſeruationem impediant : quæ cùm hydrargyro immiſcentur, è fundo ad orificium aſcendunt, per tripedale ſpatium, tempore 8 ſecundorum proximè: quodque mirum videri poſſit, vix aſcendunt velociùs in mercurio, quàm in aqua vtcúmque leuiore, licet in ea ſextuplò ad minimum velociùs, quàm in mercurio deſcendat aurum, vt capite 23. dictum eſt.

Sextò, qui lumen aiunt eſſe motum ſubtilis materiæ, quæ per vitri rectos poros tranſeat, negare poterunt lumen eſſe abſque ſubiecto; præterçáque tueri noctu, vel in meris
tenebris

tenebris nullum quidem esse corpus in tubo, sed tum primum tenuissimis illum corporibus impleri, quæ suo motu lumen efficiant: vel, quod probabilius, tenuissimam illam materiam noctu quoque inesse tubo, quæ diu certo motu agitata lumen efficiat: quod facilè Valerianus potuit ex Clar. Cartesij, quam ei Romæ commodaui, Philosophia concludere.

Omitto triplicem illam qualitatem, seu vim Continuatiuam, Contigüatiuam, & Discontinuatiuam, quas absque probatione supponit, vt prædicta cylindri hydrargyrei phænomena explicet, quippe quæ non sunt nobis minus ignotæ, quàm cætera quæ penitus ignoramus, vt ad primum istius vacui Obseruatorem Claris. Torricellium Florentiæ decus Incomparabile redeamus: qui cùm aëreo cylindro singulas Obseruationis circumstantias, & dubia proposita soluerit, multos sui sequaces habiturus sit.

Quintum, ad ea quæ 11 puncto cap. 20. pag. 174. de Duodecima resonante dicuntur, adde causam posse repeti ex eo quòd tam in Larynge, quàm in fidibus, & fistulis, præter motum illorum corporum, vel aëris ea percutientis, quo sonus naturalis, seu robustior efficitur, intelligi posse motus alios, non quidem totiùs corporis, sed partium illius, quæ duplò, triplò, quadruplò, vel quintuplò tremant velociùs, hoc est, quarum vibrationes in ea ratione sint ordinariis vibrationibus celeriores, in qua soni diuersi, qui resonant, inueniuntur.

Hac enim ratione partes campanæ diuersis vibrationibus 2, 3 aut 4 sonos edunt, vt aliàs dictum est: quod etiam virgis ligneis aërem verberantibus contingit, quarum partes tremút, certisque vibrationibus sonum edunt,

i

fine quibus nullum fibilum ; vt vt manu motæ, facerent,
nifi manus reciproci motus adeo celeres effent, vt vibrationum, quibus fides fonant, celeritatem æmularentur,
quod fieri nequit.

Sextum. Vbi pag. 214. l. 13. dixi pruna fylueftria effe *fe-
nelles*, fcribendum effe fructum Oxyacanthæ, quam *aubepin*
vulgò nuncupamns, fpinam albam alii : vide fufiffimum
Dalecampium l. 2, cap. 6. de plantis, quæ in dumetis reperiuntur. Pyxacantham alii vocant: fructus myrteis baccis
æqualis rubet, & fucci expers, atque friabilis nucleum
habet.

Vt autem error aliquid vtilitatis afferat, aliud eft fingulare remedium ex alumine, cuius vncia fi lento igne in
albi vini pinta, hoc eft in 2 libris, diffoluatur, vinum illud
aluminatum epotum calculis renum ejiciendis maximè
prodeft. Adde ouorum albumina in aquam vi percuffionis conuerfa, & albò vino mixta. Vtinam optima cuiufuis
morbi remedia in Quadriuiis, vt Hippocratis tempore
ferunt, profcriberentur, ac publicè figerentur.

Septimum, quod ad Erogatoria, & lacus, de quibus
prop. 12 Hydraul. iam apud nos folemne eft lacus illos
eius conftruere magnitudinis, vt certum aquę doliorum
numerum contineant. Quòd fi lacus quadratus, vel vt accuratè loquamur, cubicus fuerit, & latus cubi bipedale
fuerit, dolium Parifienfe cóplecti cenfetur, hoc eft 8 pedes
cubicos aqueos, atque adeo libras aquæ 560, fi pes cubicus
aquæ 70 librarum fuerit: cumque dolium 600 aquę, feu
vini libras habeat, illius cubi latus erit fere 25 digitorum,
quorum 325 cubus eft. Vnde quifpiam poterit concludere quot dolia quilibet lacus propofitus complectatur; verbi gratiâ, fi lacus figuram cubicam habentis latus fuerit 6

pedum, hoc eft triplum lacus cubici dolium continentis; 54 dolia complectetur, hoc eft vigefies fepties amplius quàm lacus cubicus, cuius latus bipedale, & ita de reliquis.

Mos autem apud nos inualuit vt parallelepipedi lacus fiant, ob loci commodum; verbi gratiâ, lacus, fiue Erogatorium, cuius altitudo pedum 4 ½; latitudo 9, longitudo 24, 140 aquæ dolia continere cenfetur.

Octauum ad quædam huc illuc dicta pertinet, quæ non adeo forfan exacta, vt cùm pag. 73. argillæ pondus affertur, quæ cùm poft coctionem fit leuior, later tamen cap. vltimo nobis aquâ ferè duplò grauior vifus fit; viderint ftudiofi & bilance tam crudam, quàm probè coctam explorent.

Deinde quod pag. 85 de tubis dicitur, qui non amplius fluunt, cùm ad 32 pedum altitudinem peruenerunt, id folùm intellige de tubis ex fuperiore parte claufis: fi enim in extremo fuperiore fuerint aperti, cuiufcúmque fuerint altitudinis femper fluent, & exhaurientur per inferiora lumina. Tertiò falfum eft quod ad pag. 87 calcem dicitur de aëre in tubi vacui fummitatem fugiente, fequitur enim, inftar aquæ, Mercurium, vt iam aliàs pagin. 222 notaui.

Quartò, quod dicitur pag. 91 hominem inftiturum mercurio, ita velim capias, vt iuxta legem aliorum grauium, decimâ quartâ ferè fui parte in eum immergatur; quippe eiufdem eft ferè cum aqua grauitatis; an vfque ad furam, aut genua, reperies ex corporis totius magnitudine, atque grauitate, fubductis calculis. Paulò poft, licet tubus foret diuerfæ craffitudinis pluribus in locis, idem femper continget, dummodo fit eiufdem altitudinis, quæ sola hîc confideratur.

Excidit è memoria ad calcem cap. 24. Tholofanum piftrinum, feu molettina frumentaria, vulgò *Bafacle*, cuius molis quindecim quotidie teruntur libræ tritici 2600. quandoquidé mola quælibet fextariú, 4 modiis, feu 160 libris conftantem quotidie commolit. Illud ergo piftrinum Viatores, vt & fontis Touruij ad 4 ab Inculifmenfibus milliaria fitam fcaturiginem fedulò vifitét: apud quos Eruditiffimi viri Boifmourant miratus fum Bibliothecam, quæ cùm 7000 tantummodo conftet voluminibus, quélibet tamen facultas & fcientia adeo perfecta mihi vifa eft, vix vt quidpiam in ea requiras. Aliam fontis fcaturiginem puta Lauretum ad 2 ab Aureliis milliaria videas, vt eam cum Tourua prędicta cumque valle claufa, vulgò vauclufe apud Aueniones, conferas: fi 3 illas fcaturigines tria naturæ miracula dixeris, forté vallem claufam antepones, non in Petrarchi, vel Lauræ, fed veritatis gratiam.

Præter erratorum emendationem. p 135 & alibi, fcribe Tenneurij. p. 138. lin. 25. *tarditatis*, pro grauitatis. l. 30. l P. l. 35 & 36 dele A. p. 139. l. 5. *eundē* pro *idem*. l. 9. ATRPNI. l. 18 poft DB, fcribatur, impetus in parabola componetur. p. 140. l. 9. Ar, &. l. 10. poft reliquis, adde, impetus abfolutus ex horizontali, & perpendiculari compofitus, in parabola fumptus, fic habetur, Graue defcenderit ex A in p, fitque prfpatium æquale l A impetui horizontali, r I erit impetus, vel potiùs fignificabit impetum abfolutum puncti L. Quæ omnia fufiùs videas apud Torricellum 19 & 20 prop. l. 1. & l. 2. p. 143. l. 12. 10999, p. 170. l. 15. fi in: p. 171. l. 21. H & G. l. 23 reciprocantis diminutiones. p. 175. l. 19. redigat in. p. 178. l. 19 dele, qui eft triangulus nouenarij. p. 193. funt qui negent maximam pyramidem

Ægyptiam esse 800 pedes altam, affirmentque nullum esse gradum inter 216, quibns in maximæ pyramidis summitatem ascenditur, qui sit 2 pedibus altior: negent denique graciliorem pyramidem æqualis cum præcedente altitudinis: illas videat & metiatur, qui veritatem ipsis oculis haurire cupit.

P. 198 l. 1. l. vaporofos. p. 215. l. 4. speculatoris nomen potiùs Durádo Epifcopo Mimatenfi, quàm Duranto Tholofati tribuendum. p. 231. l. 5. folidum. p. 232. l. 21 exfcenfu. p. 233. l. 11. quadringentefies. p. 235. l. 3. collineent. l. 8. mihi. p. 236. 3 lineis à fine videantur.

Nobis autem apparuit mufcam in tubo aëro vacuo viuere, vt vt mercurio diuerfis vicibus inuoluta fuerit, fed in eo cadere, non auté volare. Voluit autem Bibliopola huic volumini Ariftarchum præmittere, vt Archimedis Arenarius fuppleatur, & Præfationi Synopfeos, quæ fuerat illum pollicita, fatisfaceret, cuius etiam in Phyfico-Mathematicis meminéram.

Cætera vero in fecundam Præfationem rejiciamus, donèc Deus Opt. Max, brachij dexteri arterotomiam, quâ laboro, fuâ benignitate curauerit; quod fi fiat, de pluribus aliis, fiue tollendis erroribus, fine nouis obferuationibus, eo volente, atque fauente, dicturi fumus: fin minimè, fit nomen illius benedictum, à cuius manu, atque prouidentia, quemadmodum libentiffimè bona fufcepimus, æquo etiam animo faxit ipfe, vt mala quæcumque voluerit, fufcipiamus, illiúfque gratiâ freti, propter illum libenter fuftineamus.

6. pag. Præfationis l. 14. dele cùm. p. 10. l. 16. nam. l. non.

TABVLA CAPITVM.

Cùm Synopſis cuilibet capiti præpoſita vnico intuitu oſtendat quæ ſingulis capitibus continentur, hîc illorum Inſcriptiones appoſuiſſe ſufficiat. Itaque poſt Ariſtarchum, qui ſuam Tabulam habet,

Reflexionum Capita ſequuntur.

Summa Priuilegij Regis Christianißimi.

LVDOVICVS XIV. Dei gratiâ Galliarum & Nauarræ Rex Christianißimus , singulari Priuilegio sanxit, ne quis per vniuersos Regnorum suorum fines, intra decem annos à die finitæ impressionis computandos , imprimat, seu typis excudendum curet, & venalem habeat librum, qui inscribitur *Nouarum Obseruationum Physico-Mathematicarum R. P. Marini Mersenni Minimi,* præter dict. P. aut illos, quibus ipsemet concesserit. Prohibuit insuper eadem authoritate Regiâ omnibus suis subditis, eundem librum extra Regni sui limites imprimendum curare, vel quempiam, vbicumque fuerit, ad id agendum impellere, ac instigare, sine consensu dicti R. P. Marini Mersennij. Idque omne sub confiscatione Librorum , aliisque pœnis contra delinquentes expressis, vti latiùs patet in litteris datis Paris. 2. Octob. 1643.

Ex mandato Regis Signatum   DENISOT.
Peracta est hæc Impressio die 1. Octobris 1647.

Ledit R. P. MERSENNE *a cedé* & *transporté le susdit Priuilege à* ANTOINE BERTIER *, Marchand Libraire à Paris, pour en iouyr pendant le temps porté par iceluy.*

ARISTARCHI

AD LECTOREM STVDIOSVM.

PRÆFATIO SECVNDA.

RISTARCHI librum emendatiorem, & indice auctum, quem insignis Geometra Dominus de Roberual suis notis ornauit, porroque fusioribus, quas mecum communicauit, illustraturus est, hac secundâ editione accipies, statim atque de quibusdam iterum emendandis, vel addendis monuerimus.

I. Errata igitur denuo animaduersa corrigantur; & ideo Præfationis. pag. 2. l. 24. lege, Quod verò. p. 7. l. 11. Arithmeticam. p. 12. l. 29. 15625. p. 15. l. 20. arteriotomiam. In tabula capitum pag. 1. l. 16. centrum. l. 17. & 20. percussionum. p. 2. l. 11. varijs.

Secundò in ipsis mendis ad calcem libri positis, pag. 1. l. 26. lege secundum vocabulum Græcum per Omicron. l. 28. lege 185. l. 22. p. 2. l. 22. nummis. l. 26. dele l. 36. &c. vsque ad p. 215.

Tertiò, in libro, pag. 160. l. 3. dele soni. l. 37. dele maiores.

Vbi dicitur ludere cithârâ, vel alio instrumento, malunt doctiores pulsare citharam: quanquam cithárâ ludere, supple carmen, aut, vt vulgò loquuntur, phantasiam, cantilenam &c. rectè dicatur. p. 203. l. 27. & 28. Florentis. l. 32. qui ea argentea non æstimet, pro, qui non capiat, &c. pag. 215. versus Tholosanorum Dominicanorum fideliter refero, cur verò primam syllabam Euangelij, & panis corripuerint, ipsi quærentibus satisfaciant. p. 219. l. 40. dele in. p. 223. l. 19. O immerso, vel D. p. 228. l. 2. descendit. p. 230. l. 3. lædantur.

II. Quod prædictâ Præfatione, pag. vlt. dictum est, muscam in tubo aere vacuo viuere, vtvt verum sit, quòd licet motu destituatur, vbi tamen ei restituitur aër, motus etiam & vita ei reddatur, quod non contingeret, si vitâ penitus caruisset; cauendum nihilominus ne credas eam esse in vacuo, cùm mercurio insistit, cui supernatat aliquid aeris; licet enim reliquus tubus sit vacuus, facilè musca mouetur, & viuit in illo aere supernatante.

Sed vbi muscæ, siue paruæ, siue maximæ, quales sunt crabrones, in eo tubi loco statuuntur, in quo nullus aër superest, motu, atque vitâ destitutæ videntur, quanquam post horæ, præter propter, quadrantem aer tubum ingrediens motum illis restituat.

Inquirant Medici qua id fiat ratione, quoue tempore in vacuo relinquenda sint animalia dicta; vt penitus extinguantur: non enim hîc illud agimus. Constat autem experientiâ nùllum animalium quæ fuimus experti, à frigido mercurio lædi, licet eo penitus obruantur, statim enim atque ex eo emergunt, suos motus solito more obeunt, vt expertus sum in muribus, qui similiter expirant in vacuo, neque redditus aer potest illis motum, vt muscis contingit, restituere: vnde discrimen inferre licet inter insecta, & perfecta animalia: iuuabitque lacertos experiri, siue leucophæos, siue virides.

III. Longè verò faciliùs animalia tubo includentur, si ei agglutinentur hermeticè duæ, vel tres lagenæ, digito inter se dissitæ, quarum superior sit minor, media, diametro, præcedentis dupla, & inferior, pro libito: quanquam duæ sufficiunt, vt aer, quo semper est plena superior, donec descendat mercurius ad vacuum efficiendum, post descensum fiat vacua, & inferior aere ex primà descendente repleatur, in qua viuere possint animalia, donec alia expirauerint in lagena superiore: vnicam tamen habuit noster tubus, in cuius vacuo mures expirarunt.

Poterit etiam esse aqua in superiore lagena, quæ descendens in inferiorem, vt in ea pisces viuant & natent, superiorem vacuam relinquet, in qua possis explorare quodlibet animal.
Si verò experiri volueris aquâ, tubus æneus, vel plumbeus fiat 36. plus minus, pedum, cui adtexatur vas vnum amplissimum vitreum, vel, si mauis, duplex, vt antea vitreo, hac enim ratione canes, feles, & id genus animalia concludentur vase superiori priùs aëre pleno, deinde vacuo effecto.

IV. Nolo præterire vacuum in tubo existens, ex vno extremo in aliud tam velociter transire, dum tubus inuertitur, vt nescias quâ transeat; adeovt videatur fieri commutatio pleni in vacuum, absque sensibili motu vacui: cùm tamen aer, qui manserat ex parte vacui, per medium hydrargyrum pedetentim ascendat: quanquam longè velociùs, quàm scriptum sit cap. 25. Videatur quomodo varia hæc eiusdem aeris in mercurio ascensus velocitas explicanda sit, iterenturque, si fuerit opus, Observationes.

V. Cùm iniicitur chorda in tubum, ea ratione vt ille partim mercurio, partim chordâ repleatur, cuiuscumque fuerit altitudinis, statim atque chorda per inferius orificium extrahitur, afcendit mercurius ex fcutella, vt locum à chordâ relictum occupet : quod
etiam tubo aquâ pleno contingit, in quem mercurius afcendit, dum
extrahitur ex tubo chorda, in cuius locum ille fuccedit : quippe afcendit donec fit æqualis chordæ prædictæ, quâ mercurius filtratur.

Si tamen tubus fit 2 ½ pedibus altior, vt vt chorda è tubi parte
prædictis pedibus altiore trahatur, non afcendit ampliùs hydrargyrum ; quod etiam contingit embolo per tubi orificium fuperius
immiffo, quippe qui non poteft altiùs hydrargyrum attrahere,
quàm ad prædictam tubi 2 ½ pedum altitudinem, adeovt reliqua,
quæcumque fupereft, tubi altitudo, ex qua reliquus embolus educitur, vacua maneat.

VI. Licet aëreus cylindrus, & aër reliquo fubtilior quibufdam
phœnomeni prædicti circumftantiis vtcumque fatisfaciant, & Peripatetici fuâ rarefactione, quæ nulla eft, aut exigua, quædam elu-
dant experimenta, ne vacuum cogantur admittere, (in cuius gratiam nuper tractatum elegantem & eruditum, C. Pafchalii fultus experimentis, Gallicè fcripfit Guiffartus doctor Medicus) fi tamen omnia penitus confiderent, & fint ingenui, fatebuntur ad alia principia recurrendum : puta vel ad mutuam corporum attractionem, de
qua pag. 220. dictum eft, vel ad alia, quæ foluant omnes difficultates ex fingulis experimentis oriundas : quibus fi faciat fatis Clariffimus Pafchalius eo tractatu quem de hoc Phœnomeno eum fcri-
pturum audio, Philofophos fibi maximè obftricturus eft.

VII. Poffumus autem concludere vim feu pondus 2 librarum fufficere ad vacuum cuiufcumque altitudinis efficiendum,
dummodo diameter bafeos cylindri vacui non fuperet 4. lineas,
cùm hydrargyreus iftius craffitiei cylindrus vacuum inducens non
fuperet libras 2. Quapropter omnis embolus illo pondere tractus
debet vacuum in tubum 4. lineas craffum inducere, nifi forte vis
paulo maior requiratur ad fuperandum frictionis impedimentum:
quò verò tubus latior, feu craffior fuerit, eò maius pondus requiretur.

VIII. Aëris quoque gravitatem in illo tubo duas lagenas habente explorabimus, fi bilanx in prima lagena fufpendatur ex filo fuberi lagenam claudenti affixo, lanx enim in lagenulæ, vel infudibu-
li fpeciem efformata, quæ aërem fuftinens & includens, in lagena
aëre plena, cum altera lance faciebat æquipondium, in eadem lagena

vacua deprimetur : scieturque quo pondere illa depressio impediri debeat, hoc est quale pondus sublatæ lanci adhibendum , cùm æquilibrium restituetur : quod quidem pondus filo lancis detentum in inferiore lagenâ aëre plena, vel in priore vacua pro libitu Obseruatoris esse poterit, sed lanx ista debet inferiùs aperiri instar infundibuli, vt aër descendat, alia verò claudi, vt in ea maneat.

Quanquam sufficit aliquod corpus notæ grauitatis in vtraque lagena, vel potiùs in solâ superiore vacuâ, & in nostro aëre accuratissimè expendere, discrimen enim grauitatis eiusdem corporis in aëre, & in vacuo dabit ipsius aëris grauitatem : verbi gratiâ, si globus plumbeus grauius sit vnâ parte millesimâ in vacuo quàm in aere, certum erit plumbi grauitatem esse grauitatis aëreæ millecuplam : sed vtiliùs medulla sambucea, vel cyprini vesica ponderabitur, quòd minorem habeat cum aëre proportionem, sitque propterea maius futurum in bilance discrimen.

IX. Denique crusma sonans in aëreo vacuo auditur, & vis magnetis ferrum trahit ; vnde videtur posse concludi sonum non esse solius aeris, sed etiam materiæ subtilioris, quæ sit in illo aere vacuo, percussionem, seu motum. Superest vt experiamur quantò sonus in nostro vacuo sit, quàm in aere, grauior, aut acutior; an leuissima corpora, qualia sunt vesica carpionis, pluma, &c. sint in isto vacuo , (nam si vacuum absolutum esset, in eo fortè nullum corpus moueretur) æque velociter descensura, vt Galilæo visum , ac plumbum & alia grauiora corpora : & quantò sit rarior aere nostro illa subtilis materia; quòd fortè sono , & bilance prædictâ reperiri poterit. An verò aeri rarefacto, qualis in diabete, quem ex eò tractus embolus vacuum efficere censetur, omnia tribui possint, quæ tuborum nostrorum apparenti vacuo, & id genus plura, in 3. Præfationem reliciamus.

APPROBATIO SVPERIORVM.

Reuerendissimi Patris nostri Generalis has Obseruationes edendi Facultatem , & Theologorum nostrorum à nostro Reuerendo Patre Prouinciali ad earum examen commissorum Approbationem, quàm reliqua hæc pagina complecti non potuit, penes me habeo.

ARISTARCHI
SAMII
DE MVNDI SYSTEMATE,
partibus, & motibus eiusdem,

LIBER SINGVLARIS.

Adiecta sunt Æ. P. DE ROBERVAL Mathem. Scient. in Collegio Regio Franciæ Professoris, Notæ in eundem libellum.

EDITIO SECVNDA CORRECTIOR.

NOBILISSIMO
AMPLISSIMOQVE VIRO D.D.
PETRO BRVLART·
DE S. MARTIN, REGI A
Confiliis, atque in fupremo Galliæ Confi-
ftorio, Senatori integerrimo.

ECCE, vir *Amplissime*, *talis tibi prodit* ARI-
STARCHI SAMII *libellus*, DE MVNDI
SYSTEMATE, *qualem, ni fallor, tu &* R.P.
Merſennus à nobis expectaſtis, cùm ipſum ex co-
dice manuſcripto excerptum, ſtilo, vt ſcis, adeò rudi atque Bar-
baro vt vix intelligeretur, nobis legendum atque emendandum
tradidiſtis; ſimulque ipſe mandaſti, vt notas quaſdam adijcere-
mus, circa ea quæ poſt Authoris ipſius tempora detecta ſunt, ex
quibus ſententia illius corroborari poſſet, vel etiam, ſi ita con-
tingeret, infirmari. Vnde ſolius veritatis amantem te, non verò
rerum nouarum, aut à communi opinione abhorrentium cupi-
dum, planè licuit agnoſcere. Adieciſti inſuper, vt, ſi expediret,
Apologiam in eius gratiam conſcriberemus, contra eorum obie-
ctiones, qui huius Ariſtarchi Syſtema, ſub nomine Syſtematis

Copernici ipſius Ariſtarchi ſeċtatoris , ſolent oppugnare. Tandèm-
que voluiſti vt ſenſum noſtrum aperiremus ſuper hoc , & duobus
reliquis, quæ vulgò feruntur, Syſtematis.

Prodit, inquam, tibi libellus ipſe ſtilo noſtro, ſi minùs polito, at
certè vtcumque intelligibili conſcriptus : habès noſtras in eum notas, breues tamen , omnéſque in illius gratiam , quandoquidem nihil
nobis in mentem occurrit , nihilque apud obtreċtatores illius reperire
contigit , quod tale Syſtema vel minimùm labefaċtaret. Apologiam
verò nullam habes ; neque enim Apologiâ vel apud doċtos , vel apud
vulgum egere viſus eſt liber ille qui ab Archimede perleċtus , ab eodem ita probatus atque acceptus eſt , vt ad Authoris illius opinionem,
ſuum de arenæ numero calculum, Geometrarum ipſe princeps accommodauerit : ille inquam liber, ob quem, & propter tale Syſtema, Ari-
ſtarchus ipſe à Cleanthe , coram Areopagitis , ſacrilegij accuſatus,
tantorum virorum decreto , maximâ cum laude abſolutus , irriſo à
cunċtis accuſatore , è iudicio rediit.

Senſum tandem noſtrum quæris ? & an valere iuſſis Ptolemæo,
atque Tychone, ſoli Ariſtarcho penitùs adhæreamus ? Abſit. Neque
enim reċtè ſentientem Mathematicum decet opiniones ſequi ; aut
huic adhærere, illas verò reiicere; doṇec euidens prodierit vel huius de-
monſtratio, vel illarum confutatio. Sed nec illud conſtat quidem , an ex
tribus Authorum ipſorum celeberrimorum diuerſis Syſtematis, aliquod verum ſit ac genuinum Mundi Syſtema : forſan etiam omnia
tria falſa ſunt, & verum ignoratur. Quicquid ſit , ex tribus illis præ-
diċtis, ſimpliciſſimum , & Naturæ legibus apprimè conueniens viſum
eſt Syſtema Ariſtarchi : ita vt ſi non certâ ſcientiâ in illud abduca-
mur, at grauiori longè opinione in idem , quàm in duo reliqua pro-
pendeamus. Vale.

Pariſiis, Pridie Non. Iul. an. 1643.

Tibi obſequentiſſimus,
Æ. P. de ROBERVAL.

ARISTARCHI
SAMII
DE MVNDI SYSTEMATE,
PARTIBVS, ET MOTIBVS EIVSDEM.

De magno Mundi Systemate.

INTELLIGATVR Sol potenter calidus, vel certè potenti virtute calefaciendi præditus. Materia autem ex qua Mundus componitur, (præter Terram, aftra, & quædam corpora ipfis proximè adiacentia, de quibus infrà) effe fluida, liquida, permeabilis, diaphana, quæque vi caloris maioris aut minoris rarior aut denfior effici poffit: quidquid tandem illud fit quod rarum appellatur, fiue fiat permixtione minimorum vacuorum, fiue alicuius materiæ fubtilioris introductione.

Ponamus deinde corpus denfius, fiue fluidum fit, fiue durum, immixtum rariori liquido, nec alligatum, fed planè liberum, manere non poffe, fed ipfum ferri ad partes liquidi denfiores, fi liquidum illud diuerfæ fit denfitatis. Corpus autem rarius, fiue fluidum fit, fiue durum, immixtum denfiori liquido, non alligatum, fed liberum, ferri ad partes liquidi rariores, fi liquidum illud diuerfæ fit denfitatis.

Itaque Sol calefaciens materiam mundi circa fe pofitam, eandem rarefaciet, fed inæqualiter, atque eò magis, quò illa propior erit ipfi.

A

Soli, ita vt rariſſima euadat ea quæ Soli proximè adhæret, vbi ſcilicet potentiſſimus eſt calor: quò autem aliqua pars materiæ longiùs diſtabit à Sole, eò ipſa minùs calefiet: quia ſenſim langueſcit calor ipſius Solis, ſicut & lumen: quod etiam omni alij corpori calefacienti ſimul & illuminanti accidere ſatis ſuperque notum eſt. Vnde denſiſſima erit ea materia quæ à Sole maximè diſtabit.

Prætereà toti illi materiæ mundanæ, & omnibus atque ſingulis eius partibus inſit quædam proprietas, ſeu quoddam accidens, vi cuius tota illa materia cogatur in vnum, idemque corpus continuum, cuius partes omnes continuo niſu ferantur ad ſe inuicem, ſeſéque reciprocè attrahant, vt arctè cohæreant; nec alia ab alia diuelli ſe patiatur, niſi virtute maiori. Quo poſito, illa materia, etiam ſi ſola eſſet, nec Soli, aut cuiuis alii corpori permixta, modò non eſſet infinitè extenſa, cogeretur in perfectum globum, planéque ſphæricam figuram indueret, nec vnquam quieſceret, niſi figurâ ipſâ ſphæricâ adeptâ: cuius quidem figuræ idem eſſet centrum magnitudinis & virtutis, verſùs quod directè tenderent omnes partes proprio niſu, ſeu appetitu, & reciprocâ totius attractione, non quidem centri ipſius virtute, quod ignari quidam putant, ſed totius Syſtematis, cuius partes omnes circa tale centrum expanduntur æqualiter: ita vt ſi ad latera ipſius centri tenderet pars aliqua, ſequeretur illam ferri ad id quòd ipſa minùs appetit, & à quo minùs attrahitur; fugere autem ab eo quod ipſa magis appetit, & à quo magis attrahitur, abſurdum eſt. Huius autem & aliarum concluſionum veritas nullo negotio elicietur ab eo qui Mechanicæ principia vel mediocriter calluerit: nec eſt cur in iis demonſtrandis diutiùs immoremur.

Verùm poſito intra ipſam materiam Sole, qui eandem illuminet, calefaciat atque rarefaciat, non multò difficilius erit concludere Syſtema illud non ante quieturum, ſed partes illius à medio, & ad medium eouſque mouendas eſſe donec vel Sol omninò medium per ſe attigerit, vel reliqua materia ſeſe ipſam circa Solem æqualiter expanderit, ita vt Sol totius Syſtematis medium locum occupet. Atque omninò vtrovis modo totum Syſtema Sphæricum euadet, in cuius centro erit Sol; circa Solem verò materia æqualiter vndique expanſa.

Atque etiamſi infinitæ extenſionis eſſet illa materia, vel tantæ, vt vis Solis ſenſim langueſcendo, vel prorſùs deſineret priuſquàm ad extrema ipſius materiæ pertingeret; vel certè ita debilis euaderet vt fieret inſenſibilis, & inefficax ad producendum calorem ſatis intenſum, qualis requiritur ad aliquem gradum rarefactionis inducendum:

attamen omnis ea pars materiæ quæ virtuti Solis obnoxia esset, circa eumdem, sub Sphæræ figuram cogeretur; cuius partes eò essent rariores, quò Soli viciniores, & eò densiores, quò remotiores : quæ verò ab eodem æqualiter essent remotæ ex quacumque parte, illæ eiusdem essent aut densitatis aut raritatis.

Tale ergo Systema dicatur magnum mundi Systema, ad differentiam minorum, de quibus nunc dicturi sumus.

De minoribus Systematis.

IAM Systema Telluris & suorum Elementorum tale concipiatur, ac primùm quidem per se solitariè, & nullo habito respectu ad magnum Systema. Ponamus primò corpus ipsum Telluris aliquatenùs densum, & durum; quodque secundùm superficiem exteriorem sit asperum & inæquale, idque inæqualiter siue difformiter; vt asperitates illius sint hîc maiores illic minores sine ordine, quasi nullo consilio, sed casu & fortunâ id acciderit; tam secundùm altitudinem & profunditatem, quàm secundùm diuersos respectus ad diuersas mundi partes. Quanquam autem non admodùm referat, simplexne sit, an compositum; animatum, vel inanimatum; nos tamen, multas ob causas, maximè compositum, atque animâ vtcumque sensibili animatum esse opinamur.

Aquæ autem corpus nec tam densum, quàm Terra intelligatur, nec materiæ adeò consistentis, aut duræ, sed satis liquidæ; neque quantitas illius tanta sit vt sufficiat ad obtegendum totum Terræ corpus, repletis scilicet cauitatibus illius tam internis quàm externis; sed oppletis tantùm cauitatibus internis, & aliquâ parte externarum, reliqua pars superficiei terrenæ ipsis aquis superextet, atque ab ipsis libera sit. Deinde Aër esto prædictis duobus corporibus, Terrâ, scilicet & Aquâ longè rarior, idemque maximè fluidus & liquidus; tantæ autem quantitatis & extensionis, vt non solùm Terram simul & aquam obtegat atque circumdet, sed idem vnâ cum illis Systema quoddam efficiat, sub figurâ, quæ si sphærica sit, (esse autem, saltem proximè, satis deinde patebit) diametrum habeat diametri corporis terreni multò maiorem quàm centuplam. Nec refert vtrum præter Terram & aquam vnicus sit aër: an verò præter ipsum aliquis sit ignis elementaris: (quod vix probabile est) sub vno enim nomine aëris intelligimus quidquid superest præter Terram & aquam, ad perficiendum integrum Systema Telluris & suorum Elementorum.

Toti autem illi Systemati Terræ & elementorum terrestrium, at-

que fingulis eius partibus infit quædam proprietas, fiue quoddam accidens, quale toti Syftemati mundano conuenire fuppofuimus, vi cuius fcilicet cogantur in vnum omnes illius partes, & ad inuicem ferantur, feféque reciprocè attrahant, vt arctè cohæreant; nec fe patiantur diuelli, nifi vi maiori, & violentiâ quâdam. Sed talis proprietas, fiue tale accidens inæqualiter participetur à fingulis partibus corporum illorum, hac ratione vt quò denfior fuerit aliqua pars, eò plus
participet de eâdem proprietate, fiue de eodem accidente; vt hoc pacto corpus ipfum Terræ quia denfiffimum eft, plus habeat ipfius pro-
prietatis quàm corpus aquæ quod eft minùs denfum, & corpus aquæ
plufquam corpus aëris, quod eft rariffimum. Hoc autem intelligendum eft dum conferuntur inter fe, non quidem totum corpus Terræ
cum toto corpore aquæ, aut cum toto corpore aëris, fed æquales partes eorumdem corporum, habitâ ratione extenfionis, feu loci. Verbi
gratiâ, fi conferantur inter fe pes cubicus Terræ, pes cubicus aquæ, &
pes cubicus aëris; quâ collatione pes cubicus Terræ multò plus participat de illa proprietate, quàm pes cubicus aquæ, etiam fi, propter
diuerfitatem partium Terræ, non fit femper eadem hæc ratio fiue
comparatio, quæ plerumque dupla eft vel tripla, vel maior, præcipuè in metallis, & lapidibus. At inter partes aeris & aquæ (quæ fatis
æquabilis eft) multò maior eft differentia: aquæ enim denfitas plufquàm millecupla reperitur denfitatis aëris, vtcumque licuit difficilli-
mis obferuationibus experiri, dum etiam aër plus frigiditatis haberet
quàm caloris. Talis autem proprietas in illis tribus corporibus Terræ,
aquæ, & aëris, ea eft quam vulgò vocamus grauitatem vel leuitatem:
perinde enim nobis eft leuitas, & minor grauitas refpectu maioris.

Cæterùm, pofitis quæ iam diximus de Syftemate terreftri, non erit
difficile demonftrare forè vt tale Syftema, fi per fe confideretur, nullo aliorum refpectu, fphæricam induat figuram, cuius medium occupet ipfum Terræ corpus, cui proximè adhæreat aqua, quæ, vt fuprà
diximus, repleat cauitates Terræ internas, & partem aliquam externarum; ac tandem iftis duobus corporibus circumfufus fit aër. Huius autem ordinis vis & neceffitas ex eo pendet, quòd Terra, cùm gra-
uiffima fit, potentiffimè attrahat & attrahatur, ita vt nifi Syftematis
fui medium occupet, quiefcere non poffit. Eâdem ratione fecundus
locus aquæ debetur, & tertius aëri. Ac rurfus totius ipfius Syftematis terreftris per fe fpectati, idem erit centrum magnitudinis & virtutis, feu grauitatis, ad quòd directè tendent omnes illius partes, tam
proprio nifu feu grauitate, quàm reciprocâ totius attractione: prorfus ficuti de materia magni Syftematis dictum eft refpectu fui centri.

NOTA.

Hùc reuocari poſſunt rationes illæ, quæ ab Archimede poſt authorem al-
latæ ſunt in libro de inſidentibus humido. P. N. E. M.

Neque verò vllo alio naturæ principio inniti videtur conſtans illa
& perpetua elementorum terreſtrium diſpoſitio, in qua grauiora corpora magis accedunt ad centrum quàm minùs grauia, dum ſcilicet
medium fluidum eſt & liquidum : ita vt in eiuſmodi medio liquido
corpus quoduis graue eouſque deſcendat, donec vel ad medium grauius peruenerit, vel fundum aliquod durum & impenetrabile tëti-
gerit, vltra quod, propter duritiem, penetrare non poſſit.

Inde autem fortaſſis pendet tam obſtinata fuga vacui, quam in his
Elementis continuò experimur : poſito enim quòd partes omnes totius Syſtematis illius terreſtris ad centrum ipſius tendant tántâ vi,
quanta eſt ipſarum vniuſcuiuſque grauitas; neceſſarium eſt vt pre-
mant ſe inuicem eiuſmodi partes, & arctè cohæreant, nec ſe diuelli
patiantur niſi à potentia, quæ totam grauitatem corporum ſuperexi-
ſtentium ſuſtinere poſſit. Exempli gratiâ, non poteſt vacuum vnius
pedis induci, niſi à potentia quæ valeat totum corpus illud ſuſtinere,
quod illi pedi tanquam baſi inſiſtit inde, id eſt ab eodem pede, vſque
ad terminum Syſtematis. Tantæ autem moli ſuſtinendæ non ſufficit
humana vis aut induſtria, præcipuè quia præter grauitatem ipſius, accidit vt circumſtantia corpora fluida ſint, quæque facilè per quoſ-
cunque meatus vel exiguos & planè imperceptibiles ſeſe maxima vi,
& potentiſſimo impetu immittant. Illud autem præ cæteris notari
debet, quod propter tale vinculum, ſiue talem partium vnionem, accidit vt quocunque Terra ferri intelligatur, ferantur ſimul aqua &
aër, eodem prorſus ordine, ac planè eodem modo quo ferrentur, ſi
tria illa corpora vnicum corpus durum, atque arctiſſimè ſecundùm
omnes partes ſibi cohærens efficerent; ne cui poſteà mirum videatur
quòd Terra, cùm ſit corpus denſiſſimum, immiſſa magno Syſtemati
mundi, non tamen petat locum corporum denſiorum : impedienti-
bus ſcilicet rarioribus, quibus illa, ob eiuſmodi vinculum, neceſſariò
alligatur.

Iam conſideremus tale Syſtema, Telluris ſcilicet & ſuorum Elementorum, non quidem ampliùs per ſe ſolùm, ſed immiſſum magno
Syſtemati mundi, in cuius medio ſit Sol, vt ſuprà poſuimus; in quo
quidem magno Syſtemate liberè fluitet minus illud Telluris & elementorum eius Syſtema : concludemus ſanè fore vt hoc minus Syſtema intra maius poſitum, non vbiuis quieſcat, ſed vel ad Solem pro-

piùs accedat, vel ab eo remoueatur, donec idem locum attigerit tantæ capacitatis, quantum est ipsum Terræ Systema, ita vt materia mundi, quæ tale spatium occupare potest, in eadem à Sole distantia, eiusdem sit densitatis, cuius est ipsum idem Systema Telluris, vt sic in eadem extensione, siue loci capacitate, nec plùs nec minùs sit, aut esse
possit materiæ mundi, quàm materiæ eiusdem terreni Systematis : ita
tamen vt densitas Terræ & aquæ compenset aëris raritatem; & totius Systematis, non autem singularum eius partium sigillatim tantùm sumptarum, habeatur ratio. Cùm verò Systema illud talem locum occupauerit, nec vis, aut impressio aliqua externa aut violenta
ipsum impulerit; neque accidens aliquod caloris, aut frigoris, aut
quæuis alia causa idem rarius, aut densius effecerit; manebit procul-
dubio in ipso loco, atque in eadem à Sole distantia, ita vt tale Systema
nec ad Solem propiùs accedere possit, nec ab eodem longiùs recedere; aliàs vel accedendo ad Solem, corpus densius perueniret ad locum
rarioris; vel recedendo, corpus rarius perueniret ad locum densioris;
quod vtrunque absurdum est, ex suprapositis. Atque etiam si, hoc
pacto, corpus ipsum Terræ per se spectatum sine suis elementis; densius sit multò, quàm materia cœlestis siue mundi, quæ locum ipsius oc-
cuparet in eadem distantia à Sole; tamen quia ipsa Terra vinculo grauitatis alligatur suis elementis, à quibus seiungi non potest, vt iam diximus, fit vt ipsa cogatur manere in medio sui Systematis, quod quidem intra magnum Systema alium locum occupare non potest: id est,
non potest aut propior esse Soli, aut ab eo remotior, quàm in eo loco
qui tali Systemati terrestri conuenit, collatâ raritate aut densitate talis Systematis terrestris, cum raritate aut densitate materiæ magni
mundi Systematis, secundum diuersas à Sole, id est à centro eiusdem
magni Systematis, distantias.

Porrò quod de Telluris Systemate iam diximus, eodem modo intelligi debet de Systemate eorum astrorum, quæ Planetæ vocantur,
puta Lunæ, Mercurij, Veneris, Martis, Iouis, Saturni,

N O T A.

Atque etiam singulorum Veneris, Iouis, Saturnique Satellitum, quos an-
thor nouisse non potuit. P. N. E. M.

Et si quæ sint alia, quæ propter defectum materiæ duræ aut resi-
stentis, aut lumen reflectentis, sub oculos cadere non possint: vel
quorum moles adeò exigua sit, vt in ea distantia, in qua reperiuntur
esse à Terra, videri non possint ab hominibus, qui Terram ipsam incolunt. Nec tamen absolutè pronuntiamus esse intra magnum Systema, alia eiusmodi minora Systemata, præterea quæ huc vsque videri

potuerunt ab hominibus: sed illud tantùm indicare voluimus, scilicet nihil repugnare, quominùs talia sint in mundo Systemata. Sicuti enim à potentia ad actum, sic à non apparente ad non esse absolutè nihil valet consequentia. Atque ita sicuti ex eo tantùm quòd esse possint talia Systemata, concludere non possumus ea reuerà existere; sic ex eo tantùm quòd nobis minimè appareant, non licet inferre ea nullo modo existere: sint nec ne, quæstio sit aliis discutienda: nunc verò vltrà progrediamur.

Sicuti ergo Terra propriè dicta existit in medio suorum Elementorum, aquæ scilicet & aëris; sic Martem, verbi gratiâ, intelligimus existere in medio elementorum suæ naturæ, siue elementorum Martiorum: Iouem in medio Elementorum Iouialium: Saturnum in medio Saturnalium: Lunam in medio Lunarium: atque ita de reliquis. Ita tamen vt vnusquisque ex iis Planetis ita addictus sit suis elementis, vt ab iis separari non possit sine violentiâ, sed cùm ipsis vnum Systema constituat, cuius omnes partes communi vinculo sibi cohæreant; quod quidem vinculum sit qualitas quædam grauitati terrestri analoga, id est, quæ idem agat in suo Systemate, quod grauitas in Systemate terrestri. Sic enim fiet vt positis in vnoquoque elementis liquidis, Systema illud sphæricum, saltem proximè, euadat, cum dispositione partium simili illi, quam in Systemate terrestri superiùs explicuimus.

Quòd si vnum quodque ex illis Systematis immittatur in magnum mundi Systema, in quo liberum relinquatur, planè sicuti de Systemate terrestri diximus, concludemus illud, pro raritate vel densitate suæ materiæ, propiùs accessurum esse ad Solem, vel longiùs à Sole recessurum. Inde verò concludere licet ideò Mercurium, cum suo Systemate, Soli propiorem esse, quàm Venerem, quia Mercurij Systema rarius est, id est materiæ rarioris, quàm Systema Veneris. Sic etiam idem Veneris Systema, propter eandem rationem, Soli propius est, quàm Systema Telluris; & hoc, quàm Systema Martis; & Martis quàm Iouis; ac denique Iouis, quàm Saturni.

Nec alia est causa cur Luna Terræ sit adeò vicina, quia scilicet eiusdem omninò, vel proximè, densitatis sunt illa duo Systemata Telluris & Lunæ; vnde necesse est vt in eadem à Sole distantia constituantur: quia verò aliquam habent affinitatem secundùm qualitates quasdam, quibus sibi inuicem vniri appetunt, hinc factum est vt ambo ipsa Terræ & Lunæ Systemata in vnum coaluerint, non tamen ita, vt sic misceantur, quemadmodum aqua miscetur aquæ, aut vinum vino, aut oleum oleo, ad vnicum corpus conficiendum; sed ita vt Systema Lunæ intra Telluris Systema immergatur secundùm se totum, nec miscea-

tur,ficuti ceræ globus immergitur aquæ,non tamen mifcetur.Quem-
admodum enim cera figuram fuam retinet in aqua, propter ceræ duritiem quâ partes illius fatis arctè cohærent ne diffluant; fic Luna &
lunaria corpora circa ipfam difpofita, cuiufcunque fint extenfionis,
quæ ampliffima effe debet,fatis arctè cohærent communi vinculo fiue
qualitati lunari, ad hoc vt figuram fuam retineant intra Telluris Syftema,cui immergitur illud Syftema Lunare. Sicuti autem cera intra
aquam pofita ad fundum penetrare non poteft, quia cera quàm aqua
leuior eft, fiue minùs grauis; ficLunæ Syftema intra Terræ Syftema
pofitum, non poteft penetrare vfque ad Terram ipfam in medio pofitam, fed in medio aëre pendulum manet, quia materia illius leuior
eft fiue minùs grauis inferiore aëre, etiamfi fuperiore grauior fit. Multa hic occurrere poffent non fpernenda, quæ circa talem immerfio-
nem ipforum Syftematum Telluris & Lunæ examinari poffent; fed
quia confiderario illa fpecialis eft; ideò eam prætermittimus, cùm
ad generalia tantum attendamus.

N O T A.

Neque verò aliter ratiocinabimur de Syftemate Iouis, refpectu fuorum Sa-
tellitum, quàm de Terra, refpectu Lunæ: ficuti enim Terra vnicam habet
Lunam fuo Syftemati immerfam, fic Iupiter quatuor habet Satellites veluti
totidem Lunas fuo Syftemati immerfas. De Saturno difficilius eft iudicare:
is enim neque apparet vnicus, neque diftinctè cognofcitur habere fuos Sa-
tellites à fe omninò feiunctos : difficultas autem cognitionis illius pendet ex
debilitate vifus humani, qui eoufque diftinctè penetrare non poteft; nec tu-
bus opticus in fubfidium adductus fufficit, quia forfan fabrica illius nun-
dùm perfecta eft. Mars, Venus, & Mercurius non aliter hucufque vifi
funt quàm folitarij, nifi à Fontana, qui duo corpora circa Venerem detexit.
P. N. E. M.

　De Stellis fixis quid cenfendum fit difficilius eft ftatuere, an fcilicet
Soli addictæ fint ficuti prædicti Planetæ; an verò per fe luceant, &
diftincta Syftemata conftituant ab eo quod fuprà vocauimus magnum mundi Syftema. Neque enim defunt,qui exiftiment vnamquamque ex ftellis fixis effe caput atque præcipuam partem alicuius
Syftematis, ficuti Sol fui Syftematis,fiue magni Syftematis præcipua pars eft,atque caput. Sicut autem Sol Planetas habet circa fe
conftitutos atque delatos; fic exiftimant vnamquamque ex Stellis
fixis habere poffe alia corpora veluti Planetas circa fe difpofitos,
etiam fi non videantur à nobis qui Terram incolimus, propter nimiam diftantiam; quemadmodum neque videri poffent noftri Planetæ fpectati ex diftantia Stellarum fixarum : certum enim eft, vt
　　　　　　　　　　　　　　　　　　　　　euidentiùs

euidentiùs patebit infra, distantiam ipsam tantam esse, yt quæ inter
Solem & Terram intercedit ad illam collata insensibilis euadat. Sed
quia opinio illa, quòd scilicet Stellæ fixæ sint totidem Soles, vel
quid simile, ex mera coniectura pendet, nullàque ratione, aut experientiâ côfirmatur, sicuti neque contrariâ ratione, aut obseruatione,
falsa esse conuincitur, ideò nos ipsam negligimus, ne ea damnemus
quæ vera esse forsan non repugnat, aut iis assentiamur, de quorum
veritate, nec ratione, nec sensu quidquam deprehendi potuit.

Constat ergo ex iis quæ posita sunt, posse explicari talem totius
Mundi dispositionem, vt per se stare possit, atque absolutum aliquod Systema componere, cum tali ordine partium, qui nunquam
mutari possit. Superest nunc explicemus quo pacto fiant motus in
tali Systemate, tam in toto, quàm in singulis partibus. Hoc autem
facilè explicare possumus duplici modo, vt in sequentibus patebit:
& vnusquisque ex illis modis semper à Sole pendet, dupliciter
considerato, scilicet vel tanquam causâ internâ, vel tanquam externâ.

De motu magni Mundi Systematis, tam secundum se totum, quàm secundum singulas illius partes.

PRIMA parte huius Operis explicuimus, quâ ratione positis
Sole potenter calido, & quibusdam alijs qualitatibus tam ad
materiam Mundi, quàm ad alia corpora & Systemata in ea contenta
pertinentibus, sequeretur ordo & dispositio totius Vniuersi; nunc
vero explicabimus quomodo iisdem positis, ac preterea paucis alijs,
quæ vel manifestò ita esse deprehenduntur, vel certè talia esse nihil
repugnat, sequatur necessariò motus, tam totius materiæ circa
suum centrum, quàm singulorum Systematum, quæ & ad motum
materiæ feruntur, simulque circa sua propria centra circumuoluuntur.

De motu solis.

AD hoc autem intelligatur Sol aliquam habere virtutem quâ
materiam sibi circumiacentem nunc ad se attrahere queat,
eandemque intra se recipere & absorbere, atque potentissimè cale-
facere simul & rarefacere: nunc verò eandem efflare seu euomere,
atque à se ipso expellere: neque enim difficile fuerit hoc concipere
si concipiatur Sol ipse non planè durus, veluti chrystallum aut la-

B

pis, aut aliquod tale corpus cuius partes flecti non possint; sed aliquatenùs lentus & spongiosus, cum superficie rudi, asperâ, atque
inæquali, totàque montibus ac vallibus resperfâ : idemque omni
ex parte interiùs & exteriùs multis meatibus & cauitatibus seu fibris & venis scateat, instar spongiæ, siue pulmonis alicuius anima-
lis. Ex illis autem fibris, seu meatibus, alij quidem forsan directè tendant à centro ad superficiem corporis Solaris; alij autem indirectè;
quidam sint transuersi versùs quamcunque partem : sed maior pars
dirigatur ad eam partem, quam vocamus Occidentalem : non quidem quòd pars Occidentalis intelligi debeat ante extitisse; cùm
determinatio illius, saltem ordine naturæ, posterior sit : id enim
tantùm volumus, plures reperiri in corpore Solari meatus ad vnam
partem indirectè obuersos, quàm ad aliam : hanc autem partem
posteà, propter directionem motuum inde ortorum, vocatam fuisse
Occidentalem: ex quacumque enim parte maior ille numerus meatuum protendi intelligatur; illa eodem iure Occidentalis appellabitur, vt in sequentibus patebit.

Cùm ergo, ex hypothesi, Sol continuò attrahat & expellat materiam sibi circumiacentem, fiet vt illa postquàm intùs recepta fuerit, & potentissimè rarefacta, deinde expulsa, incurrat in exteriorem
cœlestem, seu mundi materiam Soli contiguam, quæ, ne penetre-
tur, & sic duo corpora simul in eodem loco existant, quod natura
non patitur, resistet ei quæ ex Sole prorumpit.

Itaque materia exterior erit veluti fulcimentum, cui innitens illa,
quæ ex Sole egreditur, expellet Solem ipsum contrariâ reactione, vt
aiunt; sicuti remigium aquæ innixum contrario nisu, nauigium in
contrariam partem pellit. Aut si experimentum cupis nostro proposito apprimè conueniens, hoc age.

Sume vasculum æneum ex iis, quæ vulgò Æolopilæ vocantur;
in quo nulla alia sit apertura aut foramen, præter tubum vtrimque
perforatum, atque alterâ quidem extremitate ipsi vasi adhærentem
atque ferruminatum : alterâ verò extra vas prominentem digitis
aliquot. Adhæreat quoque ipsi Æolopilæ annulus, vel quid simile,
vnde appendi possit : sed hoc appendiculum distet à radice tubi
quartâ parte circiter ambitus vasis : tubus autem non perpendiculariter promineat ex superficie vasis, sed obliquè; curuatus scilicet,
non quidem versùs appendiculum, aut ad contrarias partes, sed ad
latera eiusdem appendiculi, ad dexteram aut sinistram ipsius. His
paratis, immittatur aqua in Æolopilam modo vsitato, & admoto
igne calefiant omnia, donec aqua ebulliens, atque in vaporem sese

conuertens, magno impetu per tubum erumpat: tum nullâ interposîtâ morâ appendatur Æolopila ebulliens ex filo quàm fieri poterit longo & laxo, vt facilè multas conuersiones pati possit, sicque Æolopila ebulliens ex aëre liberè pendeat, tubo ad latera illius obliquè disposito; sique opus fuerit, supponantur ipsi prunæ, quæ eandem calefaciant, non autem tangant, ne motum impediant. Tum verò vapor ex tubo obliquè erumpens incurret in aërem, qui quia liquidus est, cedet quidem, at non omninò, sed aliquâ ex parte resistet ipsi vapori, ita vt vapor ipse aëri resistenti innixus, contrario nisu tubum, simúlque vas ipsum impellat, atque initio quidem lentè, posteà verò citiùs, ac tandem citissimè circumagat; idque tandiù quandiù, vapor durabit cum impetu, nec filum, aut aliud quidpiam motui obsistet.

NOTA.

Multò elegantius, multòque aptius atque etiam multò potentius est experimentum huius temporis, quod fit ex puluere tormentario tubo chartaceo incluso (nostri Galli vocant DES FVSEES *) & accenso, cuius exhalatis in aërem incurrens, ipsique innitens, contrario impetu chartam ipsam, simulque cum ea virgam aut baculum ipsi adhærentem, velocissimo motu in altum impellit; aut etiam, quod nostro exemplo maximè quadrat, circulum ligneum, cui obliquè alligatur tubus ille chartaceus, velocissimè circumfert, cum magna spectantium voluptate, vt fit in illis ignibus qui ad publicum spectaculum communiter accenduntur.* P. N. E. M.

Sicuti autem ad talem Æolopilæ motum circa centrum requiritur vt tubus obliquè ipsi applicetur, non autem directè, seu perpendiculariter ad superficiem illius; aliàs impetus fieret directè versùs ipsum centrum, sequerétúrque motus directus, non autem circularis: ita in Sole intelligimus meatus magna ex parte ad superficiem illius esse obliquos, vt Sol circa suum centrum moueatur circulariter. Quòd si quidam directi sint (tales autem esse nihil repugnare videtur) illi vel æqualiter circa Solem expandentur; atque ita sibi inuicem obsistent, ne Sol in vnam partem plùs impellatur directo motu quàm in aliam; vel etiam si plures reperiantur ex eadem parte: tamen quia accedente motu circulari circa centrum, fit vt illa pars respectu plagarum mundi nunc ante, nunc retrò, nunc dextrorsûm, nunc sinistrorsûm vergat; necessarium est vt quàntùm Sol in aliquam partem impulsus fuerit motu directo per aliquod tempus, tantúmdem sequenti tempore in contrariam partem repellatur, propter contrariam meatuum constitutionem, quæ alio atque alio tempore accidit propter prædictum motum circularem:

vnde vel ipfe Sol motu illô directô nihil procedit propter nimis fu-
bitaneam mutationem directionis meatuum illorum directorum,
vel certè fit, vt propter implicationem duorum illorum motuum,
directi fcilicet & circularis circa centrum, oriatur tertius quidam
ex ambobus compofitus, quò Sol feratur motu locali fecundùm
circuli circumferentiam, cuius centrum fit locus ille in quô maneret
idem Sol, fi nullo motu impelleretur, nec enim alius inde oriri poteft, ex legibus motuum compofitorum. Neque verò vlli obferuationi, aut etiam rationi repugnat tertius ille motus: quin è contrario
idem valde verifimilis eft, confertque magnopere ad explicationem tùm magni motus materiæ mundi, tùm etiam illarum irregu-
laritatum quæ in motibus particularibus communiter deprehenduntur. Quòd fi fiat ille, erit ipfius periodus æqualis periodo motûs
circa centrum, & ambo ad eafdem partes ferentur, nempe ab Occidente in Orientem, & fuper axibus parallelis, vt demonftrare facile eft ex legibus motuum. Nunc dicamus quid accideret fi ex meatibus directis quidam Solem impellerent fecundùm axem motus
circularis. Et fiquidem tales fint meatus directi fecundùm axem
motus circularis ad corpus Solare pertinentis, vel illi dirigentur
præcisè fecundùm eundem axem (cùm dicimus fecundùm axem
vel aliquam aliam rectam lineam, intelligimus etiam fecundùm
quamuis rectam ipfi axi vel alij rectæ parallelam) vel obliquè, fub
quâ conftitutione intelligimus omnem aliam quæ ipfi axi non eft
parallela, nec eidem axi perpendicularis. Hæc autem obliqua mixta perpendiculari, & vtraque fimul iuncta motui circulari circa centrum efficeret motum illum tertium circularem localem, de quo locuti fumus. At præterea eadem obliqua directio vnà cum ea quæ axi
parallela eft, ambæ fimul iunctæ poffunt producere motum aliquem verfùs alterutrum Polorum, hac ratione. Cùm enim duæ
fint partes axis, altera quidem quæ vocatur Borealis, altera Au-
ftralis: vel æqualis erit vis ad Borealem impellens, ei quæ impellit
ad Auftralem: vel altera alterâ maior erit: fi æquales fint eiufmodi
vires, ipfæ fibi inuicem obfiftent, nec altera alteram vincet ; vnde
nullus fiet motus, aut ad Boream aut ad Auftrum, remanebitq; folus
motus circularis. At fi maior fit vis ad Boream impellens quàm ad
Auftrum aut côtra, feretur fanè Sol ad illam partem, at non erit infi-
nitus ille motus: quia enim Sol ferri nô poteft nifi fimul feratur eius
Syftema, id eft magnû Syftema mundi, cuius medium occupare debet ipfe Sol vt fuprà explicuimus, ipfum autem Syftema fecundùm
fe totum ferri non poffit tali motu folius corporis Solaris in dire-

&um a&i intra suum Syftema, cùm vni parti innitatur Sol vt incon-
trariam feratur, atque ita inæqualis fit ad contrarias partes, Borealem fcilicet, & Auftralem impetus; fiet fanè vt Sol medium quidem
magni Syftematis tali impetu relinquat, at non longè progrediatur à
medio ipfo, fed eoufque donec impetus ille directus æquetur côtra-
riæ refiftentiæ materiæ mundi Solem ipfum ad fui medium retrahê-
tis: atque ibi, fcilicet in certâ quadam à centro mûdi diftantia verfùs
Boream vel Auftrum, perpendiculariter aut obliquè ftabit Sol tan-
tûdem impetu illo directò impulfus à medio, quantùm contrariâ re-
tractione maioris partis materiæ ad centrum retractus. Et hoc quidê
in Syftemate finito: in infinito autê, fi tale effet mundi Syftema, non
tamen in infinitum ferretur Sol cum fuis Planetis, obfiftentibus
fcilicet aliis Syftematis, quæ in illa infinita extenfione contineren-
tur: Sed & etiam fi talis fieret motus Solis cum fuo Syftemate, cui
nihil obfifteret, nullum tamen inde fequeretur incommodum, ficuti
nullum fequeretur etiamfi mundus finitus fecundùm fe totum moueretur quouis motu in fpatiis infinitis, remanentibus fingulis eius
partibus in ea difpofitione quam habent inter fe intra magnum illud mundi Syftema: imò neque talis motus vllo modo fenfu percipi
poffet à nobis, aut aliis intra tale Syftema contentis.

Sed ne quicquam defit in hac motuum Solarium explicatione,
notentur præcipuè hæc duo. Primum. Ex quotcumque motibus
directis quocunque modo implicatis, atque in vnum idemque corpus agentibus, vel ad eandem vel ad diuerfas partes tendentibus:
fiquidem fibi obfiftant æqualiter contrario nifu ex omni parte, orietur quies. Si autem ad aliquam partem potentior fit impetus, fiatque ille verfus corporis centrum, orietur vnicus motus rectus: fi
ad centri latera, orietur motus circularis vel fimplex circa ipfum
centrum, vel compofitus ex tali fimplici circa centrum & recto, erit-
que motus circularis localis. Si impetus inæqualis fiat partim verfus centrum, partim ad centri latera, fiet motus circularis, vel fimplex, vel localis, cui adiungi poterit alius rectus verfus axem ipfius
circularis, atque is vel perpendiculariter vel obliquè ad ipfum axem
pro diuerfa directione vis ipfius impellentis.

Secundùm. Ex quotlibet motibus circularibus inter fe compli-
catis atque ad vnum idemque corpus pertinentibus, orietur vel
quies vel vnicus motus circularis: intellige autem corpus mobile
nulli alii corpori alligatum effe, fed liberum relinqui intra medium
liquidum & permeabile.

Cùmque motus fimplex circularis adiungetur motui recto ver-

sùs centrum, ita vt inde oriatur tertius quidam motus circularis localis ; erunt amborum ipsorum motuum circularium, simplicis scilicet & localis, axes paralleli.

Quòd autem ita res se habeat, manifestum fiet ei qui in doctrina
de compositione motuum vtcumque versatus fuerit.

Neque verò est quòd quis miretur velocitatem talis motus in
corpore Solari, existimans forsan fieri non posse vt materia adeò liquida, qualis à Sole euomitur, in aliam adeò liquidam, qualis est ea
quæ Solem vndique circunstat, incurrens eidem satis firmiter inniti
possit, ad hoc vt tanto impetu, & tantâ velocitate ipsum in contrariam partem pellat. Nam etiamsi, quod reuerâ existimamus, multùm absit quin tantâ pernicitate halitus Solis ex ipso erumpat: attamen fiet vt successu temporis Sol ipso motu velocissimus euadat,
hac ratione. Finge velocitatem halitus erumpentis esse tantùm cen-
tesimam partem velocitatis illius, quæ reuerâ hodie Sóli conuenit,
aut etiam, si vis, tardiorem: fiet tamen necessariò vt eadem velocitas ab eodem Sole communicetur illi materiæ cœlesti seu mundanæ,
quæ Soli proximè adhæret : quemadmodum aër aut aqua alicui
corpori duro atque aspero & inæquali circunfusa, ad motum ipsius
corporis circumuoluitur. Interim autem Sol halitus suos côtinuans,
atque innitens ipsi materiæ iam mobili, velocitatem priori similem
superaddet ; quàm rursus eidem cœlesti materiæ communicabit,
fietque tunc tota velocitas dupla. Pergens autem Sol, in halitibus
emittendis, tertium superaddet velocitatis gradum, quem simili
modo materiæ cœlesti communicabit : ac deinde quartum, quintum, &c. Certum enim est ex legibus motuum, quidquid mouetur
per se in medio mobili, semper motum suum proprium superaddere
motui eiusdem medii : ita vt motus ipsius mobilis componatur ex
duobus motibus, nempe ex suo proprio, atque ex eo qui medio conuenit. Hic autem Sol est ipsum mobile, & materia cœlestis Soli
circumfusa est ipsum mediû. Atque illud insuper speciale est, quòd
Sol ipsum medium simul secum trahat, simùlque eidem medio innitatur, idem prætergredi contendens propriis viribus, atque continuâ
exhalatione: quod peculiare est mobilibus illis qui simul & moto-
res sunt, atque in centro motus sui constituuntur. Hâc igitur ratione multiplicabuntur gradus velocitatis tam Solis, quàm materiæ cœlestis eidem circumiacentis: quique initio tardus erat motus,
tandem velocissimus euadet. Neque tamen rursus in infinitum pro-
cedet talis auctio siue multiplicatio, quia finita est atque determina-
ta vis illa Solis, quâ seipsum & sibi adiacentia corpora mouet : om-

nis autem vis in mouendo finita motum finitum tantùm producere
poteſt. Itaque cum Sol ipſe ſibi atque materiæ adiacenti eam velocitatem communicauerit, quam illius vis producere poteſt in ea mole quam mouet : tunc ille nihil addet vltra, niſi quòd talem velocitatem ſibi coæternam efficiet, eandemque, ſaltem proximè, vniformem.

De motu periodico Planetarum.

ATQVE hic eſt primus ex duobus modis quibus diximus explicari poſſe motum aliquem in mundi Syſtemate, ſcilicet ex vi
propria Solis, quæ cauſa dici poteſt interna. Secundus modus, qui
ab ipſo Sole tanquam ab externâ cauſa procedit multiplex eſt, ſed
à nobis duplex tantùm conſiderabitur: vnus quidem qui à primo
illo motu, alter verò qui ab ipſius Solis calore in aliquod corpus diſtans agente, cauſam ipſius motus deducet.

Et quidem iam indicauimus quo pacto ex motu prædicto Solis
tanquam à cauſa quàdam externâ, gignatur motus totius materiæ
mundi circa Solem ipſum, veluti circa centrum: qui motus videtur
prorſus neceſſarius, poſito motu Solis circulari: ſiue is motus ſimplex ſit circa centrum, ſiue idem ſit localis, quod veriſimilius eſt.
Nam ſi talis motus ſit ſimplex, ſuperficies autem Solis ſit aſpera &
inæqualis, qualis eſt communiter ſuperficies corporum conſtantium ex materia vtcumque dura & conſiſtenti, quæ ſuperficies tota
montibus & vallibus reſperſa cernitur: fiet ſanè vt moto circulári-
ter ipſo Sole moueatur ſimul cum ipſo materia ipſi adiacens & contigua, quemadmodum aqua aut aliud corpus liquidum intra ſitu-
lam, aut tale aliud vas contentum, ad motum manus, primùm quidem lentè, deinde verò citiùs atque citiùs circumuoluitur. Hoc autem pacto manifeſtum eſt fore vt quia materia illa mundi liquida eſt,
& permeabilis, eâ, quâ parte ipſi Soli adiacet & contigua eſt, Solis
ipſius motum proximè aſſequatur: at quâ parte à Sole remotior eſt,
eadem, quia non immediatè trahitur, ſed tantùm mediante eâ quæ
propinquior eſt, ſequatur quidem ipſum Solis motum, ſed periodum illius non aſſequatur, verùm periodus illa materiæ remotioris
fiat tardior, & eò magis, quò materia illa longiùs à Sole diſtat, ita vt
quæ longiſſimè ab eo diſtat, ea ſit tardiſſima: quod etiam in exemplo ſitulæ præmiſſo clarè licet intueri.

Quòd ſi motus Solis ſit ſimul circularis & localis, vt ex ſupradi-
ctis veriſimilius eſt, idem effectus ſequetur potiori iúre, quia Sol cir-

culariter delatus per locum, impellet materiam mundi, quæ quidem
propè Solem ipfum mouebitur circulariter fimul & loçaliter vt Sol,
at longiùs ab ipfo Sole, materia eadem mouebitur circulariter tantùm, vel certè motu compofito ex duobus circularibus, ex qua
compofitione fiet motus quidam oblongus, fiue ad oualem acce-
dens, qui quò materia longiùs diftabit à Sole, eò perfectum circularem propiùs imitabitur.

Periodus autem talis motus in ipfo Sole debet effe vnius menfis
circiter, fiue is fimplex fit, fiue loçalis, quantùm ex Planetis circum-
ftantibus coniicere licet; cùm in eâ à Sole diftantia in qua eft Mercurius, periodus illa iam fit trium menfium vel proximè; in regione
Veneris, ferè octo menfium; in regione Telluris, vnius anni, fiquidem ex illa ipfa annus conftituitur: in regione Martis, duorum annorum ferè; in regione Iouis, dvodecim annorum proximè; ac tandem in regione Saturni motus ille fit quafi triginta annorum. De
Stellis fixis nihil dicimus, cùm ignorèmus an illarum règio ad magnum mundi noftri, fiue Solis Syftema pertineat. Dicemus tamen
fub finem de motu illo apparente, qui communiter cenfetur illis
effe proprius, ex quo fit præceffio æquinoctiorum, cuius periodus
multorum millium annorum effe exiftimatur.

Intelligimus autem motum illum de quo iam locuti fumus, ad totam materiam mundi pertinere, atque eundem ab eadem communicari reliquis minoribus Syftematis in illa contentis, qvæ ad ipfius
materiæ motum deferuntur, eodem prorfus modo, quo ad motum
aquæ feruntur omnia corpora, quæ in ipfa aqua immerguntur, ei-
demque liberè permittuntur, vt ligna, corpora animalium mortuo-
rum, & alia eiufmodi liberè natantia & fluitantia. Sic Syftema Telluris liberè fluitans intra materiam mundi, fertur ad motum materiæ eiufdem, periodúmque fuam abfoluit fpatio vnius anni, ficoti
materia ipfa in illa à Sole diftantia, tanto tempore periodum fuam
circà Solem abfoluit: fic etiam Syftema Saturni ad motum materiæ
periodum fuam abfoluit fpatio 30. annorum; atque ita de reliquis,
pro fua cuiufque periodo.

N O T A.

*Mirum fanè quàm propè fcopum attigerit circa Solis periodum, quam
menftruam effe ponit, cæcutiens, vt ita dicam, & fola aliorum Syftematum coniectura innixus. Siquidem obferuatione hodierna per maculas fiue
Solis fuligines, periodus illa in ipfo Sole deprehenditur effe 28. dierum circiter*

Ceterùm

Cæterùm hoc obferuatione deprehenfum eft , vnumquodque ex illis Syftematis ad motùm materiæ ferri per circulum magnum, fiue per planum tranfiens per centrum ipfius Solis, quod etiam rationi omninò confentaneum erat, ex legibus motuum fphæricorum, quibus corpora delata cùm dirigantur fecundùm tangentés circulorum , fit vt illa femper tendant ad extra, afpirentque ad circulos maiores & maiores, donec ad maximum peruenerint, quod quidem ficuti certiffimæ rationi innititur, ita conftanti experientiâ vbique comprobatur , non folùm in fphæris, fed etiam in rotis, & alijs eiufmodi corporibus , ad quorum motum alia deferuntur. Eodem prorfus modo quoduis ex minoribus Syftematis , etiam fi hodie conftitueretur extrà circulum maximum propiùs ad vnum Polum quam ad alium, tamen fucceffu temporis illud tendens continuè ad extra, ad circulum maximum peruenieret, in eodémque perpetuò permaneret : quod quandoquidem per tempus futurum erat, neceffarium eft vt poft tot tempora hucufque elapfa jam diù acciderit, ficque ipfa minora Syftemata intra magnum Syftema pofita, per circulos eiufdem maximos deferantur.

Neque tamen ideò cenfendum eft omnia illa Syftemata ad motum maioris delata ferri per eundem circulum magnum, fiue Polos illorum exiftere in eodem axe, in quo exiftunt Poli motus annui Syftematis Telluris: nam contrà, vnumquodque ex illis, etiamfi per circulum magnum feratur , tamen circulus ifte ab aliis diuerfus eft, atque ad ipfos inclinatur, ad aliquos quidem mágis , & ad aliquos minùs ; ita tamen vt inclinatio illa, vbi maxima eft , non excedat latitudinem, quæ communiter tribuitur Zodiaco , putà quinque aut fex graduum ex vtraque parte Ecliptice , id eft , ex vtraque parte magni circuli , per quem fertur Syftema Telluris. Caufa verò deuiationis illius minorum illorum Syftematum à fe inuicem, cenfetur pendere ab iifdem Syftematis, prout per totum illum magnum motum circa Solem, (accedente etiam motu particulari & proprio vniufcuiufque circa proprium centrum de quo agemus ftatim) nunc hanc, nunc illam fui partem Soli obuertunt : ficuti Terra propter duplicem motum, annuum fcilicet & diurnum, nunc partem Borealem, nunc Auftralem Soli exponit, vtramque fcilicet per fex menfes , fiue per dimidium fpatium motus illius qui fit circa Solem. Ex hac enim alternâ partium illuminatione, tale Syftema poteft alternatim hùc & illùc impelli. Sed & ex eodem principio Apogeorum , & Perigeorum conftitutio oriri poteft, vt poftea dicemus.

C

De motu diurno Telluris.

EXPLICEMVS deinde quâ ratione fieri poſſit, vt à calore Solis in corpus diſtans agente, excitetur motus in ipſo corpore : ac in exemplum aſſumamus Terram: quod enim de ipſa dicemus, idem de aliis Syſtematis eodem modo explicabitur.

Quoniam igitur Terra inæqualis eſt, ſiue aſpera ſecundùm eius ſuperficiem externam, quæ tota montibus & vallibus, ripis, littoribus, ſyluis, &c. inæqualiter diſpoſitis diſtinguitur; fit vt aër ipſi Terræ contiguus liberè huc, aut illuc moueri non poſſit, quin impingat in partes Terræ prominentes, eaſdémque impellat, ac ſimul cum ipſis Terram cui adhærent. Videamus igitur quonam pacto aër ille à calore Solis moueri poſſit; ſic enim reliqua facilè ſequentur. Sed faciliùs res explicabitur, ſi primùm conſideremus Terram velut immobilem, Solem verò eandem illuminantem ſimul, ac calefacientem, tanquam ſi vtrunque corpus, aut alterutrum tantùm nunc eſſe incipiat, aut iam iam productum ſit: nam hoc poſito, quidquid futurum eſſe per tempus, ratione conuincetur, idem iam acci-diſſe propter tempus elapſum ſatis ſupérque conſtabit.

Intelligamus ergo Solem in ea diſpoſitione, de qua ſuperiùs diximus, Terram autem vtcumque ab eo diſtantem, ac primùm immobilem. Dum igitur Sol calefaciet aërem ipſi Terræ contiguum, ſimúlque cum ipſo vapores atque exhalationes ipſi aëri admixtas, quæque ab ipſa Terra continuò exhalantur, nunc magis, nunc minus, pro diſpoſitione eiuſdem Terræ, neceſſarium eſt vt tale corpus, cuius partes omnes rarefactioni ac dilatationi obnoxiæ ſunt, Solis calori expoſitum, magnoperè rarefiát atque extendatur, locumque occupet longè quàm anteà maiorem; præcipuè quia illud in maximâ quantitate exiſtit, quanta ſcilicet requiritur ad occupandum integrum Terræ hemiſphærium, aut vltrà. Diffluet igitur vndique tale corpus rarefactum à calore Solis, vt locum quærat ampliorem; ſimúlque diffluendo premet ex omni parte obſtantia ſibi corpora ſuprà, infrà, & ad latera. Ac ſuprà quidem nihil aliud aget quàm quod alium aërem ſuperiorem altiùs impellet; infra, Terram ipſam premet motu directo, qui vix ſenſibilis erit, tum quia Terra ſuæ ipſius grauitati, ac cæteris corporibus circumiacentibus innixa, eidem motui reſiſtet; tum quia illa etiamſi tali motu directo aliquo vſque impelleretur, tamen poſt quàm à ſui Syſtematis parte tantâ vi ad ipſum medium retraheretur, quantâ ab ipſo impetu in contrarium ferretur, ſtaret neceſſariò, contrariis ipſis viribus librata, paulò extra Syſtematis ſui medium. At verò circa impetum illum aëris rarefacti, atque ad latera Terræ vndique magno impulſu & maximâ celeritate diffluentis, longè aliter ſe res habebit: impinget enim ille ex omni parte in montes, ripas, ſyluas, littora, & alias partes prominentes, eaſdemque impellet vel magis, vel minus, pro vt ipſæ altiores erunt, magiſque vel minùs directè impetui aëris diffugientis obuerſæ. Et quidem ſi partium illarum prominêtium æqualis vndique eſſet altitudo, ſimiliſque directio, eſſet quoque impetus vndique æqualis, nec plùs in vnam partem impelleretur Terra, quàm in alteram. Verùm æqualitas illa altitudinis & directionis miraculo ſimilis eſſet, nec reuerà talis eſt, ſed è contrario maxima eſt inæqualitas, ita vt aër diffluens multò maiorem reſiſtentiam ex partibus altioribus & directioribus reperiat, quàm ex aliis humilioribus & obliquioribus. Hinc ergo fit vt Terra ab illo aëre diffluente multò maiori impetu pellatur in vnam partem quàm in aliam : vnde neceſſarium eſt vt ad illam partem ipſa Terra moueatur circulariter.

Atque etiamſi initio ipſius motus Terræ, non magna ſit illius velocitas, tamen propter cauſæ continuationem, eaſdemque rationes quas ſupra pro acceleratione motus Solis attulimus, futurum tandem eſt vt velociſſimus euadat, ac ſecum ferat primùm quidem aërem Terræ contiguum pari periodo, vel proximè : deinde ſuperiorem tardiori ac tardiori, pro ratione maioris atque maioris eius à Terra diſtantiæ : planè ſicuti diximus de tota Mundi materia reſpectu Solis circa ſuum centrum ſe circulariter mouentis.

N O T A.

Sanè ſi quis conſtitutionem ſuperficiei terreſtris in globis aut mappis conſiderauerit, mirabitur proculdubiò diſpoſitionem quam habet illa ad talem motum, quámque ſi author ipſe cognouiſſet, non omnino reticuiſſet, cum illa eius opinioni tam manifeſtò faueat. Reſpice enim oram Americæ Occidentalem, totam inquam illam oram quæ mari pacifico alluitur, reperies eandem continuis montibus obtineri, adeo altis, vt nulli in vniuerſa Terra narrentur altiores, aut etiam directiores. Contra verò ora Orientalis eiuſdem Americæ humilis eſt. Vnde etiam fit vt maxima flumina in hanc oram Orientalem ſeſe exonerent ; cùm ex ora Occidentali, vtpote nimis altâ, vix torrentes aliqui in mare incurrant. Itaque cùm in mari pacifico excitatur illa rarefactio vaporum & exhalationum, de qua hic agitur, quæque ad præſentiam Solis ſingulis diebus iteratur : tunc corpora illa rarefacta, vndique diffluentia, verſus Occidentem quidem

C ij

nihil præter aërem vasto mari incumbentem reperiunt, qui quidem aër
talibus corporibus diffluentibus parùm obsistit: versus Boream autem
vel Austrum littora sunt remotissima, excurruntque longè vltra Zonam
Torridam hinc inde, vnde nullam, aut æqualem producunt resistentiam.
At versus Orientem incurrunt corpora ipsa rarefacta in præaltos illos
montes per latitudinem totius Zonæ Torridæ & longè vltra hinc inde sa-
tis directè extensos: vnde necesse est vt impulsus fiat vehementißimus
versus Orientem, qualis scilicet ad Terræ motum diurnum requiritur.
Atque etiam si ora Orientalis eiusdem Americæ, quæ scilicet partim ma-
ri Æthiopico, partim vero Atlantico alluitur, priori contraria sit, con-
trariumque excipiat impetum, putà versus Occidentem; tamen propter hu-
militatem atque obliquitatem ipsius oræ, sit vt impetus ille multo debilior
existat, supereturque multis partibus à priori. Cæteras oras Europæ, A-
fricæ, atque Asiæ si quis consideret, reperiet vel prope æquales, vel etiam
ad talem motum diurnum iuuandum aliquantisper magis dispositas. Sic-
que collatis omnibus, relinquetur multo maior impetus versus Orientem,
quàm versus Occidentem. De cæteris partibus mediterraneis difficilis es-
set disquisitio: sed etiam si illæ nihil iuuarent, sufficit impetus ille prædi-
ctus, qui quamuis initio quidem motum produceret centuplo tardiorem eo,
qui Terræ conuenit hodie tanquam proprius siue diurnus: tamen ille idem
motus sibi ipsi multoties superadditus, propter rationes iis similes quas au-
thor pro acceleratione motus Solis attulit, ad hodiernam celeritatem tan-
dem perueniret, Sed & inde sequitur sub Zona Torrida, præcipuè verò
in mari Æthiopico, Terram ipsam eodem motu aëri quadamtenus præ-
ualere, ipsumque ab ea vinci, atque ipsa euadere tardiorem, quod etiam
experientiæ apprimè quadrat in ventis illis Occidentalibus qui iis in par-
tibus ferè semper regnant. P. N. E. M.

Præterea etiã si, quod fieri potest, motus ille ex pluribus motibus
componatur ad diuersas partes tendentibus; tamen ex illis omnibus
vnicus efficietur, ex legibus motuum cõpositorum. Imò etiam si in
prima parte talis motus directio fieret in vnam plagam, ac in secunda parte in alteram, aut directè siue collateraliter; tandem tamen
fortiore debilius vincente, motus ipse dirigeretur & adæquaretur,
fierétque subiipsi proximè æqualis & vniformis. Cuius quidem vni-
formitatis exempla similia passim occurrunt, præcipuè verò in funda rotata circa manum proiicientis; quæ funda, etiam si quâ parte
ascendit, tardiùs progredi debeat, quâ verò descendit, velociùs;
propter grauitatem naturalem quæ descendentem iuuat, nocet autem ascendenti; tamen postquàm initio facta fuerit forsan quædam
motuum contrariorum reciprocatio; deinde determinato ad vnam

partem motu, apparuerit aliqua inæqualitas circa velocitatem, primùm quidem maior ac deinde senfim minor ac minor; tandem propter caufæ impellentis continuationem, motus ille circularis ad æqualitatem reducitur, aut certè tam proximè, vt nulla inæqualitas fenfu depræhendi poffit. Sed & idem motus ad directionem certam & conftantem accommodatur, nempè ad circulum magnum, ad cuius centrum tendunt radij feu habenæ ipfius fundæ, etiam fi initio talis motus ipfæ habenæ aliquatenùs inconftantes vifæ fint, Ita vt nihil propè habeat talis fundæ côparatio, quod ad ipfum Terræ motum non poffit acommodari.

Manifeftum eft ergo, hoc pofito, aliquem fore axem, circa quem hic diurnus Terræ motus fefe accommodet; fiue axis ille parallelus fit axi motus annui, fiue non : neque enim horum axium alter ad alterum refertur, aut iidem quouis vinculo inuicem alligari videntur; cùm neque motus ipfi à fe inuicem dependeant, fed contrà, alter fine altero ftare rectè intelligi poffit. Conftat autem tales motus ad fe inuicem inclinari gradibus ferè 24. Et quoniam hoc fecundo motu conuerfa Terra nunc hâc nunc illâ fui parte Solem refpicit, ita vt ob hanc caufam nunc dies, nunc verò nox fucceffiuè has & illas Terræ partes occupet, hinc factum eft vt motus ipfe vocaretur diurnus; & axis illius, axis motus diurni, & Poli, Poli motus diurni. Vocantur etiam aliter axis & Poli mundi, fcilicet ab iis qui talem motum diurnum ad primum quoddam mobile, fiue ad totum mundum referunt: fed nos ne in ambiguum quoddam incidamus, hunc fecundum motum Terræ peculiarem vocabimus diurnum : at primum eum, qui Terræ à totâ mundi materiâ communicatur circa Solem, nomine iam vfurpato, dicemus annum.

Diurni autem motus circulus magnus, fiue Æquator motu annuo delatus ad Eclipticam, fiue ad circulum annuum inclinationem eandem perpetuò retinet, quæ eft 24. gr. circiter, vel certè parum admodum mutatur inclinatio illa. Caufa verò hæc effe videtur, quòd eminentiæ & cauitates Terræ hinc inde ex vtraque ipfius Æquatoris parte difpofitæ verfùs vtrumque diurni motus Polum, proximè funt æquales, habitâ ratione altitudinis eminentiarum, profunditatis cauitatum, & directionis harum atque illarum; ita vt fi paululùm ad partes huius vel illius ex Polis diurnis dimoueretur ipfa Tellus, tunc ex iis eminentiis & cauitatibus aliæ directiores, aliæ verò obliquiores euaderent, quo pacto ipfa ad priorem ftatum redire cogeretur. Vt fi ad partes Poli Arctici dimoueri Terra intelligatur; tunc quæ refpectu Æquatoris, ex parte ipfius Poli Arctici disponuntur eminentiæ & cauitates, obliquiores; quæ verò ex altera parte Antarctica, directiores euaderent: atque ita accidente rarefactione seu dilatatione vaporum & exhalationum, de qua diximus, Terra rursùs ad partem Antarcticam reduceretur, propter directiores illas eminentias & cauitates, in quas impingerent fortiùs corpora illa rarefacta. Contrarium accideret si in partem Antarcticam dimoueri Terram quis contenderet. Vnde cùm neque in hanc, neque in illam partem possit dimoueri, saltem sensibiliter, necessarium est vt ipsius Æquator ad Eclipticam eodem modo, vel proximè, perpetuò inclinetur.

NOTA.

Sed & huic Terræ constitutioni accommodata est eius superficies: mare enim tanquam alueus quidam totam ferè Zonam Torridam occupat, inter Terras Boreales & Australes hinc inde ipsum coarctantes, sic vt præter Americam Meridionalem, & caput Africæ, partemque exiguam Terræ Australis, nihil talem alueum impediat. Adeo omnia ad mentem authoris sunt accommodata. P. N. E. M.

Neque tamen inde sequi putet aliquis, axem motus diurni sibi ipsi fore semper parallelum: hic enim paralogismus sub finem diluetur, vbi de præcessione Æquinoctiorum sermo instituetur.

Neque etiam sequitur immutabilem esse æquatoris & Eclipticæ inclinationem illam 24. gr. Nam mutatis vtcumque eminentiis & cauitatibus prædictis; putà littoribus ab ipso mari arrosis; montibus verò, vel syluis, aut vallibus, vsu, pluuiâ, niuibus, ventis, aut aliâ causâ attritis, vel auctis, vel oppletis, vel excauatis; mutari potest aliquantisper directio motus diurni Telluris, eiusdemque ad motum annuum inclinatio.

NOTA.

Hinc autem repetenda videtur causa mutationis Obliquitatis Eclipticæ, siue motus librationis à Septentrione in Meridiem, & contra: quo fit vt maxima declinatio Eclipticæ sit hodie minor, quàm tempore authoris, putà 23. gr. 30. m. tantùm; cum tunc esset 24. gr. circiter. Quòd si ita est, frustrà tali mutationi quæritur regularitas quædam, cùm illa sit planè irregulariter inæqualis. Quòd etiam ex obseruationibus authorum subsequentium, Ptolemæi, Abategnij, & aliorum satis constat. Illa enim tempore Ptolemæi erat 23. gr. 51. m. Inde autem continuò decreuit irregulariter vsque ad nostra tempora. Quid autem postea futurum sit, penes posteros esto. P. N. E. M.

Attamen fatis experientiâ conftat Æquatorém refpectu fuperficiei Terræ effe immobilem, faltem ad fenfum, id eft circulum ipfum femper tranfire per eafdem Terrenæ fuperficiei regiones, cùm obfervatione conftanti deprehendamus parallelos ipfius pofitionem fuam non mutare in eâdem terrenâ fuperficie. Neque igitur axis motus diurni pofitionem fenfibiliter mutat, fed idem per eadem pûncta eiufdem fuperficiei femper tranfit. Poteft tamen axis ipfe cum totâ Terrâ refpectum ad Stellas fixas mutare, vt fufiùs explicabimus, vbi agemus de præceffione Æquinoctiorum. Ibi etiam patebit quomodo, ftrictè loquendo, vix fieri poffit, quin Terra titubet per fingulos annos à Boreâ in Auftrum, & contrâ, etiamfi per fpatium vnius anni tantùm, illa titubatio fit infenfibilis. Imò ex eâ deducemus motum præceffionis Æquinoctiorum, qui poft multos tantùm annos fenfibilis euadit.

Periodus quoque talis motus diurni valdè diuerfa eft ab annui motus periodo, fiquidem intra periodum annuam abfoluûtur. 366. periodi feu reuolutiones diurnæ cum quarta parte, paulò minùs: quo tempore Terra circa fuum axem circumuoluta, vnâ cum aqua & aëre proximè adiacente, nunc hâc, nunc illâ fui parte Solem, aliàque aftra refpicit : vnde fit vt dies ac noctes fibi continuè fuccedant, vtque intra fpatium annuum, feu annuam periodum, Terra eâdem fui parte Solem ipfum 365es directè refpiciat; fcilicet totiès, vna vice minùs, quot funt conuerfiones diurnæ intra periodum annuam. Et quia fpatium illud temporis quod elabitur interim, dum eadem pars Terræ ad Solem directè refpiciendum redit, vocatur communiter dies naturalis, feu ciuilis, feu etiam Aftronomicus ; hinc fit vt in anno contineantur 365. dies Aftronomici, cum quarta parte, paulò minùs. Cur autem non contineantur 366. ideò fit, quia illi motus, annuus fcilicet & diurnus, fiunt ad eafdem partes, putà ambo ab Occidente in Orientem : quapropter neceffarium eft, vt intra vnam conuerfionem annuam abforbeatur vna conuerfio diurna, & fic 366. conuerfiones efficiant tantùm 365. dies Aftronomicos.

Præterea etiam fi motu ipfo diurno ferantur vnâ cum Terra aër & omnia corpora in eo contenta, atque omninò totum Syftema Telluris : tamen non eadem eft partium omniùm periodus, cùm vt diximus fuprâ, fuperiores partes aëris tardiùs ferantur quàm inferiores. Imò in regione Lunæ, talis motus conuerfionem vnam abfoluit fpatio 27. dierum cum   ; circiter: vnde fit vt ipfum Lunæ Syftema ad motum diurnûm Syftematis Terræ delatum, tanto tempore periodum fuam circa Terram abfoluere videatur ab Occiden-

te in Orientem. Quemadmodum enim, vt diximus fuprà, Syſtema Lunæ Syſtemati Terræ immergitur, eique innatat, atque intra
ipſum liberè fluitat; ita neceſſarium eſt vt ad huius motum feratur
illud; eodem prorſùs modo, quo ad motum materiæ totius mundi
feruntur minora Syſtemata in eo liberè fluitantia.

De declinatione Lunæ.

VERVM hîc difficultas non leuis oriri poteſt. Cùm enim dicamus motum periodicum Lunæ eidem communicari à Syſtemate Telluris motu diurno delato; huius autem diurni motus
Poli diſtent à Polis motus annui 24. gr. circiter: vnde fit, inquiet
aliquis, vt eadem non ſit Polorum Lunæ ab iiſdem motus annui
Polis diſtantia, ſed ipſa diſtantia ſit tantùm quinque graduum circiter? Tantùm enim abeſt vt Poli motus diurni ſint idem cum Polis
motus periodici Lunæ, vt è contrario ipſi multum à ſe inuicem diſtent, & valdè inæqualiter, nunc quidem 19. circiter gr. nunc verò.
29. aut aliquâ aliâ diſtantiâ intra hos terminos contentâ.

Sed hæc difficultas ita ſoluitur, vt appareat illud neceſſarium eſſe
quod rationi repugnare videbatur. Ad hoc autem habenda eſt ratio
figuræ Syſtematis terreni; quæ quidem figura etiam ſi ſphærica
eſſe debeat, ſi tantùm reſpiciamus ad eam proprietatem quâ partes
omnes ad vnum idemque Syſtematis ipſius terreni centrum tendunt, ſeſeque inuicem premunt vndique æquali niſu, ſiue vnifor-
mi grauitate: tamen ſi ad Solis illuminationem & calefactionem
attendamus, reperiemus eas terreni Syſtematis partes quæ propiùs
ad Solem accedunt, ſiue ipſas aëris ſuperioris partes quæ Soli obuer-
tuntur, magis ab ipſo Sole illuminari, fortiuſque calefieri quàm reliquas quæ prioribus è diametro opponuntur, atque à Sole magis diſtant integrâ totius ipſius Syſtematis terreni craſſitudine, quæ ſanè
ſenſibilis eſt. Vnde etiam neceſſarium eſt vt quæ fortiùs calefiunt,
rariores efficiantur; quæ verò debilius, denſiores. Quapropter non
poteſt illud Syſtema perfectè rotundum eſſe; ſed quâ parte Solem
reſpicit, gibboſius eſt, magiſque dilatatur; alterâ autem parte magis
comprimitur, fitque obtuſius. Ac planè tale Syſtema ex duabus partibus diuerſarum figurarum componi debet, quarum ea quæ Solem
reſpicit oblonga eſt, altera verò prolata: vel etiam idem ad oui for-
mam accedit, cuius pars acutior Solem reſpicit, obtuſior verò ab eodem magis diſtat,

Eſto

Esto ergo tale Syſtema, cuius centrum A, diameter B A C, quæ ad Solem dirigatur verſus B, ita vt ſemidiameter A B longior ſit quàm A C, exiſtente parte B acutiore, C verò obtuſiore. Ducatur etiam per centrum A, altera diameter N A O diametro B C perpendicu-laris, ita vt N O parallela ſit axi motus annui ipſius Syſte-matis terreni. Præterea eſto corpus ipſum Terræ D F E G in medio ſui Syſtematis circa centrum diſpoſitum, cuius axis motus diurni ſit D E; Poli autem in ipſo corpore ſunto D, & E: producatur-que vtrinque D E per me-dium aëris, donec occurrat ſuperficiei ipſius Syſtematis in L & M. Inſuper eſto in plano axium N A O, L A M, ex diametris Æquatoris ter-reſtris, vnâ P Q, quæ axi D E perpendicularis erit, quæque produ-cta vtrinque per medium aëris, deſinat in ſuperficie in punctis H, I: & tandem ſint puncta F, G, quibus recta N O occurrit ſuperficiei terreſtri.

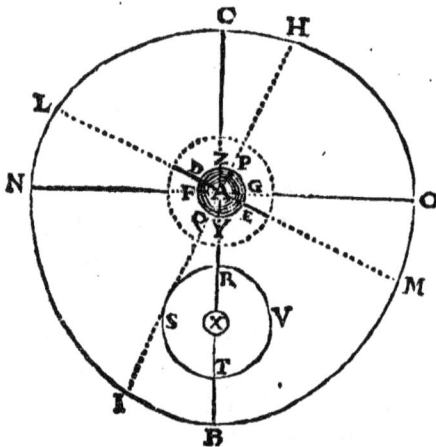

Iam, ex hypotheſi, axis diurnus D E ad rectam F G, quæ axi annuo parallela eſt, inclinatur ſecundùm angulum 24. graduum circiter: & corpus terrenum mouetur circa axem D E motu diurno, ita vt eo motu partes quæ ſunt circa Polos D, E, ſint tardiores, quæ verò ſunt circa Æquatorem P Q ſint velociſſimæ: & eo ipſo motu fertur to-tum Syſtema ſub figura ouali propoſita; ita vt materia aërea dum tranſit per B, rarior fiat ac dilatetur; dum verò tranſit per C, fiat den-ſior, atque contrahatur, prout Soli propior fit, vel ab ipſo remotior. Quoniam autem, vt ſupra diximus, omnis motus circularis, ſiue ſphæricus, ſiue, vno verbo, circa centrum, ſemper tendit ad circulos maiores; fit vt materia aërea, dum motu diurno impellitur circa axem D E, quà quidem ipſi corpori Terræ contigua eſt, moueatur ſatis præciſè circa eundem axem D E; at verò verſus partes remo-tiores I & B, tendat ad ipſum B quod remotiſſimum eſt; ita vt iis in partibus motus ipſe non ad axem D E, ſed ad F G ſiue N O ſeſe ac-commodet; proptereà quòd ipſum B ad talem axem N O pertinet, & materia valdè fluxa eſt, ſicque impetui obedit facillimè, & eò

D

tendit fine vlla propè refiftentia, quò tendit motus ipfius natura,
nempè ad partes remotiores, feu ad partes ipfius B. Addè quòd
ad hoc adiuuat figura fpatij ipfius oualis, in quo fi motus fieret fecundùm Æquatorem I H, effet ipfe motus obliquus ad fuperficiem
fpatij, ficuti H I diameter Æquatoris ad eandem fuperficiem obliqua eft: omnis autem motus obliquus fenfim labitur, fitque dire-
ctior, donec tandem ad perpendicularem aut quàm proximè redu-
catur: ac propter hanc caufam ex fitu obliquo H I, motus ipfe reducitur ad perpendicularem C B. Atque etiam fi fitus N O fit quoque perpendicularis, tamen quia B à centro A remotior eft quàm
N, hinc factum eft vt ad remotiffimum à centro fitum, aëris ille motus fefe accommodauerit, nempè ad B, non autem ad N. Quâ ratione idem motus partium fu-
periorum aëris ad axem N O,
vel proximè, fefe accommo-
dât. Diximus proximè, quia
fieri non poteft quin ipfe aliquid retineat prioris illius
circa axem D E, à quo profectus eft. Fit ergo inde motus
quidam côpofitus, fiue cum
latitudine ab Ecliptica B C,
ex quo etiam Lunæ latitudinem oriri probabile eft.

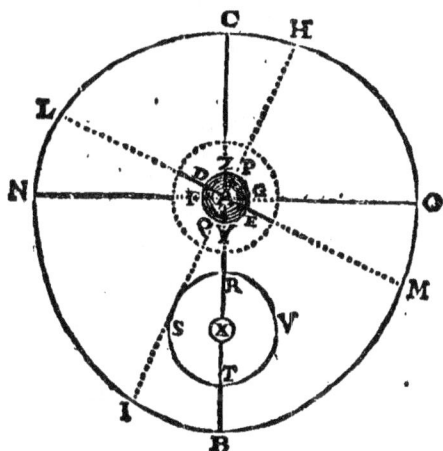

Quoniam ergo Lunæ Sy-
ftema immerfum Terreno
Syftemati, fertur ad motum
fuperioris aëris in quo exiftit, neceffarium eft vt ipfa Luna moueatur proximè circa axem Eclipticæ, fiue motus annui N O, non autem circa axem diurnum D E: fed propter talis motus compofitio-
nem, quæ multiplex eft, erit ipfius Lunæ motus valdè compofitus,
quod etiam experientia teftatur. Habet tamen illa aliquam cum
Terra fympathiam, quâ fit vt ea facies quæ Terram refpicit, quia magis de fympathia illa participat, numquam à Terra ipfa dimouea-
tur, etiam fi ipfa Luna valdè fit afpera & inæqualis, & propter id ad
motum valdè difpofita; fi tamen illa vapores aut exhalationes ex fe
producat, quod an fit, nec-ne, iudicare difficile eft.

NOTA.

Equidem ex Neotericorum obfernationibus fatis conftat ex corpore Lunæ

vapores aut exhalationes emanare ; cùm ab ipsis refractio valdè sen-
sibilis producatur. Hoc autem clarè patet ex Eclipsi Solis. At tales
exhalationes tenuissimæ sunt, ac forsan semper diaphanæ, atque ob id ra-
refactioni maiori minùs obnoxia: vnde facilè vincitur ipsarum rarefa-
ctarum impetus ab obstinata directione sympathiæ, nec inde aliud efficitur
quàm paruulus quidam motus reciprocus, parùm sensibilis, quo Luna ali-
quantulùm nunc in hoc, nunc in illud latus magis inclinatur: id verò ex-
perientiâ quoque constare quidam asserunt. Quod autem de Lunæ motu
hucusque disseruit author, quæ Terræ addicta est, eiusdemque veluti famula
seu satelles, idem de Iouis satellitibus quinis intelligat, ne in eorum moti-
bus explicandis diutiùs immoremur. P. N. E. M.

Neque etiam inutile fuerit notare aëris superioris velocitatem
maximam esse, etiam si periodus illius sit tantùm 27. dierum cum
8. h. circiter, ea in regione, in qua existit Systema Lunare : quia illud multùm distat à centro motus: vnde illa velocitas triplo fortassis maior est, quàm illa quâ fertur superficies corporis terrestris, quæ
spatio vnius diei integram conuersionem absoluit : quæ sanè velocitas aëris multùm confert ad hoc vt superiores illius partes, relicto
motu circa axem diurnum DE, ad motum circa axem annuum N O,
aut proximè, sese accommodent : quò enim velocior est motus aliquis circa centrum, eò maiori nisu tendit ad partes remotissimas; &
eò quoque maiorem vim habet ad vitandum situm obliquum, vt
perpendicularem acquirat.

De quibusdam accidentibus quæ duplicem Terræ mo-
tum consequuntur.

REDEAMVS nunc ad motum illum Terræ duplicem, annuum
scilicet, & diurnum ; examinemúsque quid ex vtroque sigillatim perse considerato ; tum etiam quid ex ambobus simul compo-
sitis oriatur.

Ac primùm. Propter motum annuum fit vt Sol nunc his, nunc
autem illis Stellis coniunctus videatur, ita vt idem spatio vnius anni totam Eclipticam successiuè percurrat quoad apparentiam. Vnde necesse est vt, quia pars Cœli in qua Sol existere videtur, de
die apparet, pars verò opposita, de nocte; appareant etiam successiuè per spatium vnius anni omnes Stellæ, omnesque cœli partes
quæ Soli successiuè opponuntur respectu ipsius Terræ; si tamen
spectentur ex iis Terræ partibus ad quas peruenire possunt radij
Stellarum ipsarum, siue partium cœli; quia propter oppositionem

Solis fit vt tunc temporis nox occupet eafdem Terræ partes.

Propter motum diurnum autem fit vt intra ſpatium diei naturalis, hoc eſt intra ſpatium vnius converſionis diurnæ, nunc hæ,
nunc illæ ſuperficiei terrenæ partes Soli obuertantur, idque ſuccel-
ſiuè: ac deinde, mutato ſitu, ipſæ eidem opponantur. Vnde oritur
diei ac noctis artificialis perpetua viciſſitudo, ortus & occaſus Solis
& aliorum Aſtrorum, meridies, ac planè omnia illa accidentia, quæ
talem motum, Terræ quidem realiter, cœlo autem apparenter tantùm conuenientem, comitantur.

At propter compoſitionem amborum ipſorum motuum quorum axes ſigillatim per totum annum ſibiipſis paralleli ad ſenſum
remanent, (dico ſibi ipſis, non inuicem; neque enim axis motus
diurni vnquam parallelus eſt axi motus annui) fit vt bis tantùm in
anno axes ipſi eodem in plano ſimul exiſtant, & propter inclinationem mutuam 24. gr. producti ſimul concurrant, alterâ quidem
vice verſûs Boream, alterâ autem verſûs Auſtrum. Et ſpatium
quidem temporis inter vtrumque concurſum eſt ſemianni: per reliquum enim temporis axes ipſi iacent in diuerſis planis: ſed tamen
ita magnus circulus motus diurni, qui vocatur Æquator, ad magnum circulum motus annui, qui vocatur Ecliptica, ſemper inclinetur ſub angulo 24. grad. circiter, quanta eſt ſcilicet inclinatio
axium motuum eorundem. Hinc ergo euenit vt ſuperficies Terræ
ad Solem diuerſimodè inclinetur; ita vt per dimidium anni Sol parti Terræ Boreali, per reliquum autem dimidium, idem parti Au-
ſtrali, directiùs luceat. Ex qua diuerſitate illuminationis oritur primò dierum ac noctium æqualitas & inæqualitas; ſecundò verò quatuor anni tempeſtatum, Veris, Æſtatis, Autumni, & Hyemis viciſſitudo : quia propter mutationem directionis radiorum Solis,
qui nunc directiùs, nunc verò obliquiùs Terram illuminant, augetur aut imminuitur calor: præſertim quia accidit neceſſariò, vt quo
tempore radii Solis ſunt directiores, eodem dies ſint longiores,
noctes verò breuiores; quò autem iidem radii ſunt obliquiores,
eodem dies ſint breuiores, & noctes longiores; ſicque vel vnâ con-
currunt, vel vnâ deſinunt multæ illuminationis & caloris cauſæ.

Sed & vnum quoddam valdè notandum eſt, nempe quòd alternatim per ſemiannos nunc hic, nunc ille diurni motus Polus, Borealis ſcilicet & Auſtralis, Soli pateat, & occultetur : nec Polus
tantùm, ſed etiam ſimul illæ terreni globi partes quæ circa Polum
diſponuntur, quibus ideò accidit vt vel dies artificialis, vel nox duret continuè per multos dies naturales, hoc eſt per multas conuer-

fiones diurnas: imò fub ipfis Terræ Polis diurnis, per femiannum integrum; circa autem, minùs ac minùs, vfque ad diftantiam 24. gr. circiter ab ipfis Polis, vltra quam, intra fpatium vnius conuerfionis diurnæ 24. horarum, habetur nunc dies artificialis, nunc verò nox, quæ fibi inuicem fuccedunt; non tamen æqualibus fpatiis, fed ita vt aliquando longior fit dies noĉte, aliquando autem è contrario; idque ftatis temporibus, & conftanti tempeftatum viciffitudine, de qua fufiùs agunt qui talem fphæræ mundi conftitutionem minutatim profequuntur.

De Apogais & Perigais.

NOBIS itaque quibus omnia in vniuerfum tantùm fpeculari propofitum eft, illud ordine examinandum effe videtur, vnde apogæa & perigæa oriantur, & quæ fit eorundem caufa. Et quidem duplex animaduertitur apogæum in Planetis, alterum quidem annuum, alterum verò periodicum. Annuum apogæum dicitur id quod apparet in ♄, ♃, ♂, ♀, & ☿, propter annuum Terræ motum circa Solem; quo quidem motu fit vt Terra nunc propiùs accedat ad ipfos Planetas, nunc verò ab iifdem remotior fiat: vnde fit vt reciprocè Planetæ illi ad Terram accedere, aut ab eadem recedere videantur; atque ita in eo apogæo explicando nulla eft difficultas.

Quod autem tale apogæum annuum in Stellis fixis non fit fenfibile, caufa eft maxima earum à Tellure diftantia, ad quam collata ea quæ inter Solem & Tellurem intercedit, euadit infenfibilis.

Apogæum verò periodicum eft illud quod accidit iifdem quinque Planetis, atque etiam Lunæ, & Terræ, quo fit vt tam ipfi quinque Planetæ, quàm Terra, nunc Soli propinquiores fint, nunc verò ab eodem remotiores: Luna verò nunc à Terra recedat, nunc verò ad eandem accedat.

Tale accidens à multis caufis produci poteft forfan ignotis: attamē lubet hîc vnam explicare quæ valdè probabilis eft, eámque in Terra tantùm, & fi nihil vetat quin eadem aut fimilis aliis quinq; Planetis conueniat. Cùm igitur, vt fuprà notauimus, illæ Terræ partes quæ verfùs partē Arĉticam feu Borealem difponūtur, per dimidium anni Soli direĉtiùs exponantur; & iifdem per reliquum anni dimidium Soli vel occultatis vel obliquiùs expofitis, illæ eidem direĉtiùs exponantur quæ verfùs partē Antarĉticam funt; fanè fi intelligamus alias aliis fortiùs atque potentiùs calefieri poffe, (poffe autem nihil re-

pugnat, ficuti potentiùs calefiunt arenofæ Terræ, ficcæ, & fimiles;
quàm paludofæ, humidæ, & fimiles; effétque quid miraculo fimi-
le, fi hæ & illæ ad calorem fufcipiendum effent æqualiter difpofitæ)
neceffarium eft vt dum ille Polus Soli exponitur, cuius regiones
potentiùs calefieri poffunt, putà Polus Antarcticus, tunc illa auctio caloris in totum Syftema terrenum redundet, atque ita tale Syftema magis rarefiat ac dilatetur, maiúfque fpatium occupet in magno Syftemate quàm anteà : quo pacto fiet neceffariò vt terrenum
illud Syftema locum mutet in eodem magno Syftemate, fiátque Sò-
li propinquius; & fic fit Perigæum. Apogæum autem contingit
propter contrariam caufam, dum fcilicet illuminantur regiones quę
funt circa Polum Arcticum; quæ ad calorem Solis recipiendum
minùs aptæ reperiuntur. Quæ fanè caufa fi vera eft, (veram enim
effe, etiam pofito noftro Syftemate, non affirmamus, fed tantùm
poffibilem; ficuti & multas alias poffibiles effe non diffitemur) neceffarium eft vt Apogæum Terræ femper exiftat circa Solftitium
æftiuum Boreale, Perigæum verò circa Solftitium hybernum; quia
tunc Poli Terræ Soli directiùs exponuntur. Imò propter eandem
caufam valdè inftabilia funt puncta ipforum Apogæorum, & ex-
curfus eorundem feu excentricitas valdè diuerfa; quia fingulis annis, valdè inæqualis eft Terræ difpofitio ad calorem fufcipiendum,
nunc fcilicet magis, nunc minùs; nunc etiam citiùs, nunc verò tardiùs.

Porro ex annuo feu ápparenti Apogæo quinque Planetarum
♄, ♃, ♂, ♀ & ☿ feu ex conuerfione reali annuâ Telluris circa Solem, fequuntur etiam aliæ phafes eorundem, putà annuarum fta-
tionum, directionum, velocitatis, tarditatis, atque etiam retrogra-
dationis; quas concipere atque explicare, ex fuperiùs pofitis atque
explicatis, non erit difficile. At verò ex Apogæo periodico tam
Terræ, quàm prædictorum quinque Planetarum, fequitur ipfos,
dum in Perigæo & circa exiftunt, reuerâ motu periodico velociùs
ferri, quam dum iidem verfantur in Apogæo & circa: quia cùm ferantur ad motum materiæ mundi quæ eò velociùs fertur quò Soli
propior eft; & eò tardiùs quò ab eodem remotior; neceffarium
eft vt eadem diuerfitas feu inæqualitas tam motui periodico Terræ,
quàm ipforum Planetarum conueniat; quia fcilicet in Perigæo
iidem Soli propinquiores funt quàm in Apogæo. De Luna idem
cenfendum eft, cùm ipfa feratur ad motum aëris circa Terram ad
eiufdem Terræ motum diurnum delati velociùs aut tardiùs, pro minori vel maiori ab ipfa Terrâ diftantiâ, vt fufiùs fuprà dictum eft.

Vnde quæcunque in conftitutione Apogæorum fubeft irregularitas, eandem & ipforum Planetarum motibus periodicis accidere
planè neceffarium eft.

Quod fi etiam Sol motu proprio circa fuum axem aliquam patiatur inæqualitatem; quod non repugnat, illa inæqualitas toti Syftemati communicabitur, adeóque etiam fingulis minoribus Syftematis ad motum materiæ mundi delatis: atque hoc etiam capite
fient inæquales motus periodici Planetarum.

Accidit prætereà quòd Terra dum exiftit in Perigæo magis illu-
minetur, magifque calefiat à Sole, quàm cum ipfa verfatur in Apogæo: vnde augetur in Perigæo rarefactio vaporum & exhalationum;
quam motus diurni caufam effe fuperiùs dictum eft: quare & tunc
motum ipfum diurnum velociorem effe neceffe eft; &, côtrariâ causâ, in Apogæo tardiorem: ficque dies naturales feu Aftronomici funt
inæquales; & inæqualitas ipfa planè eft irregularis, aut certè incognita; ficuti irregularis aut certè incognita hucufque permâfit conftitutio illa Terræ, quâ nunc ad maiorem, nunc verò ad minorem
calorem fufcipiendum difponitur.

De Æftu Oceani.

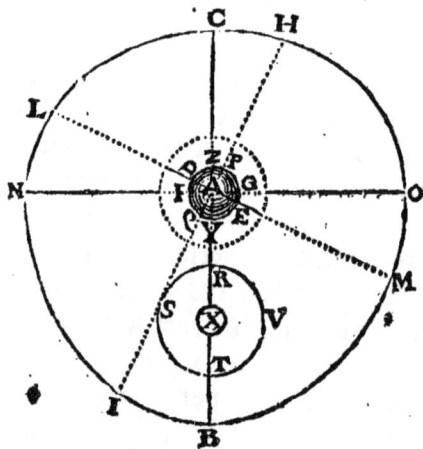

SEd & Æftus Oceani caufa in hoc Syftemate facilis apparet. Efto
enim Luna X. in centro fui Syftematis R S T V, vel proximè,
(neque enim tale Syftema,
ficuti neque Telluris, perfectè rotundum cenferi debet; quamquam illud hic pa-
rû referat) cuius pars R Terram A refpiciat, imminéat-
que perpêdiculariter ei puncto fuperficiei terrenæ quod
eft Y. Cùm ergo aër, qui inter Y, R, interiicitur, feratur admotum diurnum Ter-
ræ breuiori periodo quàm
Syftema Lunæ; idemque
aër ex amplo ac liberiori
fpatio in quo erat aliquot ho-
ris anteà, incidat in anguftias inter Y, R, premitur procul-
dubio, fimúlque idem reciprocè & Terram, & ipfum Lunæ Syftema premit, yt, quantùm poteft, viam fibi reddat ampliorem: ex hoc

ergo impulſu duo præcipui effectus naſcuntur. Primuṣ, aqua
Oceani in X. & circa exiſtens, quia maiorem atque directiorem excipit aëris illius impetum', deprimitur verſus fundum ; ſimulque illa
eadem aqua prémit impellitque ad latera eas eiuſdem Oceani partes, quæ magis remouentur ab eodem puncto Y verſus Zonas tem-
peratas & frigidas, vbi aqua minùs atque obliquiùs ab aëre premitur,atque etiam verſus eas Zonæ Torridæ partes, quæ quadrante, &
circa diſtant hinc inde à puncto Y: vnde ibi aquæ erunt altiores, cùm
in Y & circa erunt depreſſiores: & ſic habebimus Æſtus maris reciprocationem eâ ex parte cui
Lunæ Syſtema incumbit; qui
æſtus, pro diuerſis diſtantiis
à puncto Y, diuerſiſque littoribus, atque anfractibus, diuerſis in locis, quantitate, &
tempore diuerſiſſimus erit.
Pro altero autem effectu explicando, eſto punctum Z in
ſuperficie Terræ vel aquæ,
puncto Y è diametro oppo-
ſitum. Cum ergo aër in an-
guſtiis R Y preſſus premit
partes Terræ vel aquæ circa
Y, quibus imminet ; fit vt

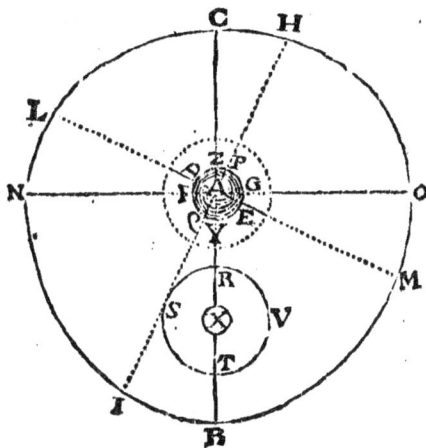

tali impetu totum Terræ corpus à loco ſuo aliquantiſper dimo-
ueatur; ita vt centrum magnitudinis illius diſtet aliquot paſſibus
verſus Z à centro grauitatis eiuſdem : quo pacto, quia dimota
Terrâ, dimouetur ſimul aqua quæ Terræ adhæret ; partes ſuperficiei exterioris ipſius aquę ab ipſo centro grauitatis inæqualiter di-
ſtabunt; ita vt quæ ſunt in Z, ab eodem centro ſint remotiſſi-
mæ, quę vero in Y, eidem ſint propinquiſſimæ. Quoniam igitur
aqua ſimul grauis eſt, atque liquida & fluxa ; illa inæqualiter circa
centrum grauitatis expanſa, proprio pondere fatiſcet ac deprimetur in Z & circa: atque inde diffluet vndique ad latera, vbi minùs
diſtabit à centro grauitatis ; ibique, ſcilicet verſus Zonas temperá-
tas & frigidas, atque illi in partibus Zonæ torridæ quæ quadrante
& circa hinc inde diſtant à puncto Z, ipſa aqua fiet altior, cum in
Z, & circa, erit depreſſior : habebimuſque Æſtus maris reciprocationem iis in partibus quæ Syſtemati Lunæ opponuntur.

    Quòd vero in noſtro mari Mediterraneo nullus, vel parùm ſenſi-
bilis

bilis fit talis Æftus; ideo fit, quia exigua eft eius maris latitudo refpectu totius fuperficiei Terræ & aquæ; vnde fi Lunæ Syftemati obuertantur ipfius noftri maris aquæ, ipfæ & in medio, & circa litora æqualiter, vel proximè, premuntur ab aëre, atque ita non poffunt diffluere: fi verò eædem aquæ ipfi Lunæ opponantur, tunc omnes æqualiter, vel proximè, diftant à centro grauitatis, atque ita vel nihil vel parùm atque infenfibiliter afcendunt aut deprimuntur. Adde quod, propter anguftias freti Herculei, & quia illud à latere tantùm excipit aquas Oceani, rumpitur impetus Æftus eiufdem Oceani, ita vt æftus ille vltra fretum, in noftrum illud mare penetrare non poffit. Idem de fimilibus aliis maris Sinibus cenfendum eft.

NOTA.

Hinc facilè deducitur tunc maiorem fore maris Æftum, cum Luna fiet Terris propinquior, & maximum, cùm ipfa Luna in Æquinoctiis exiftet: quia aër motu diurno velociùs fertur fub Æquatore, puta per maximum circulum, quàm fub Tropicis, qui funt circuli minores; & quò velociùs fertur aër, eò idem magis premitur inter anguftias R Y, & eo quoque magis premit aquam cui incumbit, magifque ac longiùs Terram dimouet à centro grauitatis. P.N.E.M.

Et hæc quidem rectè fe habent vt iam expofita fûnt: attamen non minùs nobis probabilis apparet eorum opinio, qui cenfent Terram effe animatam, hunc verò primò & per fe effe effectum afpirationis & refpirationis eiufdem, aut fimilis alicuius motus ad vitam illius pertinêtis: cui tamen ex occafione Luna inferuiat, ad hoc vt fui præfentiâ Terrę fenfum excitet, propter affines qualitates duorum ipforum Syftematum. Sed neque etiam abs re iidem exiftimant vapores, & exhalationes, & cætera eiufmodi corpora tã calida quàm frigida, ficca vel humida, ab ipfa Terra vt plurimùm fpontè, feu vi quâdam expultrice emitti, vel ad exteriores fuas partes calefaciendas, refrigerandafve, aut exficcandas, aut humectandas; prout fibi conducere, natiuo fenfu deprehendit: vel certè tanquam excrementa fibi inutilia, atque fortaffis nocentia: quâ de re non eft cur plura dicamus.

De praceffione Æquinoctiorum.

VNICVS reftare videtur motus præceffionis æquinoctiorum, ille videlicet qui Stellis fixis tanquam proprius communiter

E

tribuitur, & cuius periodus cenfetur non nifi multis annorum milli-
bus abfolui: caufa autem illius talis effe videtur.

N O T A.

Duplex eft Æquinoctiorum præceßio, Altera quidem eft illa de qua hic
agitur, quâ fcilicet Æquinoctia periodica Telluris ad Stellas fixas collata,
fingulis quidem annis infenfibiliter, at multorum annorum fpatio valde
fenfibiliter eafdem ftellas præcedunt: ita vt Æquinoctium vernum Bo-
reale, quod antiqui obferuarunt fieri propè Stellam cornu Arietis, nunc
integro fere figno Stellam eandem præcedat, fiatque vno menfe priufquàm
Sol ad Stellam ipfam acceßiffe appareat. Altera præceßio Æquinoctio-
rum, de qua agitur in Calendario, eft ea quæ procedit ex inæqualitate
annorum, Ciuilis fcilicet, & Tropici, feu periodici: quorum ciuilis ftatui-
tur 365. di. 6. ho. cùm periodicus conftet tantùm 365. di. 5. ho. 49. mi. circiter:
Quo fit vt Æquinoctia ciuilia non coincidant fingulis annis cum periodicis,
fed hæc periodica præcedant, quæ præceßio fpatio 400. annorum excurrit
ad tres dies Aftronomicos circiter. Hinc autem occafionem habuit Gre-
goriana Calendarij reformatio. At hæc non funt huius loci. P. N. E. M.

Efto Sol A, Sphæra orbis annui Telluris, fiue Eclipticæ BCDE
FG, cuius axis FAG, Poli F, G. Sumptóque aliquo tempore certo, vt nunc ducatur per A,
recta H A I parallela axi motus diurni Telluris, ita vt angulus H A F, fiue I A G fit
24. grad. circiter; quanta eft
fcilicet hoc tempore inclinatio Eclipticæ & æquatoris
ad inuicem. Itaque dum Terra annuo motu fertur per
Eclipticam B C D E ad mo-
tum materiæ mundi, ac fi-
mul eadem motu diurno circa fuum ipfius centrum circumuoluitur, fit vt axis motus diurni, donec rectæ HAI
remanet parallelus, (remanet autem, faltem ad fenfum, per totum annum) eafdem Stellas fixas refpiciat quas ipfa H A I, fiue
eadem puncta firmamenti. (loquimur femper ad fenfum) Namque etiamfi magna fit diameter orbis annui BCDE, ita vt ductæ
per puncta B, C, D, E, & fimilia, rectæ ipfi HAI parallelæ mul-

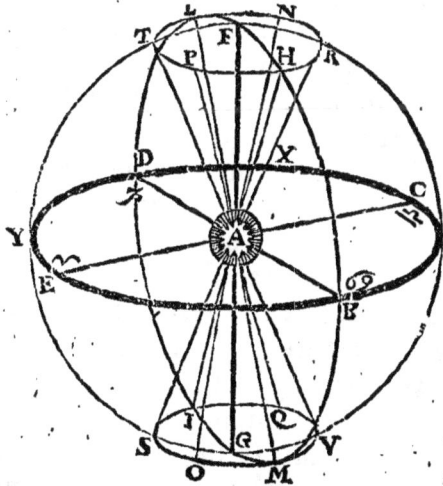

tùm reuerà inter se & ab ipsa HAI distent; tamen ipsæ ad firmamentum vsque productæ coniunctæ apparent, ob maximam distantiam, quæ inter Solem & firmamentum interiicitur; sicque ipsæ ad Stellam eandem, vel ad idem firmamenti punctum sensibiliter diriguntur. Et sanè nisi causâ aliquâ fieret vt axis diurnus eam positionem mutaret, quâ fit vt ipsæ rectæ HAI nunc existat parallelus, nulla fieret præcessio Æquinoctiorum; quia fieri non posset vt idem axis diuersas Stellas respiceret. Nisi tamen Stellæ ipsæ mouerentur, quod in hoc Systemate vix admitti potest; tum quia ipsæ nimiùm à Sole distant, vt eousque idem vires suas satis potenter exerat; tum quia motus, qui Stellis fixis proprius censetur, fieri videtur circa Eclipticæ, siue annui motus Telluris Polos, non autem circa Polos motus periodici Iouis, aut Saturni, qui ipsis Stellis propiores sunt; neque circa Polos ab aliis omnibus distinctos, vt accideret verisimiliter, si stellæ ipsæ motu proprio mouerentur, sicuti Planetis omnibus accidit, qui motu proprio feruntur: tum etiam quia verisimile est ipsas à Sole non æquali interuallo omnes distare, sed alias esse eidem propinquiores, alias verò remotiores: quare illæ quidem citiùs, hæ autem tardiùs progredi ad motum materiæ viderentur; sicuti Planetis accidere, propter eandem causam, superiùs compertum est: tum denique quia vix fieri posset vt tanta multitudo Stellarum ad eundem materiæ motum delata, distantias easdem perpetuò retineret in medio liquido & permeabili, quale initio supposuimus; dum, ex Mechanicæ regulis, illæ quæ Polis propinquiores sunt, semper tenderent ad partes circuli maximi, siue ad Eclipticam, cui propiores sensìm efficerentur, & ad quam tandem successu temporis peruenirent. Quæ omnia cùm experientiæ repugnent, relinquitur vt motus ille Stellarum fixarum sit ipsis apparens tantùm, at idem Telluri realiter conueniat, cuius Polis accommodari manifestò deprehenditur. Posito verò quòd ipsæ Stellæ fixæ sint non verbo tenùs, sed reipsâ fixæ ac penitùs immobiles, axis autem diurni motus Telluris diuersis sæculis diuersas Stelas fixas respiciat, vt constanti experientiâ omninò constat; sequitur axem ipsum diurnum rectæ assumptæ HAI, nec superioribus sæculis fuisse, nec futuris fore parallelum, sed tantùm nunc, ex hypothesi, aut sensibiliter loquendo, per paucissimos annos.

At contra, axis FAG, qui ad motum annuum siue periodicum Telluris pertinet, immobilis est penitùs, & idem ad easdem Stellas fixas, siue ad eadem firmamenti puncta perpetuò dirigitur, nec ipse

aliam inclinationē habet ad rectam H A I, quàm ad quamuis aliam,
quæ diuerſis temporibus duci poteſt per A parallela axi diurno,Tel-
luris, niſi inclinatio Æquatoris ad Eclipticam mutetur, quæ mutatio cùm vix ſit ſenſibilis,ſit etiam vt inclinatio illa,ad ſenſum, rema-
neat eadem,putà 24. gr. circiter.

N O T A.

*Intellige ſemper illius tempore, noſtro enim illa eſt 23. gr. 30. Vt iam
ſuprà notauimus.* P. N. E. M.

Quare cùm diuerſis ſæculis, vt infrà patebit, mutatâ poſitione
atque directione axis diurni Telluris, ducentur per Solem A rectæ,
vt P A Q, L A M, N A O, &c. ipſi axi diurno parallelæ, atque eædem ſimiliter, id eſt ſecundum æquales angulos ad axem annuum
F A G inclinatæ; illæ omnes
exiſtent in vnâ eâdémque
quâdam ſuperficie conica,
cuius vertex A, axis autem
F A G; at baſes erunt circuli
circa Polos annuos F, G,
deſcripti interuallo prædicto
24. gr. circiter: qui quidem
circuli,ob hanc cauſam, tam
inter ſe,quàm Eclipticæ B C
D E paralleli exiſtent. Deſ-
cribantur ergo tales circuli
in orbis annui Telluris ſphæ-
râ,ſitque alter ipſorum H N
L P circa Polum F, alter au-
tem I O M Q circa Polum G; ita vt ducto per Polos ipſos, F,G,ma-
ximo circulo F H B G I D ſecante parallelum quidem F in punctis
L,H;parallelum autem G in punctis I, M; at Eclipticam in punctis,
B,D;vnuſquiſque arcuum F H,G I,ipſius maximi circuli, ſit 24. gr.
Tum vertice communi A,circa baſes circulos ipſos parallelos, atque
circa axem F A G, deſcripti intelligantur duo coni recti ad verticem
A oppoſiti; quorum ſuperficies vtrimque verſus baſes infinitè pro-
ducantur; tranſibunt ſanè ſuperficies ipſæ per regionem Stellarum
fixarum. Quòd ſi in iiſdem ſuperficiebus ſumantur, vel intelligantur quotcunque latera, putà H A I, L A M, N A O, P A Q. atque
alia quotquot opus fuerit, manifeſtum eſt vnumquodque ex ipſis
ad axem F A G, qui motus annui axis eſt, inclinari ſecundùm incli-

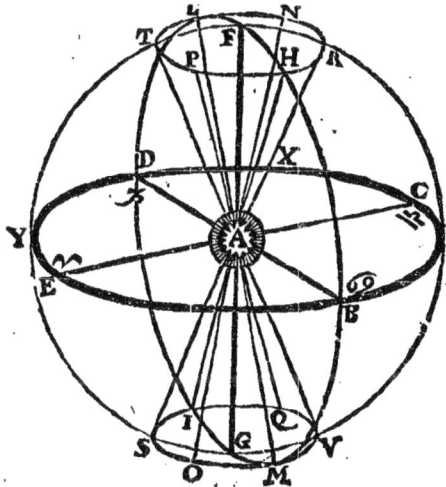

nationem prædictam 24. gr. circiter. Manifeſtum eſt quoq; Eclipticam B C D E ſecari in punctis B, D, in duos ſemicirculos B CD,
D E B. Ducatur diameter B A D, quæ eſt communis ſectio duorum circulorum magnorum B C D E, B F D G, tum per A ducatur in plano Eclipticæ alia diameter C A E perpendicularis ipſi
B A D; vt ſic ipſa Ecliptica ſecta ſit in quatuor quadrantes B C,
C D, D E, & E B.

Itaque poſito quod F ſit Polus Arcticus Eclipticæ, G verò Antarcticus, exiſtat Tellus in B; atque, vt ſuprà poſuimus, eſto axis
ipſius diurnus parallelus rectæ H A I; exiſtet ergo ipſe axis in
eodem plano in quo ſunt tria puncta B, H, I, id eſt in plano circuli
B F D G; idémque axis productus concurret cum axe annuo F A G
producto ad partes Poli Antarctici G; & ambo illi ad concurſum
efficient angulum 24. gr. circiter. Ductus autem radius A B obliquus erit ad axem motus diurni: vnde in hoc ſitu Terræ, Polus
ipſius Auſtralis, & regiones circa ipſum diſpoſitæ, Soli exponentur;
alter autem Polus Borealis, ipſíque adiacentes regiones eidem Soli
occultabuntur. Sed & quantuncumque Terra in B exiſtens moueri intelligatur motu diurno circa axem rectæ H A I parallelum, ſemper regiones Auſtrales circà Polum diſpoſitæ non maiori diſtantiâ
quàm 24. g. Soli exponentur, & continuâ ipſius luce gaudebunt;
Boreales verò regiones prædictis Auſtralibus è diametro oppoſitæ,
ſub tenebris continuis delitescent; & ſic fiet Solſtitium Auſtrale in
puncto B. Iam Terra motu annuo ſiue periodico moueatur ſecundùm Eclipticam, & abſoluto quadrante B C, ipſa exiſtat in C, remanente ſemper axe motus diurni parallelo rectæ H A I. Si ergo per C
intelligatur planum plano B F D G parallelum, in eo exiſtet ipſe axis
motus diurni, erítque ductus radius A C vtrique ex ipſis planis perpendicularis: quare & idem radius A C perpendicularis erit quoque ad axem motus diurni. Vnde radii Solis ad vtrumque Telluris
Polum diurnum pertingent, nec vltrà, niſi quatenùs Sol quàm Terra maior eſt; fiétque ideò Æquinoctium vernum reſpectu partium
Terræ Borealium, in puncto C.

Rurſùs Terra annuo motu procedat per quadrantem C D vſque
in D, exiſtente ſemper axe motus diurni parallelo rectæ H A I. Quo
pacto idem axis iacebit in plano circuli B F D G, productúsque concurret cum axe annuo G A F producto ad partes Poli Arctici F; &
ambo illi axes ad concurſum efficient angulum, qualem iam diximus, 24. gr. circiter. Vnde in hoc ſitu Terræ, illud regionibus Se-
ptentrionalibus accidet, quod Auſtralibus dùm Terra in B extitit;

E iij

fiétque in puncto D Solſtitium Boreale.

Eodem pacto, dum Tellus annuo motu peruenerit in E, fiet Æquinoctium Autumnale reſpectu partium Terræ Borealium, quod idem erit vernum reſpectu partium Auſtralium.

Quòd ſi quis eos omnes Terræ ſitus conſideret, quos illa obtinet per totum annum, dum circa Eclipticam B C D E, ſimulque motu diurno conuertitur circa axem diurnum rectæ H A I parallelum, ducatque à Sole A ad Terram in quocumque ſitu poſitam, radios, quales ſunt A B, A C, A D, A E, & alii infiniti, reperiet ſanè ex ipſis radiis maximè obliquos ad axem diurni motus eſſe A B, A D: at A C, A E, ad eundem axem eſſe perpendiculares: & quò Tellus punctis Solſtitialibus B, D, propior erit, eò obliquiores eſſe ipſos radios ad ipſum axem: & contra, quò Tellus punctis Æquinoctialibus C, E, propior exiſtet, eò radios prædictos ad eundem axem minùs eſſe obliquos. Reperiet quoque communem ſectionem Æquatoris & Eclipticæ, dum Tellus exiſtit in punctis æquinoctialibus C, vel E, eſſe rectam C A E. In omni autem alio ſitu eiuſdem Telluris, ipſam ſectionem ipſi rectæ C A E eſſe parallelam, eandémque rectæ B A D perpendicularem.

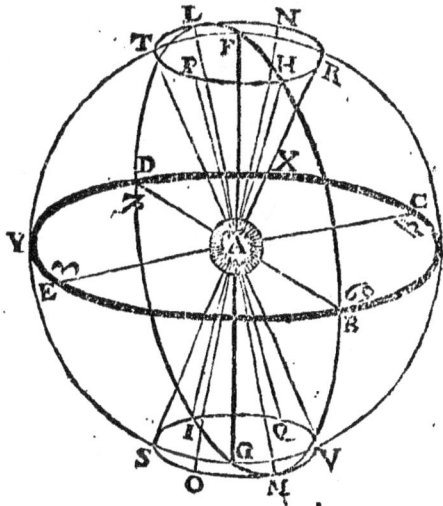

Patet ergo non aliàs fieri Solſtitia, quàm dum ambo axes Terræ, diurnus ſcilicet & annuus, in eodem ſunt plano, putà in noſtro exemplo, ſiue aſſumpto tempore, in plano circuli B F D G; quia tunc radius Solis ad Terram ductus maximè obliquus eſt ad axem motus diurni. Et reciprocè patet duos illos axes, annuum & diurnum, nunquam in eodem plano ſimul exiſtere, niſi dum Terra in punctis Solſtitialibus exiſtit. Notandum autem eſt per radium à Sole ad Terram ductum, in quouis ipſius Terræ ſitu, nos intelligere eum qui à centro Solis ad centrum Terræ dirigitur, eſtque idem veluti axis radiorum omnium à Sole ad Terram emiſſorum: qui quidem radius, dum Terra exiſtit in Æquinoctiis C, vel E, cadit in Æquatorem: exi-

ftente autem Terrâ in Solftitiis B, vel D, ipfe radius feu radiorum
axis cadit in Tropicos : at Terrâ verfante inter Æquinoctia & Sol-
ftitia, idem radius cadit inter Æquatorem & Tropicos. Notetur autem præcipuè punctum fuperficiei terreftris, in quod cadit ipfe radius, illud enim pofthac à nobis appellabitur Polus illuminationis.
Exiftit autem punctum ipfum, fiue Polus illuminationis in medio
portionis illius fuperficiei terreftris, quæ à Sole illuminatur; quæ
quidem portio circulo terminatur, eftque dimidia pars totius fuperficiei Telluris, vel paulò maior, quatenùs Sol quàm Terra
maior eft : ita vt à Polo illuminationis vfque ad terminos eiufdem portionis, feu vfque ad circumferentiam circuli partem illuminatam terminantis, diftantia vndique fit vnius quadrantis,
vel paulò maior. Sed & circulus ipfe qui partem Telluris à Sole
illuminatam terminat, maximi vfus eft in hac fphæra; dirimit
enim ipfe femper regiones Terræ in quibus dies eft, ab illis quæ
nocte obuoluuntur : Vnde idem à nobis vocatur circulus diei, fiue circulus diurnus, & aliquando circulus noctis; pro diuerfo refpectu quo ad diem refertur, vel ad noctem. De hoc circulo multa
dici poffent, quæ confultò omittimus, quia ad fpecialem fpecu-
lationem pertinent, non autem ad generalem, quam folam intendimus. Illud tantùm hoc loco indicaffe fufficiat, tandiù diem arti-
ficialem durare in aliquo Terræ loco, quandiù locus ipfe motu diurno delatus, mouetur intra ipfius circuli limites ex parte Solis : &
tandiù noctem, quandiù locus idem eodem motu diurno delatus,
percurrit partem Terræ Soli auerfam intra limites eiufdem circuli.
Quoniam verò omnis locus fuperficiei Terræ motu diurno delatus,
percurrit circumferentiam circuli Æquatori paralleli; patet longitudinem diei & noctis artificialis in hac fphæra rectè explicari
poffe per collationem duorum illorum circulorum, diurni fcilicet,
& paralleli loci illius Terreftris, de quo agitur : prout circuli illi vel
fe inuicem fecant æqualiter, aut inæqualiter : vel fe tangunt : vel alter intra alterum totus continetur.

Sed iam fatis fupérque immorati fumus in confiderando motu
Terræ circa Eclipticam delatæ; quæ quidem fpeculatio, nifi ad explicandum motum præceffionis Æquinoctiorum neceffaria videretur, non effet huius loci; quippè illa vtcunque fpecialis eft, nos
autem generalia tantùm profeqaimur. Nunc ergo veniamus ad id
quod propofitum eft.

NOTA.

Hic multa obiter tantùm perstrinxit author, quæ accuratiorem demonstrationem ex Geometria expofcere videbantur. Notabit ergo Lector, nos vestigia authoris insecutos, pro demonstratis accepisse quæcunque ab aliquo vel mediocriter in Mathematicis versat demonstrari posse iudicauimus.
P. N. E. M.

Sanè vbicunque Terra exiftat in Ecliptica, modò axis motus diurni ipfius parallelus exiftat alicui ex lateribus fuperficiei conicæ circa axem annuum F A G defcriptæ, vt fuprà, femper Æquator ad Eclipticam fimilem pofitionem retinebit, atque ipfi circuli inclinabuntur ad inuicem 24. gr. circiter. Ita tamen vt dum axis ipfe diurnus pofitionem fuam fic mutabit, vt fiat alij atque alij lateri conico parallelus, mutetur quoque directiò eiufdem axis refpectu Stellarum fixarum, feu punctorum firmamenti; ac fimul mutentur puncta Solftitiorum, atque Æquinoctiorum, refpectu eiufdem firmamenti. Ponamus enim in exemplo, quod axis diurnus, qui priùs parallelus fuit lateri conico
H A I, pofitionem fuam ita mutauerit, vt fiat parallelus alij lateri conico P A Q, exiftentibus punctis P, Q, in circunferentiis circulorum qui bafes funt conorum, vt fuprà. Patet iam rectà P A Q non eafdem Stellas fixas feu eadem puncta firmamenti refpicere, quæ rectam H A I. Patet quoq; puncta Solftitiorū non ampliùs exiftere in B & D, fed in iis punctis in quiqus planum per rectam P A Q & axem F A G ductum fecat Eclipticam; vt fic duo axes, diurnus & annuus, in eodem plano exiftant; quod non nifi in Solftitiis accidere, fuprà notatum eft. Sed & eâdem ratione, puncta Æquinoctiorum mutata effe fatis clarum eft; quia ipfa quadrante diftant femper à punctis Solftitiorum. Ac proptereà tamen patet, in hoc fitu, Æquatorem ad Eclipticam inclinari prorfùs vt fuprà, fcilicet 24. gr. circiter; quantus eft angulus lateris conici P A Q cum axe
F A G:

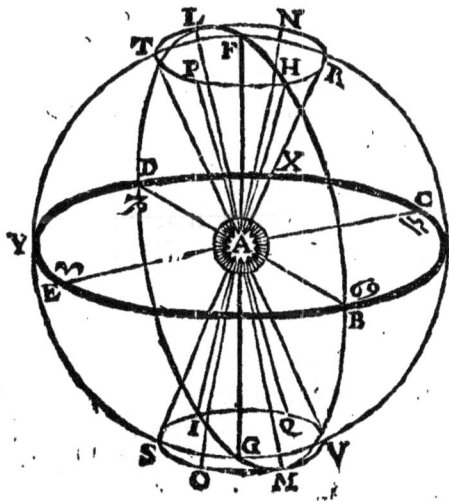

FAG: eundémque Æquatorem respectu regionum terrestrium, positionem eandem perpetuò retinere, seu per easdem superficiei terrenæ plagas semper transire : atque adeò & axem diurnum , & Polos diurnos in ipso corpore Telluris fixos, saltem sensibiliter permanere, etiamsi interim & ipse Æquator, & axis, & Poli, cum tota Terrâ, respectum ad Stellas fixas mutauerint. Patet deniqne, præter duos motus Terræ præcipuos, diurnum & annuum , possibilem esse tertium eidem toti Terræ conuenientem , quo hæc ita positionem suam mutet, vt Axis ipsius diurnus singulis Conicæ superficiei lateribus fiat successiuè parallelus, remanente semper eâdem inclinatione Æquatoris ad Eclipticam , eâdemque positione Æquatoris , & Axis diurni, atque Polorum eius, respectu regionum terrestrium. Et sic diluitur quorundam paralogismus , qui ex tam constanti inclinatione Æquatoris ad Eclipticam , concludere conabantur Axem Terræ diurnum per totum Eclipticæ circuitum , sibi ipsi semper remanere parallelum ; quod quidem hoc loco refellere, superiùs polliciti sumus. At verò non sufficit vt tertius ille motus Terræ sit possibilis, sed requiritur vt idem reuerà ipsi Telluri conuéniat, fiatque ipse contra seriem signorum, seu ab Oriente in Occidentem, vt vulgò loquimur ; sic enim demùm habebimus motum præcessionis æquinoctiorum. Videamus ergo num aliqua in nostro Systemate sit causa talis motus.

Ad hoc statuatur Terra rursus in puncto Æquinoctii verni Borealis C, existénte Axe diurno ipsius parallelo rectæ H A I, vt supra. Erit igitur Polus illuminationis in Æquatore ; & circulus diei transibit per Polos diurnos. Cúmque ipse Polus illuminationis sit quoque Polus, seu punctum medium calefactionis, atque adeò & rarefactionis vaporum illorum & exhalationum , à quibus produci suprà diximus , tam motum diurnum, quàm firmam illam Æquatoris & Polorum eius constitutionem , quâ fit vt ipsi, respectu Terræ regionum , nunquam sensibiliter mutentur : patet in hoc statu, corpora illa rarefacta, à medio, hoc est ab Æquatore, vndique diffluere versus circumferentiám circuli diei. Et quidem quâ parte diffluendo impingunt in eminentiás & cauitates Orientales aut Occidentales, siue illæ directæ sint secundùm Æquatorem, siue ipsi collaterales, ex vtráque parte ipsius, producunt motum diurnum, qui fit ad eas partes, versus quas potentiùs impingunt ipsa corpora diffluentia, seu ad quas altiores aut directiores sunt eminentiæ & cauitates prædictæ, vt fusiùs explicuimus. Quâ autem parte eadem corpora rarefacta impingunt in eminentiás & cauitates Boreales , aut Australes, quæ

F

habitâ ratione altitudinis, profunditatis, & directionis, æquales sunt;
ita vt æqualis sit vtrimque impetus, saltem ad sensum; producunt
firmam Æquatoris & Polorum eius constitutionem: præsertim si totius anni, non autem vnius diei tantùm, aut vnius mensis habeatur
ratio: vt si aliquo anni tempore fortior sit in vnam partem impetus,
tantò idem alio tempore fortior sit in alteram partem: quæ tamen
inæqualitas per vnicum annum insensibilis est, etiam si per multos
annos sensibilis euadat, vt statim explicabimus, dum Terram per
integrum circuitum Eclipticæ prosequemur.

At in hoc statu Terræ in puncto Æquinoctij constitutæ, hoc
vnum præcipuè notabimus, scilicet eminentias & cauitates Boreales, respectu Poli illuminationis, oppositas esse eminentiis & cauitatibus Australibus; ita vt à corporibus rarefactis vndiq; diffluentibus ab ipso Polo illuminationis, ipsæ eminentiæ & cauitates Boreales, & Australes contrario
impetu, illæ quidem in Boream, hæ verò in Austrum
pellantur, Æquatore medio
existente, tanquam termino,
à quo incipit talis impetus ad
diuersas Telluris partes.

Intelligamus iam motam
esse Tellurem motu annuo
secundùm Eclipticam, vsque
in punctum X inter Æquinoctium C, & solstitiũ Boreale
D. Quo in statu cadet Axis
radiorum inter Æquatorem
& Tropicum Borealem; sic-

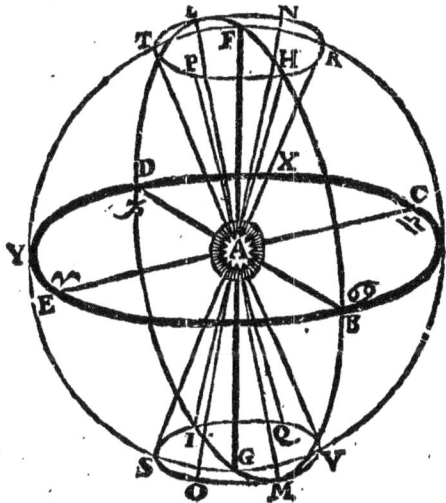

que Polus illuminationis non iam existet in Æquatore, sed distabit
ab eodem plus minusue versus Boream, prout Tellus puncto D propior erit, vel ab ipso remotior; circulus autem diei transibit vltra Polum Boreum, nec ad Polum Austrinum attinget. Ergo respectu Poli illuminationis, alia erit dispositio eminentiarum & cauitatum, ab
ea quæ habebatur Terrâ existente in Æquinoctio C: siquidem ex
ipsis eminentiis quædam erunt versus Austrum quæ priùs erant versus Boream, quæcumque scilicet inter ipsum Polum illuminationis
& Æquatorem interiicientur, per integrum Terræ circuitum, quem
percurrit ipse Polus, dum Terra motu diurno defertur. Necesse est
ergo vt dum corpora rarefacta vndique diffluunt à Polo illumina-

tionis versus circumferentiam circuli diei, fortius aliquantulùm impingant in eminentias Australes, quàm anteà; at debiliùs in Boreales: quia illæ multitudine auctæ sunt, Boreales autem tantundem minutæ. Namque etiam si circa Polum Boreum quædam fortassis nouæ detectæ sint eiusmodi eminentiæ, quæ priùs extra circuli diei limites extabant; tamen ei qui rectè attenderit, satis patebit nequaquam conferri debere magnitudinem regionum illarum circa Polum Boreum dispositarum, cum illis quæ per totum Æquatoris circuitum disponuntur inter Polum illuminationis & ipsum Æquatorem: eadem autem de eminentiis, quæ de regionibus, habenda est ratio. Fiet ergo, propter inæqualem illum impetum, aliqua Terræ titubatio in partem directè Soli auersam; quâ titubatione Polus Austrinus, qui iam Soli occultatur, longiùs recedet ab ipso Sole; at Polus Boreus ad ipsum Solem accedet: quo pacto Axis diurnus non ampliùs rectæ H A I poterit esse parallelus, sed ab eo statu parallelo dimouebitur in signorum præcedentia, vt consideranti satis fiet manifestum.

Ad hoc autem intelligendum est planum transiens per Solem A, & per Polos diurnos corporis terreni in X existentis; quod quidem planum transibit secundùm Axem diurnum, atque etiam secundùm rectam H A I, eo scilicet casu quo ipsa H A I eidem Axi diurno sit parallela: at dimoto, vt iam diximus, ipso axe sic, vt Polus Austrinus vtcunque diuergat à Sole, Boreus autem ad Solem tantundem conuergat; iam idem Axis productus ad partes Poli Borei propior fiet rectæ H A I, productæ ad partes H; imò si Axis ipse dimotus remaneret adhuc in plano prædicto, quod fieri non repugnat, ambæ ipsæ rectæ productæ versùs H, concurrerent: vnde quæ per Solem A, ducetur recta eidem Axi diurno sic dimoto parallela, diuerget à rectâ A H in signorum præcedentia, seu versùs Occidentem, vt vulgò loquimur. Patet igitur, dum Terra mouetur per quadrantem C X D, mutari continuè directionem Axis diurni ad alia atque alia puncta firmamenti, eúmque motum fieri in signorum præcedentia; & hic est ipse motus præcessionis Æquinoctiorum; qui quidem, quia lentus est admodum, propter causas quas iam explicabimus, fit vt spatium vnius anni non sufficiat, ad hoc vt appareat sensibilis aliqua mutatio directionis Axis diurni, respectu Stellarum fixarum.

Sed nec illud prætereundum est, vix fieri posse quin simul accidat aliqua mutatio circa inclinationem Æquatoris ad Eclipticam; mutato scilicet angulo, quem efficiebat Axis annuus F A G, cum la-

F ij

tere coni H A I, vel cum eo, quod per A ducitur Axi diurno parallelum: quâ mutatione fit vt delatâ Terrâ per quadrantem Eclipticæ C X D, augeatur aliquantulùm angulus ipſe, atque adeò &
ipſa inclinatio: quæ quidem mutatio inſenſibilis etiam eſſe debet;
atque eò magis, quòd in ſequenti quadrante D E tantumdem minuatur prædicta inclinatio, quantùm in præcedenti C D aucta
fuerat; ac tandem in Æquinoctio E tanta reſtituatur, quanta in C
extiterat; cùm, è contrario, motus præceſſionis Æquinoctiorum,
& ſi aliquando, forſan ceſſare poſſit, atque etiam aliquando retro-
gredi in ſignorum conſequentia; ideò tamen neceſſarium eſt vt
plùs in antecedentia progrediatur, quàm in conſequentia, quòd

fortior ſit vis ad illam, quàm
ad hanc partem impellens, vt
magis in ſequentibus patebit: quò fit vt poſt aliquot
annos motus iile præceſſionis
Æquinoctiorum tandem ſen-
ſibilis euadat, qui, vt ſæpius
diximus, per vnicum annum
permanſit inſenſibilis.

Iam ponamus Terram per-
ueniſſe in Solſtitium Boreale
D; quo pacto, Polus illuminationis exiſtet in Tropico
Cancri, & circulus diei tran-
ſibit vltra Polum Arcticum,
nec attinget ad Antarcti-
cum; atque exceſſus aut de-

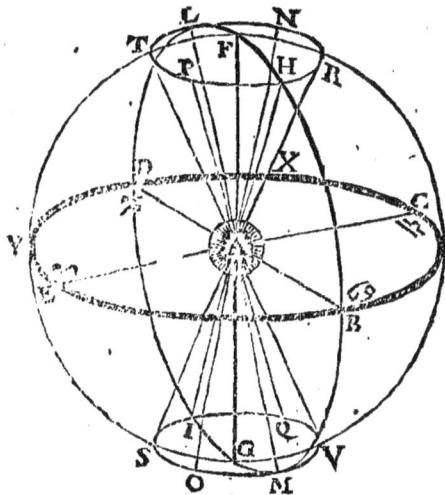

fectus tantus erit, quanta eſt diſtantia Poli illuminationis ab Æquatore. Ergo rursùs, potiori iure quàm anteà, plures erunt eminentiæ & cauitates verſus Auſtrum, reſpectu Poli illuminationis,
quàm verſus Boream: vnde augebitur Terræ titubatio, ſed
illa nihil conferet ad motum præceſſionis Æquinoctiorum; quia
illâ titubatione diuergit Polus diurnus Auſtrinus in auerſam partem
Solis, Boreus autem tantumdem conuergit ad Solem, & tam di-
uerſio, quàm conuerſio fit ſecundùm planum circuli B F D G, hoc
eſt directè à Polo diurno ad Polum annuum, non autem in ſignorum præcedentia, aut in conſequentia; atque ita augetur duntaxàt
aliquantulũ inclinatio Æquatoris ad Eclipticam, & ſi inſenſibiliter.
Progrediatur Terra adhuc vltra in Y, inter ſolſtitium D & Æqui-

noctium E; quo in statu, & Polus illuminationis, & circulus diei, & eminetiçatque cauitates superficiei Terræ eodemodo se habebunt, quo per quadrantem C D; at titubatio (cùm fiat semper in auersam Solis partem , respectu Poli occulti, qui hic est adhuc Australis, atque idcirco tantumdem in aduersam, seu versùs ipsum Solem respectu Poli apparentis, qui hic est Borealis, idque secundùm planum per Solem A & per Polos diurnos ductum vt supra) erit contraria titubationi quadrantis CD : fiet quippe titubatio illa quadrantis D E in signorum consequentia , donec Terra ipsa peruenerit in Æquinoctium E, vbi propter æqualem dispositionem eminentiarum & cauitatum, respectu Poli illuminationis in Æquatore existentis, nulla fiet titubatio prorsùs, quemadmodùm de puncto C dictum est. Sed etiamsi quadrans DE æqualis fit quadranti CD , & Terra tantum temporis, vel proximè insumat in hoc quàm in illo percurrendo, nec differentia vlla accidat ex parte eminentiarum & cauitatum; ne tamen ideò putes æqualem esse Terræ in vtroque quadrante titubationem; sicque sequi vt quantum illâ titubatio progressa est in præcedentia, Sole quadrantem CD percurrente, tantum eadem regrediatur in consequentia , Sole per quadrantem DE transeunte. Neque enim eadem est vtroque tempore Telluris dispositio, habitâ ratione humiditatis & siccitatis, calorisque & frigoris; atque ideò nec eadem erit dispositio vaporum & exhalationum ad rarefactionem suscipiendam. Siquidem humidior est tempestas per quadrantem CD, propter præcedentes quadrantes EB & B C, quibus Sol à partibus Borealibus longiùs distitit; atque ita partes illæ Septentrionales humorem diuturnum vtcunque frigidum conceperunt. Longè ergo maior fit rarefactio vaporum & exhalationum illorum frigidorum per quadrantem CD , quàm per quadrantem DE, quo, è contrario, vapores & exhalationes iam calefacti, & per se magnâ ex parte rarefacti, non tantam patiuntur, nec tam vehementem extentionis mutationem. Ac proinde multò fortior fit impetus corporum rarefactorum in eminentias & cauitates agentium, priore quadrante CD, quàm posteriore DE: sicque maior in præcedentia fit titubatio, quàm in consequentia.

Inclinatio autem Æquatoris, si quam passa est alterationem, restituitur in eumdem statum in quo fuerat, existente Tellure in altero Æquinoctio C: idque solâ virtute causarum quibus dirigitur motus diurnus, cessantibus causis quæ alterationem ipsam induxerunt.

Non est porrò cur diutiùs Tellurem per reliquos quadrantes E B & BC prosequamur: siquidem quicquid de partibus Borealibus di-

F iij

ctum est, dum Terra priores duos quadrantes C D & D E percurreret, illud ipsum dici potest de partibus Australibus, eâdem per reliquos quadrantes EB & BC transeunte, Fiet ergo motus præcessionis in præcedentia per quadrantem E B, sicut per quadrantem C D,
atque propter easdem vel similes causas. In Solstitio B cessabit
ipse motus sicut in D; ac tandem per quadrantem B C, idem motus fiet in consequentia. Ita tamen vt fortior sit impetus, & motus
velocior per quadrantem EB, quàm per quadrantem B C : propter
dispositionem partium Terræ Australium, à quibus Sol longè disti-

tit, dum Terra ipsa per quadrantes C D & D E comora-
retur : sicque partes ipsæ Australes humorem diuturnum,
atque aliquatenus frigidum
conceperunt; vnde maiorem
sequi vaporum & exhalationum illorum frigidorum rarefactionem necesse est per
quadrantem E B , qui ipsis
C D & D B immediatè suc-
cedit , quàm per quadran-
tem B C, qui succedit ipsi E
B; prorsus sicuti de quadrante D E dictum est, respectu
quadrantis C D.

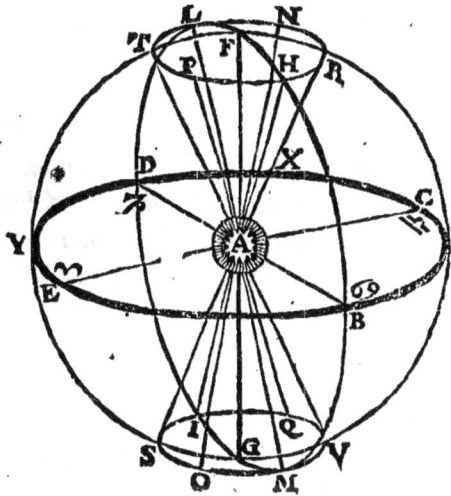

NOTA.

*Ne quispiam hic ambiguitate vocabulorum decipiatur , dum Author
noster vocat punctum B punctum Solstitii Australis, C punctum Æquinoctii verni Borealis, D punctum Solstitii Borealis, ac tandem E punctum
Æquinoctii verni Australis : cùm tamen B sit initium ♋ : C initium ♎ : D
initium ♑ : E verò initium ♈. Sciendum est in hac Sphæra vbi Terra annuo
motu moueri, Sol verò stare intelligitur : tunc Solstitium Australe celebrari, dum Terra existit in initio ♋ : quia eodem tempore Sol videtur esse in initio signi oppositi, putà ♑, & vice versa, tunc Solstitium Boreale, cùm Terra
existit in initio ♑ : quia eodem tempore Sol videtur esse in initio ♋. Eâdem
ratione, in hac Sphæra, tunc videtur celebrari Æquinoctium vernum Boreale, cùm terra existit in initio ♎ : quia tunc Sol videtur versari in initio ♈ :
& vice versa. Idem de aliis signis esto indicium. P. N. E. M.*

Manifestum est autem quadrantem C D respectu regionum Bo-

realium, esse quadrantem veris; D E verò, Æstatis: at respectu
regionum Australium, eosdem esse quadrantes Autumni & Hyemis. Eodem pacto quadrans E B, respectu Australium, vernus
est; sicuti B C æstiuus; qui Borealibus sunt Autumnalis, & Hy-
bernus. Quod quidem intelligendum est de Zonis temperatis:
nam de Zona Torrida, vtrum illa quatuor eiusmodi tempestatum
diuersitati obnoxia sit, non satis adhuc constat; quapropter quæ-
stionem illam posteris soluendam relinquimus: satis est nobis, quòd
propter latitudinem Zonæ illius Torridæ, fiat necessariò vt Sol
nunc has, nunc illas eiusdem regiones directiùs aut obliquiùs illuminet; sicque illæ, si non tantam quantam Temperatæ, at certè
aliquam, eamque procul dubio sensibilem, patiantur tempestatum
diuersitatem.

N O T A.

Quod hic Author coniectura tantùm assecutus est, de diuersitate tem-
pestatum anni in Zona Torrida, illud hodie experientiâ quotidianâ planè
constat. Namque etiamsi ibi nec dierum & noctium inæqualitas tanta sit,
nec tanta differentia intercedat inter Æstatem atque Hyemem, habita ra-
tione caloris & frigoris, tamen illa admodum sensibilis est respectu hu-
miditatis & siccitatis. Et planè harum tempestatum initia quæ Ver at-
que Autumnum referunt, valdè sensibiles patiuntur inæqualitates: cum re-
liquo tempore, quod Æstatem refert atque Hyemem, tempestas sibi ipsi satis
constans sit. Quæ omnia ad opinionem illius confirmandam non parum con-
ferunt. P. N. E. M.

Vere igitur atque Autumno fit motus præcessionis Æquinoctiorum in præcedentia: at Æstate & Hyeme idem regreditur in consequentia. Ita tamen vt ipse motus Vere & Autumno plùs progrediatur, quàm Æstate & Hyeme, propter rationes superiùs allatas,
quò fit vt idem tandem in præcedentia fieri manifestò deprehenda-
tur; at post aliquos tantùm annos. Regressio autem eius in consequentia, cùm annua sit, & perexigua, fit communiter insensibilis;
sicuti & annua mutatio obliquitatis Æquatoris ad Eclipticam; &
quæcunque alia accidentia talem reciprocationem annuam necessariò consequuntur, qualis esse potest irregularitas quædam annua
circa Poli motus diurni eleuationem, aut regionum latitudinem:
quæ omnia studiosis consideranda relinquimus.

At cùm valde inæqualis sit dispositio Terræ secundùm calorem
& frigus, humiditatémque atque siccitatem, per singulos annos: ita
vt cuiusuis anni temperatura raro, aut nunquam similis sit tempera-

turæ præcedentium aut ſubſequentium annorum, ſitque diuerſitas
illa planè irregularis, vt iã ſuprà notauimus : ſequitur etiam motum
præceſſionis Æquinoctiorum planè eſſe irregulariter irregularem:
nunc ſcilicet velociorem, nunc verò tardiorem, ita vt veram illius
periodum aſſequi valdè ſit difficile, cùm ad hanc cognitionem vix
ſufficiant multorum ſæculorum obſeruationes. Neque etiam video
cur fieri non poſſit,quin ſenſibiliter aliquando regrediatur iñ conſequentia. Finge enim (quod fieri poteſt, & reuerà ſæpè numero accidit) humidiorem eſſe Æſtatem quàm Ver per aliquot annos, ita
vt maiores Æſtate,quàm vere fiant Terræ mutationes : ſanè non difficile hinc erit elicere fore vt tunc motus ille plùs progrediatur in
conſequentia, quàm in præcedentia : quod tali caſu eſt abſolutè
regredi. Sed & ſtare etiam Æquinoctia per aliquot annos non repugnat,ſi intelligamus æquales vére & Æſtate fieri ipſius Telluris mutationes, quod fieri poſſe, ſaltem ad ſenſum , nihil eſt quod impediat.

In vniuerſum tamen, multò plures habentur anni quibus maiores Vere quàm Æſtate fiunt mutationes, quàm è contrario : vnde
neceſſe eſt tandem aliquando poſt multa ſæcula, motum illum præceſſionis Æquinoctiorum, periodum ſuam abſoluere. Quòd autem
ille adeò tardus ſit, inde fit quòd idem bis ſingulis annis retrocedat;
quater autem deſinat, fiantque Æquinoctia ſtationaria, vt ſuprà diximus : quod ſanè niſi ita accideret, nihil obſtare video, quin talis
motus præceſſionis Æquinoctiorum fieret ita velox, vt etiam ſpatio
vnius anni, maximè ſenſibilis euaderet.

DE COMETIS.

ETiamſi Cometarum diſquiſitio ad noſtrum de mundi Syſtemate argumentum pertinére videatur : eò quòd & ipſe Cometa ſit
pars illius Syſtematis, quandiu ille durat : & idem ipſe motum obtineat ab aliis partibus; ſeu ſpecialibus Syſtematis in toto contentis, prorsùs diuerſum : Tamen quia diſquiſitio illa præmiſſis multò
difficilior eſt, minuſque certa, propter raram atque inconſtantem
ſtupendorum iſtorum ignium apparentiam, quorum vnicum conſ-
picere nobis vix adoleſcentibus licuit; ideo circà hanc materiam illud hîc tantum producemus, quod ex eorum hiſtoria coniicere po-
tuimus,qui eiuſmodi phenomena ante nos obſeruarunt : idque præſertim

sertim in gratiam eorum quibus simile quid in posterùm videre continget. Ad hoc autem scribendũ, illud nos præcipuè inuitauit, quòd animaduertimus, posito nostro Systemate, quale supra constitutum est, multò faciliùs explicari posse omnia Cometæ cuiusuis phænomena, quàm in Systemate vulgò recepto ; in quo , nullo Naturæ fundamento, statuitur Terra in medio totius vniuersi; circa Terram autem Sol, & cætera corpora cœlestia : nec vlla assignatur causa naturalis, quâ vel ordo seu dispositio illorum, vel motus, verissimili ratiocinio possint explicari; cùm tamen illa corpora mundo coæterna videantur. Vnde multò maiori difficultate obuoluitur in tam fluxa opinione, disquisitio Cometarum, qui vt breui temporis spatio gaudent, ita & motu, & duratione, &, vt plúrimùm, formâ diuersissimi apparent. Alii enim per paucissimos dies, alii per aliquot menses se conspicuos exhibent: alii velocissimè mouentur, alii tardiùs, nec omnes eodem motu : alii tandem caudati seu barbati, caudâ seu barbâ per ingens spatium expansâ, alij comati seu capillati vndique, vel ex parte tantùm, maximo omnium, etiam sapientiorum, stupore conspiçuntur.

Disquiramus ergo in nostro Systemate quænam videatur esse causa tantæ diuersitatis : ac primùm ex qua materia , quóue in loco eiusmodi peregrinæ lampades accendantur.

Diximus initio nos, multas ob causas, opinari Terram animâ sensibili præditam esse, eandémque maximè compositam. Adiecimus posteà eorum opinionem qui putant ipsam, inter multas facultates quibus pollet, etiam expultrice & attractrice gaudere; quam facultatem ad vsque Systematis illius extrema vires suas exercere consentaneum est. Imò nihil repugnat quin & sentiendi, & attrahendi, sicuti & expellendi facultas illa vltra totum Systema extendatur, idque vsque ad aliquam distantiam intra materiam magni mundi Systematis; vnde attrahat, & quò emittat quæ sibi vel conuenire, vel nocere, natiuo sensu deprehenderit ? quemadmodum & cætera animalia & plantæ solent : sed & quidam lapidés, & alia mixta etiam, vt vulgò censetur inanimata, quæ facultatem illam attrahendi & expellendi longè extra se exercent.

Intelligamus ergo ex toto Terræ & elementorum eius Systemate quantumcumque illud extenditur per aërem vsque ad ipsius extrema, quà cœlestem materiam attingit, emanasse vim magnam exhalationum valde subtilium, quæ ab ipsa Terra expulsæ sint extra suum Systema, constiterintque intra æthEream regionem, expansæ instar nubis perspicuæ circa superficiem exteriorem eiusdem terreni

G

Syſtematis prorsùs ſicuti ex craſſioribus vaporibus & exhalationibus Terræ & aquæ fit illa Atmoſphæra, quæ in infima aëris regione circa ſuperficiem exteriorem ipſius corporis terreni expandi-
ditur. Sicuti, inquam, hæc Atmoſphæra inferior, intrà quam viui-
musį, gignitur partim ex vaporibus & exhalationibus ab ipſa
Terra expulſis , partim ex partibus aëris ab eadem Terra attractis : ita intelligimus aliam veluti Atmoſphæram ſuperiorem,
quæ gignatur partim ab exhalationibus valdeſubtilibus ex toto Syſtemate Telluris & elementorum eius extra ſe expulſis partim etiam
ex partibus Æthereis ab eodem toto Syſtemate attractis, atque
iiſdem exhalationibus permixtis:quæ quidem Atmoſphæra cõſiſtat
in ea parte æthereæ regionis, quæ proximè adiacet ſupremæ ſuperficiei terreni Syſtematis. Eſt tamen inter has duas Atmoſphæras
hæc notabilis differentia, quòd inferior continuis ac ferè momen-
taneis mutationibus ſit obnoxia, eadémque ad motum Terræ diurnum ſimul cum ipſa Terra circumuoluatur, eò quòd cauſæ ad tales effectus ſint diſpoſitæ : at ſuperior, propter contrarias cauſas,
nec tam frequentes mutationes patiatur, nec motum diurnum participet; quia ipſa exiſtit in Æthærea regione extra Syſtema Telluris & ſuorum elementorum. Item, propter diuerſas Terræ, diuerſis
in regionibus, diuerſiſque temporibus, conſtitutiones, Atmoſphæra inferior , ſecundùm ſui ipſius diuerſas partes, ſibi ipſi valdè diſ-
ſimilis exiſtit ; nunc craſſa, nunc tenuis; nunc calida, nunc frigida;
nunc humida, nunc ſicca; atque ita de cæteris accidentibus quibus
illa promptiſſimè mutatur; quia ſcilicet eadem, præter viciniam
corporis terreni à quo ſubinde alii atque alii vapores, aliæque exhalationes ſubminiſtrantur, patitur etiam ſucceſſiuè dieiac noctis, atque omnium anni tempeſtatum viciſſitudines. Contra autem Atmoſphæra ſuperior gaudet ſuperioris aëris viciniâ, qui & ſibi ipſi vndique ſimilis, idemque nec magnis, nec frequentibus mutationibus
obnoxius eſt, nec ipſa patitur vllàm diei aut noctis, aut tempeſtatum
annuarum ſucceſſionem: vnde fieri non poteſt vt eadem ſenſibiliter
mutetur, niſi rarò admodùm,

   Quòd verò Terram ponamus eſſe animatam, id ex noſtra, & quorundam aliorum opinione dictum eſtò. Namque etiamſi ſecundùm
multorum aliorum opinionem, cenſeatur ipſa Terra eſſe ſine anima;
non minùs tamen & generatio Atmoſphæræ ſuperioris, & accidentia illius poterunt explicari eodem modó quo & generatio, & accidentia Atmoſphæræ inferioris explicantur ab iis qui Terram exiſtimant eſſe inanimatam.

His positis, intelligamus præterea exhalationibus illis subtilioribus Atmofphæræ fuperioris admixtas effe partes quafdam quæ ad
ignem concipiendum difpofitæ fint: ficuti Atmofphæræ inferiori
accidere nullis planè nifi cæcis ignotum eft. Quemadmodum autem in eadem inferiori partes illæ combuftibiles non ftatim ignem
concipiunt, fed ad hoc requiruntur aliquæ difpofitiones, fine quibus nulla fieret inflammatio, qualis, præterquamplurimas alias, eft
illa, ne nimis raræ fint atque difperfæ, feu aliis exhalationibus minimè combuftibilibus intermixtæ; verùm vt, è contrario, aliquatenus denfæ fint, ac fibi vnitæ, & ab heterogeneis expurgatæ; ad quam
difpofitionem requiritur aliqua alia præcedens Terræ, vel aëris, vel
vtriufque difpofitio: fic intelligimus in fuperiori Atmofphæra non
fatis effe vt conuenerint multæ partes combuftibiles, atque in debita quantitate ad ignem, etiam maximum, excitandum; quamuis talis congregatio non nifi per multos annos fieri poffit; fed præterea
requiri vt ex diuerfis Atmofphæræ locis, in vnum aliquem locum
congregentur; quod, quamuis lentè admodum, fit attamen; proptereà quòd corporibus homogeneis ineft femper qualitas quædam,
quâ partes illorum ad fe inuicem feruntur, feféque reciprocè attra-
hunt, atque in eundem locum tendunt, in quo, quàm poffunt, ad-
denfantur, relictis aliis corporibus heterogeneis quibus anteà permixta fuerant. Adiuuat congregationem hanc motus continuus fuperioris aëris ab Occidente in Orientem; quò fit vt partes combuftibiles (quæ illi aëri fuperiori mifcentur, & iam-jam egreffuræ,
hærent fupremæ fuperficiei terreni Syftematis, atque vnâ cum eodem aëre fuperiori circumuoluuntur) tum demùm ad egrediendum
potentiùs excitentur, cùm ad ea loca peruenerint quæ refpondent
partibus illis Atmofphæræ fuperioris motu diurno immobilis, in
quibus iam congregata reperitur aliqua vis exhalationum eiufmodi
combuftibilium: quia tunc exhalationes illæ jam-jam egreffuræ,
fimul & à fuo Syftemate expelluntur, & à partibus fibi homogeneis
jam egreffis, ac proximè fuprà fe confiftentibus potentiùs attrahun-
tur, vt vnâ coaleant. Manifeftum eft igitur, illo pacto, fieri poffe vt
exhalationes illæ combuftibiles intra Atmofphæram fuperiorem
confiftentes, diuerfas figuras induant circa fupremam fuperficiem
terreni Syftematis; at figuram illam extendi debere, vt plurimùm,
fecundùm longitudinem quandam ab Æquatore, vel Eclipticâ, ad
Polos directè vel obliquè extenfam: fiquidem nullus eft motus qui
partes Boreales exhalationum illarum Auftrum versùs referat, aut
è contrario; cum tamen motus diurnus partes Occidentales cogat

ad Orientem : vnde quæ circa Polos gignuntur exhalationes. ibi
confiftunt plerumque, nec nifi mutuâ attractione, quæ lenta eft
admodùm, tendunt ad Æquatorem aut Eclipticam : & quæ in
Æquatore gignuntur, aut in Ecliptica, vix tendunt ad Polos : atque
ita de intermediis. Quæ autem gignuntur circa Æquatorem aut
Eclipticam, atque hinc inde versùs Polos, diftántque à fe inuicem
versùs Orientem au Occidentem, iuuante motu diurno, vt iam diximus, coguntur in eundem locum ; ficque vix aliter fieri poteft
quin exhalationes illæ combuftibiles cogantur fecundùm longitudinem quandam versùs Polos extenfam ; vtcumque illæ directè
vel obliquè fecundum eiufmodi tractum extendantur. Sed & eâdem ratione conftat & ampliorem ac denfiorem, vt plurimùm, fore
vim ipfius materiæ medio fpatio inter Polos, quàm circâ Polos
ipfos ; quia hic motus diurnus parùm aut nihil, ibi autem idem motus plurimùm confert ad hanc fpiffitudinem fiue denfitatem.

Ponamus ergo iam coaluiffe talem materiam in debita quantitate, ac planè illi adeffe conditiones omnes requifitas ad ignem concipiendum ; imò illa ignem actu concipiat : fiet fanè initium inflama-
tionis eâ in parte in qua denfior erit ipfa materia, hoc eft circâ
Eclipticam, fi eoufque materia illa extendatur, aut certè ea in parte
quæ ad Eclipticam magis accedit ; nifi caufa aliqua extraordinaria
côtrarium efficiat. Quoniam autem fubtiliffima eft exhalatio, percurret illam ignis celerrimè tendens versùs Polum, & vltra, fi vltra
extendatur materia ; nec tamen ignis ille videbitur fimul ac eodem
tempore per totam longitudinem ; citò enim diffipat partes illas
quas corripit, & alias inuadit. Neque etiam, quamuis celerrimus,
peruenire poterit ad extremum, nifi poft aliquod tempus : ftupenda
eft enim illa celeritas, quâ intra fpatium vnius diei percurrit aliquando tres gradus, aut etiam plures illius Atmofphæræ fuperioris,
cuius femidiameter multò plufquàm centupla cenfetur effe femidia-
metri Telluris : ita vt longitudo vnius gradus non cedat longitudini
integræ diametri corporis terreni, forfan autem longè maior fit : vnde iter illius flammæ per vnius diei fpatium, tantùm eft vt non cedat
circunferentiæ circuli maximi eiufdem corporis terreni, fed eâdem
forfan longè maius fit. Quàm fanè velocitatem non adæquaret fa-
gitta etiam fi decuplo velocior effet quàm effe foleat.

NOTA.

Dicitur Cometa quidam per Septentrionem tranfiens, motu diurno pe-
ragraffe 30. gr. vel plures : quod intelligendum eft de gradibus longitudinis prope Polum Ecliptica affumptis, non autem de gradibus circuli

magni, per quem Cometa motu proprio ferebatur. Facile est autem vt tres vel quatuor gradus circuli magni integrum Ecliptica signum occupent prope Polum eiusdem, scilicet in distantia sex vel octo graduum ab ipso Polo. Quòd si propius adhuc ad eundem Polum Ecliptica accederet Cometa transiens à latere ipsius Poli, posset etiam multò plures gradus longitudinis vno die pertransire, quamuis tres vel quatuor tantùm gradus circuli magni percurreret. P. N. E. M.

Quoniam itaque exhalatio extenditur plerumque secundùm longitudinem multorum graduum, & aliquando vltra quadrantem circuli; necessarium est yt flamma duret per multos dies, & sæpe vltra menses aliquot; præcipuè, quia, propter varias materiæ dispositiones, variè incedit, initio quidem communiter velociùs, versùs Polos autem tardiùs, vbi etiam debilior apparet propter defectum materiæ, cuius defectus causam superiùs assignauimus.

Quia etiam exhalatio illa longa est tantùm, cum paucâ latitudine aut spissitudine, instar funis cuiusdam secundùm longitudinem suam extensi vtcumque per circulum suæ Atmosphære maximum; fiet sanè vt flamma illa non multùm etiam obtineat latitudinis aut spissitudinis. Sed neque eadem flamma multùm extenditur secundùm longitudinem; quia, vt supra notauimus, quàm cito partes exhalationis currendo corripit, tam cito dissipat. Apparebit ergo illa ex Terris spectata velut stella aliqua rotunda clarioris, aut obtusioris luminis, pro dispositione materiæ; sicque videbimus Cometam, qui nihil aliud est quàm flamma illa depascens celerrimè exhalationes combustibiles Atmosphæræ superioris. Constat igitur de materia, déque loco, seu regione, ac de duratione: nunc de cauda siue barba talis Cometæ dicendum est.

Ad huius stupendi Syrmatis explicationem, præmittemus apparentiam quandam nobis frequentissimam, simillimam autem apparentiæ nostræ, cum causa manifestissima sit ex Optica scientia; nullum erit dubium quin & huius Syrmatis apparentia eodem modo facilè possit explicari.

Ea igitur apparentia talis est. Respice cubiculum aliquod multis vndique fenestris, aut foraminibus patens. In eo cubiculo excitetur puluis minutissimus, qualis verrendo communiter excitatur, quique rarus quidem sed æqualiter per totum cubiculi spatium dispersus sit. Finge etiam primùm Solem per fenestras, aut foramina directè non lucere, sed indirectè, ac confusé; vt lumen diei mixtim vndique atque æqualiter per totum cubiculum expandatur. Tunc verò nihil planè de isto puluere oculis animaduertes, si rarus sit &

minutiffimus, vt pofuimus. Quanquam enim puluis ipfe lumen
diei ad fe immiffum reflectat ad videntis oculos, tamen confufa eft
illa reflectio,& vndique æqualis aut fimilis; atque ita per totum cubiculum æqualis aut vniformis fpectatur illuminatio, quantacumque illa fit, modò vniformis. Atque etiam fi talis puluis per ampliſ-
fimum fpatium fub dio expanderetur, ac fol per tale fpatium luceret
æqualiter feu vniformiter, non tamen adhuc animauerteretur puluis ille: quia æqualis ac confufa, nec diuerfis coloribus diftincta illuminatio vllam caufat fpecierum vifibilium diftinctionem. Finge
fecundò Solem per feneſtras aut foramina directè lucere: tunc fanè
apparebit manifeſtiffima eius irradiatio per puluifculi ipfius atomos
à feneſtra vel foramine directè extenfa, à quibus ad videntis oculos
reflectetur. Sed neque hoc fatis. Finge ergo tandem cryſtallum
aliquod picturâ perfpicuâ tinctum, putâ flauum, vel rubeum, quod
feneſtram vel foramen cubiculi claudat, faltem ex parte; nihil
enim refert, fiuê totam feneſtam occupet cryſtallum, fiue partem
duntaxat, modo Sol per illud directè luceat. Tunc verò lumen Solis tranfmiffo cryſtallo, colorem ipfius induet, ita vt eius irradiatio
colorata appareat per prædicta pulueris corpufcula, tanquam fi talis
irradiatio fit Syrma aliquod coloratum quod à cryſtallo per cubiculum directè extendatur ex aduerfa parte Solis. Imò, pofito quod talis puluis per ampliffimum fpatium fub dio expanderetur, idemque
à Sole illuminaretur; tunc fanè adhibito cryſtallo, vt fuprà diximus,
fieret Syrma prorsùs eodem modo quo in cubiculo, nifi quòd ipfum
aliquantò debilius appareret, quia idem in media luce, à maiori lumine vtcunque offufcaretur; ita vt nifi cryſtallum effet fatis am-
plum, & puluis aliquantulùm denfus, vix videretur fyrma illud, nifi
ab iis qui eidem proximi adftarent,

NOTA.

*Tale experimentum inire, vnicuique facillimum eft. At nobis, de
Cometis ne fomniantibus quidem, idem millies videre accidit in templis
maioribus, in quibus effe folent vitra colorata; cùm fcilicet apto lucente
Sole, frequens populus magnum puluerem excitabat. Poftea verò cùm
idem data opera obferuaremus, coacti fumus fateri nihil effe quod Cometæ fpeciem perfectiùs referat: idèmque nobifcum procul dubio fatebitur
quicunque talem apparentiam attentiùs obferuare voluerit. P. N. E. M.*

Iam verò Atmofphæra fuperior refert cubiculum; exhalationes, puluerem minutiffimum per fpatium illud expanfum: illæ
enim intra Atmofphæram illam continentur, nec vltra euagantur:

Cometa verò partes gerit cryſtalli pellucidi, atque colorati, quia ignis ille dilutiſſimus eſt, atque rariſſimus, idémque radios Solis, qui ibi nunquam deficiunt, facilè tranſmittit, & colore proprio inficit, ita vt illi radii poſt egreſſum ſuum è corpore Cometæ, colorem induant mixtum ex colore Solis & eo qui ipſi Cometæ proprius eſt; niſi quòd color ille radiorum colore Cometæ debilior ſit, ſicuti & lumen ipſum tranſmiſſum lumine Cometæ debilius euadit, quia Cometa ipſe aliquid obtinet opacitatis. Quare ſubobſcurius eſt ipſum lumen tranſmiſſum; atque ad ruborem, vel alium colorem hebetem ſeu obtuſum ſolet accedere. Et hi quidem radii ſic colorati, tranſgreſſo corpore Cometæ, incidunt in exhalationes ſeu in corpuſcula, ex quibus coaleſcit Atmoſphæra ſuperior, & à quibus ad nos ſic reflectuntur, vt caudam, ſeu, vt aliis placet, barbam efforment, quæ, vt accidit communiter, radiis Solis per foramina tranſlapſis, ex Opticæ legibus, dilatatur ſenſim procedens à capite ad extremum ipſius caudæ; ſimúlque magis ac magis rareſit, ipſius apparentia, donec tandem vel adeo debilis fiat ob raritatem, vt euaneſcat; vel prætergreſſâ ſpiſſitudine Atmoſphæræ ſuæ, incidat aut infrà, in aërem purum, aut ſuprà, in regionem Æthereamm ab omni mixtione liberam, vnde nulla fiat ad nos reflectio, propter defectum exhalationis, ſeu materiæ reflectentis ſicque rursùs euaneſcat vlterioris caudæ ipſius productionis apparentia.

NOTA.

Eadem caudæ dilatatio poteſt etiam produci à rarefactione radiorum Solis per corpus Cometæ tranſeuntium: ſiue illi radii verſus perpendicularem, ſiue contra, refringantur: quod ex Dioptricæ legibus clarum eſt. P. N. E. M.

Neque verò exiſtimet aliquis fieri non poſſe talem reflectionem ab illis corpuſculis, ex quibus conſtat Atmoſphæra ſuperior: eodem enim iure negaret ipſe crepuſcula tam matutina, quàm veſpertina fieri ex reflectione ſolaris luminis à corpuſculis Atmoſphæræ inferioris: quæ tamen negatio eſſet abſurda. At, inquiet aliquis, in ea ſuperiore perpetuus dies eſt; ergo & inde perpetua fieret reflectio. Et illud quidem verum: ſed reflectio illa, quia æqualis eſt, conducit tantùm ad hoc vt adiuncta lumini ſtellarum, noctis tenebras imminuat; nec ab earum lumine diſtinguitur, niſi contingat eandem diuerſi coloris eſſe, vt accidit in Cometis, atque etiam in phænomenis illis quæ vulgò Trabes vocantur.

Quâ autem ratione fieri poſſit vt eadem cauda aliquando tota intra Aſmoſphæræ ſuæ amplitudinem abſorbeatur, aliqnando autem infra Atmoſphæram illam excurrat in aërem, & aliquando ſupra in Æthceream regionem; ex diuerſa illius Cometæ configuratione cum Sole facilè patebit; fimùlqne inde manifeſtum fiet cur quidam Cometæ comati ſeu capillati appareant, vel vndique, quod rarò accidit, vel, quòd frequentius eſt, ex parte tantùm. Si enim Sol reſpectu Cometæ ita diſpoſitus ſit, vt radius ipſius Solis incidens in Cometam, vnà cum eo radio qui à Cometa tendit in Tellurem, contineat ad Cometam angulum vel rectum, vel recto aliquantiſper maiorem, vel non multò minorem, tunc cauda Cometæ, vt plurimùm, tota intra Atmoſphæram ſuam continebitur, eademque tanta erit quanta cùm maxima eſſe poteſt, niſi tamen tunc debilis ſit Cometa, jamque ſit extinguendus: aliàs enim ſi vegetus ſit adhuc, tunc caudam maiorem obtinebit quàm in quouis alio ſtatu cum Sole. Quòd ſi inſuper eodem tempore magna ſit ſpiſſitudo Atmoſphæræ, & exhalationes illius confertæ, ſitque corpus Cometæ magnum, atque perſpicuum ſeu diàphanum & lumini Solis facilè peruium; tunc ſanè fieri non poterit quin Syrma illud Cometæ per ampliſſimum cœli ſpatium extendatur; quanta nempe erit illa linea recta quæ à centro Cometæ ducta intra Atmoſphæram, ad partes Soli oppoſitas, tetigerit primùm inferiorem Atmoſphæræ ſuperficiem, atque inde protenſa fuerit intra eandem Atmoſphæram, donec ipſam obliquiſſimè pertranſierit, perueneritque ad ſupremam ſuperficiem eiuſdem: ſiquidem per tantum ſpatium cauda illa & extendetur, & apparebit; vt conſideranti, ex legibus Opticæ & Geometriæ, facilè patebit. Ad hanc autem extremam ac maximam caudæ determinationem, manifeſtum eſt requiri vt prædictus angulus ſit aliquantulùm recto maior: ac proinde tunc ille angulus ſub quo ſpectatur ex Terra diſtantia Cometæ à Sole, erit acutus.

Quod ſi Cometa, quoad aſpectum noſtrum, nimiùm vicinus Soli fuerit, Sole ſcilicet propè ſupra ipſum exiſtente, videbitur cauda decurtata, ſed vegeta: quia tunc illa tendet ad partes inferiores reſpectu Cometæ, ſimùlque eadem & obliquè è Terra ſpectabitur, & tranſmiſsâ ſuâ Atmoſphærà, euaneſcet intra ſupremam aëris regionem ipſi Atmoſphæræ contiguam ac proximè ſubiacentem, ob defectum corporum talem caudam ad nos reflectentium, quæ vltra Atmoſphæram ſuam non excurrunt. Quòd ſi tunc parua ſit ſpiſſitudo Atmoſphæræ, fieri poterit vt cauda ipſa adeò decurtata appareat vt comam potiùs quàm caudam aut barbam referat, fiétque tunc

Cometa

Cometa comatus fiue capillatus ex parte tantùm.

Si tandem Cometa, quoad afpectum noftrum, Soli fuerit oppofi-
tus, vel non longè ab oppofitione diftet, fimili ratione cauda, tranf-
mifsâ Atmofphærâ, excurret in Æthéream ſegionem ſibi ſuperiorem, ibique euanefcet : & Cometa vel vndique comatus ſeu capillatus, in oppofitione Solis ſcilicet, vel ex parte tantùm: vel cauda
breuis, ſed vegeta apparebit. Quæ omnia claram habent ex Opti-
cis demonftrationem.

Poteft quoque aliquando talis Cometa abſque cauda apparere
duabus de cauſis. Primâ, ſi corpus illius ex tali materia conſtet, vt
flamma inde genita lumen Solis non tranſmittat. Secunda, ſi exhalationes Atmofphæræ, in quas incidit illa cauda, non ſatis confertæ
ſint ad hoc vt reflexionem ſufficientem efficiant.

Hæc de Cometis Atmofphæræ Syſtematis Terreni, quorum
parallaxim ſi quis aliquando obſeruauerit, reperiet procul dubio
parallaxi Lunæ longè cedere, forſan etiam duplò vel triplò minorem : Atque ex tali parallaxi inueniet diſtantiam Cometæ à Terrâ,
ſimúlque eidem innoteſcet terreni Syſtematis amplitudo. Sed
quoniam eiuſmodi omnes Cometæ motum aliquem participare
debent, extant autem hiſtoriæ quorundam aliorum in quibus nec
cauda, nec motus vllus deprehenſus eſt, in quauis eorundem cum
Sole configuratione : ſed ipſi tanquam ſtellæ aliquæ ex iis quæ fixæ
appellantur, viſi ſunt cœlo affixi per multos menſes, etiam abſque
vlla parallaxi, diurnâ vel annuâ; initio quidem magno ac vegeto
fulgore; ac deinde fulgorem ipſum ac magnitudinem ſenſim depo-
nentes, tandem euanuerunt : Ideò certò pronuntiabis ipſos pertinere vel ad Atmofphæram totius magni mundi Syſtematis ad hunc
noſtrum Solem pertinentis, vbi materia denſiſſima eſt, vel ad regionem ſtellarum fixarum, de qua nihil dicimus, propter rationes
de quibus initio huius operis locuti ſumus.

NOTA.

*Hic Author non explicat quâ ratione fieri poſſit vt cauda Cometæ
non nihil aliquando nunc in hanc, nunc verò in illam partem, curuata
appareat. Vnde coniicere licet talem apparentiam illius tempore non fuiſſe
notatam. Illa autem præcipuè ſpectabilis fuit in ſtupendo illo Cometâ anni 1618. cuius Syrma cùm ferè ſemper rectum appareret, viſum eſt tamen non ſemel, nunc in Meridiem, nunc in Septentrionem ſenſibiliter
incuruatum. Sed poſito hoc Syſtemate, ſatis facile detegitur huius apparentiæ cauſa Ad hoc autem notetur Syſtema terreſtre non eſſe omninò*

H

ſphæricum, duplici de cauſa. Prima ſuperiùs explicata eſt, cùm Author ageret de declinatione Lunæ. Secunda eſt quòd idem Syſtema feratur ad motum materiæ cœleſtis, quæ eò tardior eſt quò magis à Sole diſtat: vnde neceſſarium eſt vt inæqualiter pellatur ab ipſa materia ſuperior aër, putà velociùs qua parte ad Solem ſpectat, atque ipſi Soli propinquior eſt; at qua parte idem aër Soli opponitur, ab eodémque longiùs diſtat integra totius terreni Syſtematis diametro, ibi tardiùs pellatur ab ipſa materia quæ tardior eſt. Atque ita cùm materia cœleſtis quæ aërem pellit circa partes medias O N, periodum ſuam abſoluat ſpatio vnius an- ni; ea autem quæ eundem pel- lit circa partes B Soli propio- res, minori tempore; quæ au- tem circa partes remotiores C, maiori: procul dubio diſiunge- retur aër ipſe diuerſis moti- bus impulſus à materia cœle- ſti, niſi idem facultate illa pol- leret qua ſingulæ partes ſibi ip- ſis & toti terreno Syſtemati vniri perpetuò appetunt. At- tamen cum vim aliquam pa- tiatur ab inæquali illo impetu, fieri non poteſt quin hoc etiam

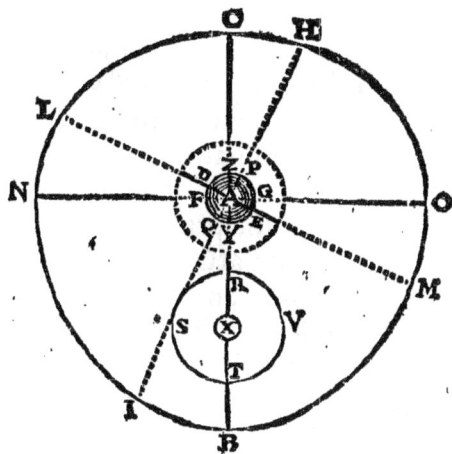

capite aliquid de rotunditate ſua remittat Syſtema Telluris & ſuorum elementorum.

Hoc pacto, cum rectà à Terra ad ſuperficiem ſuo Syſtemati atque At- moſphæræ ſuperiori communem ductà, eidem ſuperficiei, vt plurimum, obli- quæ ſint: ſitque duorum ipſorum corporum contiguorum ac perſpicuorum denſitas diuerſa, poterit ſane accidere refractio ſenſibilis ſpecierum viſibi- lium in ſuperficiem illam communem incidentium, quæ refractio nunc huc verget, nunc illuc, pro diuerſo ſitu radiorum incidentium reſpectu perpendicularium; ſic vt aliquando mediæ partes Syrmatis refringantur in vnam partem, extremæ autem partes in alteram: quo pacto ipſum ſenſibiliter incuruabitur. Idem autem effectus ſequi poteſt ex refractione Atmoſphæræ inferioris, pro vt ipſa diuerſimode afficietur ſecundum ra- ritatem, & denſitatem, à vaporibus & exhalationibus ex quibus illa componitur. Sed & idem effectus ſequi etiam poteſt ex defectu materiæ reflectentis, ſi ſcilicet illa deficiat versùs medias partes ipſius Syrmatis quibus idem tangit aliquando conuexitatem aëris ſuperioris, vel eandem ſubing.editur, ſicque aliquid arroditur ex ſpiſſitudine talis Syrmatis circa medias illas partes, remanentibus extremis integris : atque itâ quod ſupererit, ſub ſpecie falcatâ ex Terris apparebit. P. N. E. M.

EPILOGVS.

MOnuimus initio non admodùm referre, vtrum Terræ Syſtema ſimplex eſſet, an compoſitum; animatum an inanimatum; quamuis eò opinione traheremur, vt exiſtimaremus idem maximè compoſitum eſſe, atque animâ vtcunque ſenſibili animatum: quod idem de aliis omnibus minoribus Syſtematis; imò etiam idem de Sole ipſo non abs rè opinamur. Et ſanè quæ hucuſque explicata ſunt, ea abſque tali animæ poſitis tantùm qualitatibus quibuſdam vulgò notis, ſtare potuerunt; præter pauca de Æſtu Oceani, ac de Cometis, quæ tamen tale animatũ non requirunt neceſſariò; ſiquidem Æſtus ille priori modo ſine anima explicatus eſt : at Cometç ſiunt in Atmoſphçra ſuperiori, cuius accidentia eodem modo rectè explicari poſſunt, quo Atmoſphæræ inferioris, ad cuius accidentia explicanda, Philoſophorum ſectæ ferè omnes Terram ſtatuunt inanimatam; vt iam ſuprà indicauimus.

Verumenimuerò etiamſi poſitis omnibus iſtis Syſtematis prorſus inanimatis, ſed tantùm prædictis qualitatibus affectis, omnia rectè ſuccedant; ſi tamen eadem animata eſſe intelligantur, tali animâ quæ percipere poſſit, & quç ſibi ſuoque Syſtemati conducànt, & quç nocitura ſint; certo-cèrtius eſt eos omnes effectus, atque illa omnia accidentia quç hucuſque à nobis explicata ſunt, & multò conſtantiora fore, & multò magis regularia; vtpotè quæ à principio cognoſcente procédent. Nec refert vtrum anima illa ſit in vnoquoque ex minoribus Syſtematis ſingularis atque indiuidua; ita vt tot ſint animæ numero diſtinctæ, quot ſunt illa Syſtemata; & vnumquodque propriâ animâ informetur ac regatur: an verò omnium illorum Syſtematum, atque adeò totius Mundi, vnica ſit anima, quæ & quid toti, & quid ſingulis partibus expediat, prouidere poſſit. Perinde enim eſt, ſiue Sol, exempli gratiâ, ſuâ ſibi ſingulari animâ informatus, effectus ſuos producat; putà luceat, calefaciat, rarefaciat, materiam Æth|eream ſibi adiacentem intra ſe excipiat, & remittat, ſeſe ipſum ac totum Syſtema ſibi obnoxium in gyrum circundu-

cat, &c. ſiue idem Sol omnia illá efficiat virtute ánimæ cuiuſdam
vniuerſalis totum Mundum informantis atque agitantis, cui ipſe
Sol tanquam membrum aliquod præcipuum inſeruire cogatur, ad
ea munia obeunda, ad quæ ſubſtátia illius naturâ ſuâ comparata eſt.
Idem de Terra, Luna, Ioue, Saturno, & cæteris, quod de Sole, iudicium eſto.

Porrò, hoc pacto, quia Terra, ſuâ vel vniuerſi anima, nouit ſibi
ſuóque Syſtemati non ſatis eſſe vt annuâ conuerſione, ad totius
materiæ Æthereæ motúm circa Solem conuertatur, ſed conducere
etiam vt eadem motu diurno ad ipſum motum annuum obliquo,
circa proprium centrum circunuoluatur, vt ſic ſucceſſiuè omnes
illius partes benigno Solis aſpectu gaudeant; ſimúlquè vt, ex com-
plicatione duorum iſtorum motuum, annui ſcilicet & diurni, ad
ſe inuicem obliquorum, eædem partes alternis quatuor diuerſarum
anni tempeſtatum, Veris, Æſtatis, Autumni, atque Hyemis, qualitatibus temperentur : ideò illa, Terra inquam, ad talem motum
producendum perpetuo & indefeſſo niſu totis viribus incumbit.
Eâdem facultate nouit Terra quænam ſuæ ſuperficiei partes ad radios Solis directiùs excipiendos aptæ ſint; quænam obliquioribus
gaudeant; & quænam diutiùs iiſdem radiis carere poſſint : vnde
illa priores eiuſmodi partes Zonæ torridæ; ſequentes, duabus
temperatis; ac tandem reliquas, duabus Zonis frigidis aſſigna-
uit.

Ad hoc autem exequendum, præter plurimas facultates quibus
pollet ipſa Terra, vtitur præcipuè vaporibus & exhalationibus
quibus maximè abundat, & quos ſponte atque ad arbitrium versùs quamcunque partem facilè emittit, præſertim versùs partem
Occidentalem; vt ſic contrario impetu ipſa pellatur in partem
Orientalem, ad exemplum Solis, totiúſque magni Syſtematis, cui
addicta eſt, & ad cuius bonum toto conatu, vnâ cum reliquis omnibus Syſtematis conſpirat. Atque hinc ſequitur motus diurnus, cuius acceleratio & cætera ad illum pertinentia, eodem modo ſe habent, quo in præcedentibus explicata ſunt.

Vt verò nouos atque nouos vapores & exhalationes ſubinde
ſufficiat, vtitur eo motu, quem pro alterâ maris Æſtus cauſâ ſuperiùs aſſignauimus, quo & ipſum mare, & aërem, cæteraſque partes
liquidas ſibi adiacentes lento & continuo motu ad Lunæ motum
directo, attrahit & remittit; quo quidem motu Lunæ, ſaltem tanquam horologio vtitur; vt ſucceſſiuè per omnes ſui partes conatus
ſuos tunc exerat, cùm aërem ſuum à Syſtemate Lunæ premi perci-

pit; vt etiam suprà pro priori eiusdem Æstus maris causâ, disseruimus.

Sed & ipsa Terra sui Systematis partes magis aut minùs rarefaciendo vel condensando, vt sic Systema ipsum Soli propius fiat, vel ab ipso remotiùs, facilè sibi Apogæum & Perigæum constituet; idque eâ mensurâ, atque eo tempore, quo sibi expedire natiuo sensu deprehenderit: putà si partes Australes propiore Sole egeant, Boreales verò remotiore; ipsa Terra Apogæum sibi constituet circa Solstitium Boreale, Perigæum verò circa Solstitium Austrinum.

Tandem illa eadem Terra, omnibus ritè constitutis, perget in recto illo statu, à quo dimoueri se, saltem sensibiliter, non patietur, cùm promptos atque expeditos habeat suos vapores & exhalationes, quorum emissione (quamquam ad alias eiusdem facultates non attendamus) ad eundem statum sibi conuenientem reduci facillimè possit.

Cæteros, Planetas, aut Solem ipsum persequi, quid attinet? cùm quiuis facilè intelligat ipsos, quandoquidem præcipuæ mundi partes existunt, non minùs quàm Terram, suæ, vel totius vniuersi animæ obsequentes, in suum totiúsque eiusdem vniuersi bonum, perpetuo conatu, & totis viribus conspirare: atque adeò ipsos indesinenter operari, vt eum statum retineant, quem, tanquam sibi ac toti mundo conuenientissimum semel obtinuerunt.

N O T A.

De anima Mundi egerunt Platonici, aliíque permulti ex antiquis Philosophis: quorum opinionem nec propugnare, nec oppugnare intendimus. Illud tantùm obiter hic annotasse sufficiat, hæc si vera sint, putà vapores, exhalationes, & cætera eiusmodi corpora tam calida, quàm frigida, sicca, vel humida, à Terra spontè, vt plurimùm, seu vi quadam expultrice emitti, & cætera quæ hic & alibi suprà ab Authore, tanquam verisimilia posita sunt, frustrà se excruciare misellos Iudiciarios, ad hoc vt causas pluuiarum, tonitruum, ventorum, & cæterorum eiusmodi effectuum à Planetis, vel ab aliis cœli partibus addiscant; sicque illi longè à se non quærant id quòd à Terra ipsa quàm incolunt, repetendum est: vel potiùs, quod vir prudens nunquam quæret; cùm certò constet, ignotorum agentium, putà Telluris ignotæ, spontaneas actiones præsciri non posse.

Sed & ex iis omnibus quæ in toto hoc libello proponuntur, quiddam sequitur máximi momenti in tota Astronomia. Siquidem (vti multis in locis

*differuit, præcipue verò vbi egit de Apogæis & Perigæis) Telluris, &
Planetarum motus tam periodicus, quàm diurnus, multis capitibus irregulariter irregularis erit : vnde dies Naturales feu Aſtronomici, qui à motu diurno ipſius Telluris pendent, erunt irregulariter inæquales. Neque tamen aliun habemus motum, præter prædictum Terræ diurnum adeò irregularem, quo vti poſſimus ad menſuranda ſiue diſtinguenda tempora in
Aſtronomicis obſeruationibus : nec ratio ſuppetit aut modus, quo ipſum
tempus certò æquemus aut corrigamus, præter motuum omnium irregularem irregularitatem. Cùm ergo tale tempus inæquale ſit, & irregulare,
fieri non poteſt quin obſeruationes Aſtronomicæ ſint dubiæ atque incertæ
& adcondendas perfectas motuum cœleſtium tabulas, minimè ſufficien-
tes. Imò etiam terminus ipſe, à quo longitudines cœleſtes numerari ſolent,
nempe punctum Æquinoctii verni, planè incertus eſt ; vt ex iis apparet,
quæ de præceſſione Æquinoctiorum fuſiſſimè explicata ſunt : & nunc
terminus ille velocius, nunc verò tardius, abſque certâ lege aut regulâ,
contra ſeriem ſignorum procedit. Vnde etiam apud Aſtronomos occaſio-
nem ſumpſit motus reciprocus Librationis, ſeu Trepidationis (vt volunt
alii) ab Oriente in Occidentem & ab Occidente in Orientem, quem re-
gularem eſſe fruſtra exiſtimarunt ; ita vt inde conderent tabulas Ano-
maliæ Æquinoctiorum. Ne quis in poſterum ſe iactet de perpetua quadam
Planetarum Theoria, ſeu de motuum Aſtronomicorum perfecta ſcientia:
quæ, forſan, tot támque frequentibus irregularitatibus obnoxia eſt, cauſis
adeò in abſtruſo latentibus, vt ipſas detegere, aut etiam intelligere, ca-
ptum longe excedat humanum.*

*Neque tamen hæc à nobis dicta ſic accipiantur, tanquam ſi exiſtime-
mus irregularitates illas, etiam ſimul ſumptas, ad multos gradus excreſcere : illæ enim & per ſe ſingulæ paruæ ſunt : raróque ſimul in eandem
partem conſpirant : ſed contra, ad diuerſas partes tendentes, ſe inuicem
perſæpe corrigunt. Atque in vniuerſum, illæ, ſua ad contrarias mundi plagas reciprocatione, efficiunt tantùm Planetarum aberrationes quaſdam,
nunc in hanc, nunc verò in illam partem tendentes, quæ, vt plurimùm,
intra pauca minuta conſiſtunt, nec impediunt quin Medii motus ipſorum
Planetarum proximè veri ſint : præſertim ſi vniuſcuiuſque Media periodus, ex qua tales Medii motus pendent, non ab vnica, vel à paucis ; ſed à
multis multorum ſæculorum conuerſionibus, ſagaci peritorum Aſtronomo-
rum induſtria, deducta ſit.*

FINIS.

Pondere, Numero, & Menſurâ.

INDEX

Materiarum Aristarchi libro contentarum.

INDEX.

REFLECTIONES

PHYSICO-MATHEMATICÆ,

Cùm multa fuerim expertus & occurrerint à prima noſtrorum Phyſico-Mathematicorum editione, quæ Lectorem iuuare poſſint, ea ſequentibus capitibus complectemur, quæ prædictorum librorum ſequantur ordinem, eiſque lucem inferant, quapropter àPræfationibus incipiam.

CAPVT PRIMVM.

De nouiter Repertis poſt edita Phænomena.

1. De ſiclis argenteis. 2. Pes aquæ cubicus. 3. Stellarum velocitas. 4. Zenonis Achilles contra motum ſoluitur. 5. Difficultas in ponderando pede cubico aqueo. 6. Grauitas tritici, eiuſque numerus. 7. Lapſus facilis in pedis cubici menſura. 8. Longitudines & tempora, quibus pilæ tormentariæ currunt: vbi & de obſeruationum difficultate. 9. Vacui facilis introductio. 10. experientia quæ ſuccedit in paruis, non ita in magnis. 11. Altitudo pontis Briuatium. 12. Centrum grauitatis Trochoidis circa ſuum axem conuerſæ. 13. Methodus generalis centrorum grauitatis. 14. Librorum poſt noſtra Phænemona editorum iudicium. 15. Obſeruationum Oceanus.

V M liceat in dies proficere, neque poſſimus ad veritates Phyſicas abſque longo tempore, & ſtudio peruenire, præſertim ob varias obſeruationes quæ difficillimæ ſunt, liceat etiam nobis aliqua retractare, & in melius commutare; aliqua etiam noua rurſus addere. Quod ita facturus ſum, vt incipiam ab iis, quæ in omnibus Phyſico-Mathematicorum

I

noſtrorum Præfationibus, & in ipſis erratis dicta ſunt: quod fiet
hocce primo capite, cuius Synopſis præceſſit.

Si verò quid omiſſum ſit in alijs libris à me hactenus additis
quod in memoriam redeat monebo quoque, ne forte quis à
rei veritate in ipſis obſeruationibus aberret. Sed & etiam iuuabit
nunc monere quotquot hactenus ſcripſerunt, vel exiſtimarunt
coctos lateres leuiores eſſe crudis exſiccatis, multum hallucina-
tos fuiſſe, nam præter varia experimenta, de quibus aliis locis, nuper etiam cùm laterem hexagonum, (quales ordinantur in paui-
mentis,) exactè bilancibus grano perdentibus æquilibrium, & penitus exſiccatum, quales ſunt, quos fornacibus ſuis committunt,
examinaſſem, illum poſt coctionem reperi leuiorem vnciâ, vnciæ-
que præterea quadrante & 54. granis.

Ante actionem verò pondus illius erat vnciarum 11½ & 6. granorum: idemque cenſeto de calce ſtanni, vel plumbi quam falſò
dicunt ipſo ſtanno, vel plumbo, quæ vertunt in calcem, abſque alterius rei mixtura, grauiorem: de quibus poſtea.

Aliis verò capitibus ea commemorabo quæ mihi contigerunt
ab editione variorum illorum Tractatuum, quos iam retracto; ne, ſi
quid minus experimentis côgruum in illis allatum ſit, Lector decipiatur: non enim ſolummodo charitatis officiis ſtudere debemus,
quæ proximi voluntatem ad Deum diligendum erigant, & eius
paupertatem ſubleuent, ſed iis etiam, quæ mentem illius ab errore liberent, ne vel illius vmbra intellectum inficiat Theodidacto-
rum, qui Deum vnicè diligunt, rebuſque omnibus præferunt veritatem.

Qui verò charitatis officia ſibi proponit exercenda, ea paucis
audiat ex S. Proſper. l.3. de vita contemplatiua, cap.13. *Charitas ope-*
roſa in omnibus omnino fidelibus, quam fides concipit; ad quam ſpes cur-
rit: cui profectus omnis ſeruit: ex qua quidquid eſt boni operis viuit: ſub
qua obedientia creſcit: per quam patientia vincit: propter quam blandi-
menta carnalia deuotio religioſa contemnit; ſine qua nullus Deo placuit;
cum qua nec potuit aliquis peccare, nec poterit.

Omnes igitur à charitate, quidquid cogitauerimus, dixerimus,
ſcripſerimus, aut fecerimus, animo Chriſtiano incipiamus; ſitque
propterea capitis iſtius primi,

PRIMVS ARTICVLVS, de iis quæ, post errata, fuerit operæ pretium emendare, & quidem primùm Initio Præfationis Generalis lineâ 5, restitue, Axis ipse D A sesquidigiti, hoc est octans pe-

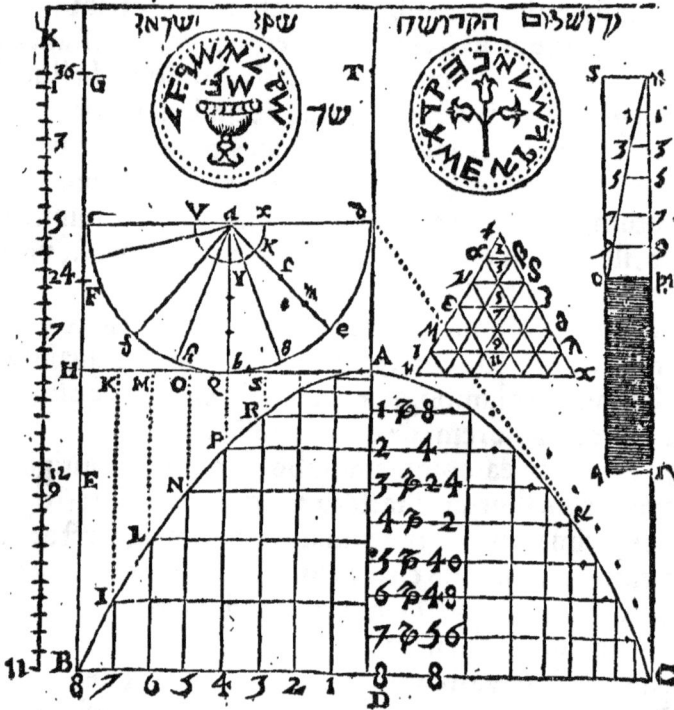

dis, qui tamen octans post chartam impressam mihi iusto videtur paulò maior: linea siquidem dupla D T, vt & lineæ ad dextram descriptæ 11, 36, & 8 G, ⅓, pedis, lineâ quidem D T, dimidiâ verò lineâ duæ aliæ superant. Id autem satis frequens in libris impressis, vt schemata maiora reddantur, ob typorum madorem.

Vbi aduerte me siclum alium argenteum Samaritanis etiam litteris inscriptum apud Clariss. virum Angelonum inuenisse, ponderis drachmarum 3½, & granorum 4½, siue granorum 256½. quem cùm ipse iustis bilancibus examinarim, emendandus est numerus, hoc est addenda sunt 6. grana ponderi paginæ 21. l. de nummis Gallicis: hincque constat nostrum siclum, de quo ibidem, illius siclum 12. granis superare. Cuius scrinia dignissima sunt quæ peregrini videant, omni antiquitatum genere refertissima: quique, cùm

I ij

aliis multis afferuit fe nunquam vidiffe ficlum aureum: quapropter dubius fum hactenus num apud Iudeos aurei ficli fuerint in vfu, de quo iam Prop. 7. l. de nummis.

In eadem Præfatione puncto 7. fcribe, quinque quadrilateris, & triangulo, eft enim in rectangulo f, p. triangulus n. i, i. & quinque reliquæ fubiectæ figuræ funt quadrilateræ.

De pede cubico 13. art. Præf. gener. dictum eft, rurfufque initio tractatus iftius, ex quibus fumma difficultas facilè concluditur in rebus Singularibus definiendis ob varias circumftatias, quibus carent Generica, & Specifica. Quòd autem fequente puncto 14. dicatur pes cubicus aquæ marinæ, $73\frac{1}{2}$ librarum effe, fupponit aquæ dulcis pedem cubicum effe 72. librarum, qui fi fuerit leuior, minuendus etiam erit pes marinus.

Adde quòd inter aquas dulces vna poffit effe tantifper alterâ leuior: quod facilè poterunt medici, atque Phyfici ad examen reuocare, roris, aquæ fontanæ, putealis, fluuialis, & alembico fublimatæ collatis ponderibus.

Puncto 16. poft *rectangulum*, adde *fub ambabus ellepfeos diametris*. Articulo 21. monitos velim Lectores reliquas notas initio quorumdam exemplorum, à pagina 313. deeffe Harmoniæ vfque ad 329. quæ feruiant elegantiori muficæ compofitioni: quas notas vnicuique poftulanti tribuam.

Articulo 25. vbi dicitur ftellarum motum 1150. vicibus globo tormentario velociorem, fcribe 19150. fed & cùm ftellas non adeo poffis exaltare, vt quis te meritò de nimia illarum à terra diftantiâ poffit arguere, cùm in fententia veteris Ariftarchi, Syftema folis, imo & Saturni debeat effe adeo paruum ad ftellarum à terra diftantiam collatum, vt fit infenfibile: hanc autem infenfibilitatem eò magis probes, quò magè ftellas à terra femoueris.

Porrò Tractatum de Rationibus acutiffimum Lectori cõmendatum velim vt pote ad plurima vtiliffimum, ac veluti ianuam fcientiarum, quâ poffis etiam difficillima non folùm aggredi, fed etiam promouere; quem habes ad calcem Præfationis illius generalis. Ante quem tractatum ad calcem xxviii. articuli, quædam paulò funt obfcuriora, quibus lucem affero.

Primus itaque numerus medius proportionalis inter primam differentiam, & aggregatum omnium terminorum in numeris ibidem allatis in progreffione dupla, eft 8. cùm enim ipfe octonarius iunctus fequentibus numeris 4, 2, $1\frac{1}{2}$ &c. in infinitum 16. efficiat, ftatuantur 8. 4. 2. &c. 8. igitur eft medius proportionalis inter ag-

gregatum omnium terminorum prædictæ progreffionis, nempe inter 16. & 4. Itaque fcribatur ibidem,fed 8. eft medius proportionalis inter 16. & 4. fequitur verò regula generalis.

Vt differentia primæ maioris quantitatis, & fecundæ ad primam,ita prima ad omnes fimul fumptas,verbi gratiâ, vt 8. ad 16. ita
16. ad 32. Et inter 5.3. vt 2. ad 5. ita 5. ad 12½.

SECVNDVS ARTICVLVS monebit de præcedentis regulæ
vtilitate,quam cùm rebus infinitis adhibere poſſis, eâ nunc vtemur
in Achille Zenonis, quo motum deſtruere nitebatur, diſſoluendo,
de quo poſſis Ariſtotelem 7.Phyſ. cap. 14. conſulere. Dicebat enim
futurum id quod velociſſimè mouetur, nunquam attingere poſſe
quod tardiſſimè mouebatur, ſi detur motus localis. Verbi gratia,
ſit A B linea 2, leucarum, ſuper qua equus & teſtudo ita moueant-
tur, vt equus teſtudine decuplo velociùs moueatur, ſitque D C
pars leucæ decima, & D E pars nona : iam equus incipiat currere à
puncto A verſus B, faciatque A D, decuplum itineris quod facit
teſtudo à C ad D,equus aſſequetur teſtudinem,etiamſi ſemper ſub-
decuplum itineris facientem,poſtquam ⅒ percurrerit itineris inter
eum & teſtudinem interiecti,motus initio.

A   D CE   B

Cùm enim teſtudo punctum C attigerit, equus attinget D,
cùm A D ſupponatur decuplum D E: ſed cùm illa punctum E attigerit,feceritque C E ⅒ D C, equus idem E tanget, cùm A E ſit
etiam decuplum D E. Quæ omnia facilè intelligentur,ex eo quòd
omnes partes decimæ, & decimarum decimæ in infinitum ſuppo-
ſitæ vnicam partem nonam efficiant : vnde multi paralogiſmi ſol-
uuntur. Adde quòd tempus eodem modo diuidatur ac quantitas
continua, quapropter mirum nulli videatur ſi tempore finito percurrantur partes lineæ in infinitum ſumptæ, quandoquidem tempus illud finitum,eodem modo ac ipſa linea,in partes infinitas diui-
ſum dici poteſt infinitum, adeòvt hoc ſenſu infinitum alteri adæ-
quetur infinito.

TERTIVS ARTICVLVS pertinet ad 2.Præfationem Tractatus
de menſuris præpoſitam : ad cuius punctum III. notandum eſt, ſi
aberretur vno grano in digito aquæ cubico ponderado, ſequi trium
vnciarum errorem in pede cubico, in quo videlicet reperiuntur digiti, ſeu pollices 1728, quapropter bilancibus exactiſſimis vten-

dum, quæ grani $\frac{1}{2}$, vel $\frac{1}{3}$, perdant æquilibrium, hac enim ratione fi pollicem cubicum ponderes, granum dimidium folius fefquiunciæ faciet errorem, hac in re negligendum.

Porrò 400. grana frumenti, quæ ibidem 242. vnciæ granis æqui-ponderant, oftendunt plura effe tritici grana quæ leuiora funt vnciæ grano, quàm quæ fint æquipondia: quandoquidem 400. vnciæ grana funt pondere ad 400. tritici grana vt 5. ad 3. cùm inter ea futura fit æqualitas, fi omnia tritici grana quibufdam vnciæ granum ponderantibus effent æqualia: poffumus itaque concludere quot grana tritici Vectores inferre foleant in horrea, ftatim enim atque noueris quot libras geftent, ex hypothefi quòd libra 38. pollices eubicos tritici ad fummum complectatur, iuxta noftras obferuationes, libra 15200. grana continebit; cumque vector centum libras dorfo ferre poffit, tunc 152000. grana feret; vel fi 50. duntaxat libras tulerit, erunt grana 76000. & ex onerum numero de cuiuflibet hordei granis iudicium feres. Idemque fiet, fi cognito granorum vnciæ numero 100. vel 500. libris contento, facias vt hic numerus fit ad numerum granorum tritici, vt 3. ad 5.

Quod ibidem habetur de Alealmi calculo, quifpiam iuxta proprias obferuationes viderit, & iuxta pondus aquæ iudicet: tantùm addo vix in longitudine pedis fumenda plufquàm lineâ nos aberrare poffe: fupponamus igitur aliquem vfum fuiffe pede lineâ, quàm par eft, breuiore, hoc eft pede 143. linearum, cùm effe debeat 144.

Clarum eft cubum primi numeri effe 2924207. fecundi verò 2985984. vnde conftat hunc illum lineis cubicis 61777. fuperare: quarum pondus (ex hypothefi quòd aquæ grana cubica 4. fint ad minimum neceffaria, vt æquiponderent vnciæ grano, iuxta certas obferuationes) eft vnius libræ, 11. vnciarum, 16. fcrupulorum & 8. granorum.

Si verò fumatur pes lineâ maior, eodem modo progrediendum, fortéque variæ fententiæ de pedis aquei (aut alterius materiæ) cubici pondere, ortæ funt ex eo quòd quis pedem paulò maiorem vel minorem fumpferit, licet in aliis circunftantiis nullum ftudium abfuerit.

Puncto IX. iam cap. 1. iftius libri fatisfactum eft, quippe Româ iuftam vnciam Romanam mecum attuli, quam vnicuique poftulanti fim oftenfurus.

Denique quoad perfpicilia, quæ vulgò *microcofpia* vocamus, videantur obferuationes Fontanæ, Neapolitani, qui mira detegens

animum fecit peregrinis, qui similibus vtentes, medicam & Physi-
cam promouere poterunt.

QVARTVS ARTICVLVS, ad Præfationem in librum Hydraulicorum attinet, quæ lectu dignissima, præsertim ob figuræ
sexti puncti proprietates fontium salientium explicantes: sed &
quæ præcedunt admodum vtilia pilarum, seu glandium è tormentis militaribus missarum iactibus intelligendis.

Porrò quæ de globorum explosorum depressione dicta sunt, re-
tractanda, ob experientias nouas. Cùm enim sæpius curauerim
explodi fistulam, vulgò *arquebusiam*, à centum sexpedis, hoc est 600.
pedibus, quæ 300. passus communes faciunt, glans 8. vel 10. pedes
depressa est sub lineam collineationis, quæ si perpendiculariter,
eodem momento quo explosa est, cecidisset, vix maius spatium
confecisset.

Rursum, apud Marchionem Doraison; de quo postea, ca. 14. spatio 5. secundorum pila explosa descendit 27. sexpedas sub lineam
suam horizontalem; cúmque forsan pulueris excitatio, illiusque
perceptio secundum integrum nobis eripuerit; si sola 4. secunda
retineamus, vt quolibet secundo pila sexpedas 157: percurrerit,
(certè non plura percurrit) debuit tamen 32. sexpedas descendisse,
si tantundem horizontaliter explosa descendit, quantum non explosa: vel igitur aliquid sui descensus ob explosionem amittit, vel
nequidem 4. secunda integra in percurrendis 630. sexpedis, sed 3⅓.
circiter impendit.

Adde iam aliquid, in hoc nostro medio, de casus acceleratione
detrahi, spatio 27. sexpedarum, quæ glans in explosione prædicta
descendit; adeovt, omnibus perspectis, necdum velim ab ea sententia discedere, quæ docet 2. grauia, verbi gratia, duas pilas tormen-
tarias, quarum vna cadat perpendiculariter à quiete super horizontem, alia verò mittatur horizontaliter, eodem momento temporis eundem horizontem attingere. Verbi gratiâ, si puteus Mar-
chionis prædicti sit 27. sexpedas profundus, vt est reuera, si bene
memini, vel etiam paulò profundior, putà 32. pila in agros inter
Aquas Sextias interceptos explosa, horizontem, eodem momento
quo similis pila cadens, aquæ prædicti puncti superficiem superiorem percutiet.

Est & aliud quod suspicari possim, num Agrimensor accuratè satis
horizontalem depressionem mensus fuerit; vt vt sit, vides quantis
difficultatibus experimenta circumsepiantur, quantumque debeat
illis Physica, qui accuratas obseruationes illi suggerunt.

Nota verò aërem pilæ explofæ occurrentem ei tantundem officere, feu motum illius minuere, quantum ventus eiufdem cum pila velocitatis, qui perpetuo fufflaret aduerfus illam in medio non impediente, feu vacuo currentem ; nunquid enim idem eft impedimentum, vel earundem virium confumptio, fiue aërem pila verberet, fiue ab eo verberetur ? qua etiam de re ad calcem puncti 8. Cùm autem dixi experientiâ conftare aquam eò magis defcendere, quò tardiùs horizontaliter mouetur, idemque de cæteris grauibus proiectis concludi videatur, moneo nondum obferuationes fatis exactas effe, vt quidpiam afferatur.

Sex rationes quæ decimo puncto proferuntur ad probandum vacuum, auxiffet Hero feptimâ, quam ex fiftulis primus nos docuit Clariff. Torricellius, fed quæ non folum probent vacuola diffeminata, fed ampla & folitaria nulli corpori permixta, quandoquidem cuiufcunque fiant altitudinis, imo & latitudinis fiftulæ, mercurius femper effluit, donec altitudo fuperfit pedum $2\frac{1}{5}$, qui pleni manent, adeovt fi tubus fit 52. pedum & 3. digitorum, 50. pedes vacui futuri fint.

Quanquam vbi dico, *cuiufcumque latitudinis & altitudinis*, velim folùm intelligi de tubis qui fieri folent apùd nos, vt enim fæpius monui, non idem contingit in maximis, ac in modicis experimentis: quid enim fi fingas tubum, cuius altitudo centum leucarum quo reliquos minores comprehenfos exiftima; funt enim in rebus omnibus certi fines, quos vltra citráque nil deinceps inuenias : & quemadmodum non vacuatur fiftula mercurio plena fi $2\frac{1}{5}$. pedes habeat, ifque reperitur naturæ terminus, erit etiam forfan alius terminus magnitudinis fiftulæ aëre vacuæ, quâ, fi maior detur, non poffit hæc pati tantùm vacuum. Quod tamen inter verifimilia velim, cùm minimè demonftretur.

Quod dixeram de Ponte Briuatium Gallicè *vieillebrioude*, fic à Latomis qui conftruxerunt illum anno 1454. definitur, fummam altitudinem effe 15. brachiorum viginti Parifienfibus vlnis æqualium; quibus propter impenfas operas foluti funt aurei 390. quemadmodum ob eiufdem refectionem aliis Latomis anno 1602. aurei dati funt 500.

Ex cathenis fitulas ferentibus, quibus aquæ hauriuntur, paludefque exficcantur, de quibus poftea, non deeft qui motum perpetuum conftruere voluerit ; machinæ figuram vidi, fed vbi venietur ad experientiam, vix dubito quin hoc artificium malè cedat: meminerint vim minorem non agere poffe in maiorem, neque

æqualem

æqualem in æqualem:quod si rectè intelligatur, nullus vnquam in his motibus laborabit, nisi, ʒrtè principium aliquod nouum hactenus incognitum reperiat.

QVINTVS ARTICVLVS, quædam attinget circa Præfationem in Mechanica, & quidem primò quæ III. Puncto de centris grauitatis dicuntur, à nobili viro Renato Cartesio inuenta & quæ iv. Puncto referuntur, ab alio v. Illustr. Fermatio conclusa.

Porrò quæ in erratis Synopseos dixeram, ex subtilissima Torricello, nempe quod sit à spatio cycloidali, siue vt apud nos trochoidali, circa axem reuoluto, esse ad cylindrum vt 11. ad 18. emendandum esse. Clarissimus enim D. de Roberual, quem aliàs nostrum appello Geometram, & qui primus omnium Trochoidem ipsam, atque ipsius solida, & eorum omnium centra grauitatis inuenit, & iam ab anno 1634. demonstrata mecum & pluribus aliis communicauit; ostendit in Trochoide primaria, cuius basis æqualis circumferentiæ, altitudo verò diametro rotæ genitricis, si ex tribus quadrantibus quadrati dimidiæ basis dematur tertia pars quadrati altitudinis, esse vt reliquum ad ipsum dimidiæ basis quadratum, ita solidum trochoidis circa axem conuersæ, ad cylindrum eiusdem cum ipso solido basis & altitudinis. Adde quòd si rationes notæ sint, secundum quas in Trochoide solidorum centra diuidunt axes, notam fore circuli quadraturam,

Multa verò Guldinus de centro linearum, superficierum & corporum habet: sed cùm nostri Geometræ centrum quodlibet inueniant, vniuersali methodo, figuræ cuiuslibet planæ, ex notis rationibus tam illius figuræ ad alteram quandam figuram planam, cuius notum sit centrum, quàm solidi eiusdem propositæ figuræ ad solidum illius alterius, nihil ampliùs necesse videtur, vt in hac materia laboremus.

SEXTVS ARTICVLVS percurret Præfationes nostras in Ballisticam; primùm igitur quæ dicuntur initio de pilis explosis minimè descendentibus, articulo 5. superiore discutiuntur. 2. quæ de Philosophandi nouâ methodo referuntur, vniuscuiusque lectioni subiiciuntur. 3. iam antea diximus de tormentis bellicis. 4. de modis ponderandi aërem c. 6. loquemur.

Porrò quæ futura Clar-Torricelli laudaueram v. Puncto huius Præfationis, iam edidit, suisque sphæralibus Archimedem, atque Galilæum promouit. Quod puncto vii. dicitur, iam audio R. P. Claudium Richardum, Apollonii 4. posteriores libros proprio marte, Clar. verò Golium 3. ex Arabico breui edituros. X. Puncto,

K

Phyſicam ſuam , de qua loquebar, iuris publici fecit ab eo tempore vir Clar. Carteſius. XI. puncto promiſſum Ariſtarchum iam
habes præ manibus, quem eruditiſſimis notis ſolidiſſimus Geometra Roberuallus illuſtrauit. Perſpectiuam ſimiliter V.C. Girard,
Deſargues ſub prælo ſudantem,nunc nunc accipies.Quòd ſi rebus
Theologicis delecteris, Vir Clar. Marandeus ſupra vires laborans,
duplex S.Thomæ Compendium Latinum, & Gallicum , perâ por-
tatile, quod integram Theologiam in animum tuum facillimè
transferat, propediem editurus eſt.

A noſtris autem Phænominis editis , conatus ingens in inuenienda circuli quadratura, labore improbo impenſus eſt, & 10. libris
explicatus, quo proportionalitates nouo modo deducūtur;quippe
non ſolas rationes ſimiles, ſed etiam diſſimiles inter ſe comparet.
At verò cùm neque dederit quadraturam eo modo quo ſolet à
Geometris expectari, cùm in ea exhibenda longè, quàm ipſam
quadraturam,difficiliora ſupponat, vel poſtulet ;neque meminerit
vllatenus Geometriæ per indiuiſibilia,eruditiſſimi Bon.Cauallieri,
quandoquidem primus illam per indiuiſibilia methodum edidit,
quæ tamen illi præluxiſſe videtur, noſtris Geometris diſplicuit;
qui præterea nonnihil in illo opere requirunt, vel arguunt :idque
præſertim , quòd cùm opus ſuum quadraturę circuli ſpecioſo, ſu-
perbóque titulo inſignierit,nihil tamen quod ad rem faciat,præter
id quod in ea re hactenus inuentum eſt, protulerit: quippe in illud
abit necdum ſolutum problema, quodque forſan longè difficilio-
rem, quàm ipſa quadratura,ſolutionem requirit. Datis tribus qui-
buſcumque magnitudinibus rationalibus, vel irrationalibus, da-
tiſque duarum ex illis, logarithmis, tertiæ logarithmum Geome-
tricè inuenire.

Septimvs Articvivs monebiteos, quibus obuiæ ſunt
plurimarum rerum obſeruationes,quæ Phyſicam, & artes hominibus vtiles promouere poſſunt, ne vel vnam negligant,eaſque fideli
calamo deſcriptas libenter cum iis communicent, qui ſcientias &
artes inſtaurant,& ad perfectionem euehunt.

Quibuſdam hîc præeo abſque vllo ordine ; quiſque his vtetur,
quas ad ſuum inſtitutum aptas iudicauerit. A Scolymo nunc incipiam, cujus diameter ¼ pedis:cuius ſunt folia 160.grana 1345.cúm-
que granorum quædam 40. plus minus capillos ; alia 10. alia 4.
habeant : ſi denos vnicuique vnicuique grana villos tribuas, exurgent 13450. Adde Carthamum 15. capitibus in eodem thallo gau-
dētem : quorum vnumquodque totidem floridis foliolis ornatum,

quot habet grana, nempe 92. quibus totidem flores inferuntur,
quodlibet verò granum habet 92. capillamenta, flores iftius plantæ mixtæ fucco citrino tingunt fericum.

Quis non mirabitur naturæ, vel potiùs Dei prouidentiam,
qui tanto capillaturæ artificio cinaras veftiuit? cui non foli homines curæ funt, quibus vix plures dedit capillos, licet enim capitis
fuperficies pedi quadráto æqualis, capillis denfiffimis tegatur, certum eft non plures habituram, quam 187024. quippe docet experientia quadratam lineam non plures quàm 9. capere: quorum numerum æquat numerus pulfuum cordis, diebus vndecim, 23. minutis primis, & 44. fecundis, cùm pulfus quilibet vni fecundo refpondet, vt mihi contingit. Vnde quifpiam aliquando, vel etiam fingulis diebus, horis, aut momentis, totidem laudes, & gratiarum
actiones authori fuo referre poffit.

Globus argillaceus, quinque fecundis tripedale fpatium fub
aquâ; plumbeus verò globus vno fecundo percurrit; illa verò
globi argillofi grauitas eft ad aquæ grauitatem, vt 27. ad 16. proximè: hæc autem ratio eft paulò maior quàm fefquialtera. Digiti
cubici æris, feu cupri pondus eft vnciarum 6. vnius drachmæ
& 52. granorum: mercurii verò digitalis pondus vnciarũ 9. drachmæ & 14. granorum: aquæ digiti pondus femiunciæ, drachmæ
1. & 7. granorum. Later crudus, admodum exficcatus, ponderis
librarum 2¼, coctus apparuit librarum 2. & vnciarum 7¼, igitur coctione vncias 4¼ amifit: omnifque coctio vnicuique libræ
vnam ad minimum vnciam eripit. Panis coctus leuior eft crudo, 7.
vnciis & drachmis 3¼, quando crudi pondus eft librarum 3. & v-
nius vnciæ, ac 1. drachmæ: adeovt paulò plus quàm feptimam
fuæ grauitatis partem amittat: frigidi verò pondus vnciæ quadrante minus eft calidiffimi pondere.

Apud Hollandos equus 9. hominum vires exæquat; molendini,
verò ventis agitati alæ 9. equis, ac proinde 81. hominibus refpondent: an molendinum aqueum fit robuftiùs inquirant quibus commodum fuerit. Qui volandi cupit artem excolere, proportionem
omnium partium corporis auium, exploret, verbi gratiâ, Hirundinis longitudo à roftri acumine vfque ad Vropygium, digitorum
3¼: cauda digitorum 2. & feptuncis, feu 7. linearum: ala digitorum 5¼: craffitudo corporis, digitalis; pondus femiffis vnciæ, &
54. granorum.

Hinc concludas longitudinem alarum quibus homines vti debeant, qui volare cupiunt; cùm enim Hirundinis ala fit ferè dupla

longitudinis totius corporis, ala quælibet hominis 5. pedes alti debet effe 10. pedum: cætera facilè deducas. Quanquam aues aliæ plūrimç fint examinandæ, verbi gratiâ anferes, perdices, columbæ, gallinæ, vultures, aquilæ, priufquam te ventis committas: vereorque ne mufculi nobis defint, quibus alæ neceffariæ, motu ad volandum neceffario, concuti poffint, fitque futurus in ea re conatus hominum irritus. Fafciculus fulfuratorum ex fago ficcâ, vnciarum 1. drachmæ 1, & granorum 47. in cineres redactus, eft ponderis 6. granorum; igitur cinis eft ad illud lignum vt 220. ad 1. At verò lignum abiegnum, etiam ficcum, pondere vnius vnciæ, in cineres 6. granorum reducitur, ideoque cineris iftius pondus eft ad abietem vt 1. ad 96.

Globi magnetici, cuius diameter digitalis, pondus eft 1. vnciæ, drachm. 5. & 53. gran. vnde pondus cubici pedis facilè concludas, in quo nempe funt digiti cubici. 1728.

Granum arenæ Stapulenfis æquiponderat 1/4 grani vnciæ: quid fi quodlibet granum iteratis contritionibus in 20480. diuidamus? fed quis illius exprimat magnitudinem, cùm fpeculorum, vel perfpiciliorum polituræ feruiuit. In noua moneta, quæ magnis globis plumbeis extremo fudium ferreorum appenfis vtitur, percutitur aurei quadrans argenteus, hoc eft illi nota regia imprimitur, fpatio 3. fecundorum, adeovt qualibet horâ 1200 fabricari poffint.

Cantharus volatu ftridulus, fextante pedis à baculo diftans, & papyri tæniâ retentus, fpatio vnius fecundi baculum ambit, atque adeo 4. pedum iter conficit: an rectâ volando abfque vllo retinaculo citiùs, & quanto citiùs volat? fragor explofæ arquebufiæ, feu fiftulæ tormentariæ ad 150. fexpedas, auditur quadrante fecundi, ante fonum pilæ iuxta aurem percutientis; cùm ad 100. fexpedas auditur, tam fiftulæ, quam pilæ percutientis fonus eodem momento percipitur; igitur velocitatem pilæ concludes ex velocitate foni vno fecundo 230. fexpedas percurrentis: de cuius foni velocitate plura videas cap. 13.

Ne tuum fecretum alteri quàm amico propaletur, primum atramentum firmiter permanfurum fiat ex calce & auripigmento, fecundum euanefcens, ex palea, vel fœno combuftis, quo primum tegatur: ex fapone & atramento futorio promptè fcriptorium parabis.

Horologium fecundorum baculus quadrupedalis aciculâ, filo, vel quomodocunque in extremo appenfus, fuis vibrationibus peregrino fuggeret: quod eò iuftius futurum, quò baculus tenuior,

& ex omni parte fuerit vniformior : ſi verò craſſior eſt, celerior
erit vibratio. Qui machinis horariis delectantur, poſſunt vti
vibrationibus corporum admodùm grauium, quippe diu vibrantur ante quietem. Cubus aureus 4. digitorum, cuius ſuperficies 16.
digitorum, ita poteſt attenuari variis percuſſionibus, vt eius ſuperficies ſit 534 pedum : ſunt autem tenuiculæ auri, vt & argenti paleo-
lę in bilancium, & librarum examine, & in æquilibrio faciendo
aptiſſimæ, cùm vnciæ granum 6. eiuſmodi bracteolas continere
ſoleat.

Veſica Carpionis pondere 7. granorum, filo 3 pedum appenſa vibratur 60. Super pondere 19. granorum, magnitudine plumbo 2.
vnciarum æquale, vibratur 300. plumbum verò 1800. ante quietem.

Globus aureus ponderis ſemunciæ & granorum 33 : eſt æqualis globo medullæ ſambuceę, cuius pondus, ſeſquigranum ; globus plumbeus eiuſdem magnitudinis ponderat vnciæ quadrantem
& 49. grana ; eſtque aurum obrizum, ſeu purum, ad aquam, vt
18 ; ad 1. ad quam plumbum eſt, vt 11 ; ad 1. Alia plura leges ſequentibus capitibus.

CAPVT II.

De Menſuris.

1. P. Gallicus, Pariſienſis, Regius. 2. Altitudo Tholi S. Petri , & pyramidis Rhotoma-
genſis. 3. Palmus Architectonicus Romanus.
Brachium Florentinum. 4. Leuca Gallica quot
iugera ; quótque leucas & iugera terræ ſuperficies habeat. 5. Terræ pondus. 6. Arenæ pondus & numerus telluri æqualis. 7. menſura templi S. Petri Romani. 8. Iugeris Romani diuiſio.

Breuiſſimo diſcurſui ſuccurrent figuræ,
quibus vnico intuitu quiſpiam omnia
capiat quæ dicturus ſum. Repetatur ergo
Schema A B, C F, vt qui peregrinantur,
huncque libellum circumferre voluerint,
omnes alias menſuras ad noſtrum pedem
Regium Pariſienſem referant ; cuius ſe-
miſſis fideliter repræſentatur lineâ A B,
adeovt ſi lineam C F iunxeris in directum
lineæ C A, pedem integrum ſis habiturus;
cuius D E, vncia, ſeu pars duodecima , quæ
vulgò pollex, ſeu digitus appellatur.
   Porrò huiuſmodi pedes à limine inferiore feneſtrarum tholi ſiue Hemiſphærii,
vulgò Cupellæ, Baſilicæ S. Petri Romani
vſque ad pauimentum, 306. numeraui; cúmque ibidem me certiorem fecerint Architecti Romani crucis apicem à pauimento
diſtare palmis 636. ſequitur à prædicto feneſtrarum limine ad crucis ſupremum, pedes 132. interiici , atque adeo pyramide
Rhotomagenſi 375. pedes alta, hemiſphærium S. Petri 62. pedibus altius eſſe; licet
icon Romani Hemiſphærii 20, duntaxat pedibus illam pyramidem ſuperare videatur.

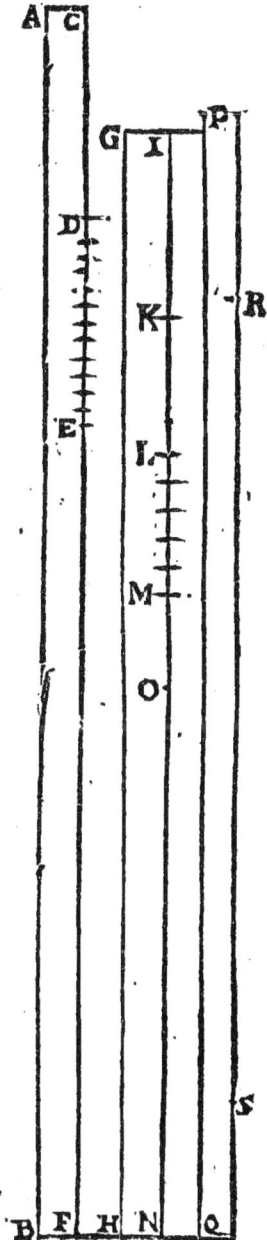

Omitto G H figuræ præcedentis, esse pedis Romani semissem; cuius palmus linea OJ, & vncia MO. Cùm autem palmus Romanus Architectonicus ad mensuras ædificiorum Romanorum intelligendas sit necessarius, illius accipe longitudinem, non quidem integram, cùm istius libri pagina non possit eam complecti, sed palmi semissem C B; & Brachii Florentini quadrantem C A, quo cùm vtantur qui fabricant Telescopia, possis intelligere quale sit vitrum 5, vel sex brachiorum, quot videlicet brachiis ab oculo distare debeat.

Asserunt igitur Architecti Romani, testudinis S. Petri altitudinem esse 170. palmorum, hoc est 340. C B, Hemisphærii à pauimento ad crucis summitatem, 636. palmorum: crucis ipsius longitudinem esse 18. palmorum ; latitudinem 11. fundamenti profunditatem 80. latitudinem 46.

Quadrans verò Brachii Florentini nostri pedis pollicibus 5 ! respondet, cùm integrum Brachium sit æquale digitis pedis Regij 21 ¼. vbi monere velim dimidij pedis figuram pag. 88. l. 2. de Motibus Harmoniæ nostræ Gallicæ, vnâ lineâ, quàm par sit, longiorem esse.

Palmi Romani Architectorum semissis B A æqualis est pollicibus nostri pedis 4, & sesquilineæ : palmus ergo integer continet nostri pedis digitos 8 ¼. adeovt iam possit quispiam mensuras Romanas palmis illis explicatas ad nostros pedes vel etiam sexpedas reducere: quandoquidem ex dictis sequitur palmum esse ad nostrum pedem vt 11. ad 16. hoc est vndecim pedes æquales esse 16. palmis.

Quibus præmissis, dico leucam nostram Gallicam 15000. pedibus, vel palmis 21818 ¼ constare : qualis est leuca inter turrim Regii carceris, quàm vulgò Bastiliam appellant, & turrim castelli Vicennensis, quæ prima ex latere nemoris occurrit : cùmque iugerum Parisiensis agri centum perticas quadratas habeat; perticam verò supponam 18. pedum, seu 3. sexpedarum, (vtvt in Codice Henrici, quem I I. puncto Præfationis in librum de mensuris laudaui, statuatur 22. pedum) sexpeda verò 6. pedes habeat, sequitur iugerum 900. sexpedas complecti, cum Iugeri quadrati latus sit 30. sexpedarum, & quælibet sexpeda quadrata 36. pedibus quadratis constet : quapropter iugerum 32400. pedes quadratos continet.

Hincque facilè colligitur quot iugera terræ superficies complectatur, quippe diameter illius est leucarum 2290, cùm illius ambitus sit 7200. leucarum, quæ per numerum præcedentem, hoc est per diametrû multiplicatæ tribuunt leucas 16454545 : pro integra superficie terreni Globi.

Leuca verò continet iugera quadrata 6944 ‡, quæ in prædictam terræ superficiem ducta tribuunt terræ superficiei 114545-454544 :. iugera. Vnde possis colligere quot homines terra nutrire possit, si ex octaua parte numeri præcedentis octo iugera pro quolibet homine sumantur; quippe non sis habiturus pauciores quàm 10539797979. Sed & alio modo terræ mensuram habes, si vitando fractiones, terræ diametro 2291. leucas tribuamus, quæ ductæ in ambitum, seu circumferentiam 7200. leucarum, dent leucas quadratas 1648700. terrenæ superficiei conuexæ; hic enim numerus per sextam diametri partem multiplicatus, hoc est per 381 ‡, tribuit 6298417200. leucas cubicas pro terræ solidirate: cúmque leuca quadrata 225000000. pedes quadratos habeat, terrena superficies, partim ex aqua & terra constans, pedes habet quadratos 371142000000000.

Denique 15000. pedum leuca cubica dat 3375000000000. pedes cubicos, atque adeo pedes cubicos 2125716500000000000000. terra complectitur; cúmque pes terræ cubicus 100. libras ad minimum contineat, si præcedenti numero duo zero subiunxeris, pondus totius terræ prodibit : vel si terræ dimidium aquæ tribuas, numerum librarum facilè reperies, cùm terræ figulinæ grauitas sit ad aquæ grauitatem vt 27. ad 16. vt expertus sum.

Si tellurem fingas esse marmoream, cùm expertus sim pedem marmoris cubicum siue nigrum, seu album, esse 139. librarum duntaxat, (non vt aiunt Marmorarii 200. librarum, qui similiter decipiuntur in eo quòd asserant album esse nigro grauius) totius etiam terræ pondus habiturus es. Si verò pedem illû cubicum in pulueremarenæ Stapulensi æqualem comminuas, exurget pulueris numerus 2985984000, cùm arenæ 1440. in directum positæ, seque tangentes pedis longitudini sint æquales : numerus igitur 2985984000. ductus in 2125716500000000000000. dabit arenæ numerum terreno globo æqualem.

Ne verò quis dubitet qualis sit hæc arena, nouerit pondus vnius grani æquiponderare parti 20400. vnius grani vnciæ, quandoquidem 40. arenæ grana 512. grani vncialis partem adæquant, vt 2. Prop. 1. de Ponderibus dictum est, cúmque pedibus Regiis, vel sexpedis Basilicam S. Petri Romæ mensurauerim, placet addere longitudinem

gitudinem illius interiorem esse 486. pedum, seu 81. sexpedarum: latitudinem 279. pedum, maximam Tholi latitudinem pedum 121 ¼ proximè. Sed templi Parisiensis B. Virginis longitudo interior est solummodo 346. pedum, latitudo 141. testudinis altitudo 108. cùm templi S. Petri Bellouacensis testudo sit 144. pedum.

Mensuras Basilicæ D. Virginis Carnutensis accepi: cuius longitudo 69. sexpedarum, latitudo 8. Testudinis altitudo 19. Cruciatæ, vulgò *Croisée*, longitudo 31 ¦ latitudo 7. à quibus mensuris parum distant aliæ maiores Basilicæ, quas vocant Ecclesias Cathedrales, qualis est Rhotomagensis Virgini dicata, & S. Audoeni, & Aurelianensis, aliæque plurimæ, in quibus nostrorum maiorum religio, atque deuotio hactenus spirare videtur.

Cùm Romanum iugerum vetus apud autores classicos sæpius venire soleat, addo hîc illius diuisiones, quæ intelligendis autoribus necessariæ: cùmque in 2. actus illum primò diuiderent, quorum vnusquisque 120. pedes quadratos, putà Romanos complecteretur, qui cum ita iungerentur, vt esset latitudo 120. pedum, & longitudo 240. primo numero in secundum ducto, surgebant 28800. pedes quadrati pro totali iugero. Quibus positis,

Pedes quadrati,

Semiscrupulus,	50
2. Scrupuli,	100
4. Siue sextula,	400
6. Siciliqua,	600
Semiuncia,	1200
Vncia,	2400
Sextans,	4800
Quadrans,	7200
Triens,	9600
Quincunx,	12000
Semis	14400
Septunx,	16800
Bes,	19200
Dodrans,	21600
Dextans,	24000
Deunx,	26400
As, vel Iugerum,	28800

Nostrum verò Iugerum eadem ratione diuidere potest quispiam,

L

quemadmodum libram noſtram antea diuiſam vides : quod &
pedi noſtro faciliùs etiam accommodare licet, cùm iam in 12. digitos diuidi ſoleat.

CAPVT III.

De Ponderibus & Menſuris.

1. *Vncia Romana & Veneta quantò Pariſienſi minor.* 2. *Libra Gallica more veteri Romano diuiſa.* 3. *Pondus grani papaueris & ſinapis.*
4. *Pondus pedis cubici aquæ, inuentu difficile.* 5. *Circulus Quadrato
comparatus.* 6. *Onus Baiuli quot grana tritici contineat.* 7. *Pondus medullæ ſambuci, auri, plumbi, & ceraſi.*

CVM ſim expertus noſtram vnciam 45. granis noſtris vncia-
libus vnciâ Romanâ quam mecum attuli, & etiamnum ſer-
uo, grauiorem eſſe ; vt & granis noſtris 18. Venetorum vnciam ſuperare, clarum eſt non omnes vncias æquales eſſe, quod Villal-
pandum fefellerat ; cùmque Romana totidem, ac noſtra, grana,
vt pote 576. contineat, facilè concluditur eandem inter hæc grana,
rationem eſſe, ac inter vncias.

Tametſi verò veteris libræ diuiſionis errata paginæ 8. l. de ponderibus, in emendationibus erratorum correcta fuerint, ne tamen
folium illud correctionum ad illorum manus peruenerint qui librum emerunt, hic eam diuiſionem repeto, vt quemadmodum
libra noſtra ponderalis in 16. vncias diuiditur, vel in grana 9216.
ita quoque veterum diuiſiones accipiat, hoc eſt in 12. partes diuidatur, quarum minima, ſeu duodecima dicitur vncia.

Quòd ſi quis Romanæ libræ 12. duntaxat vncias habentis diuiſiones noſtræ libræ diuiſionibus opponat, videbit quot granis
quælibet pars noſtræ ſuperatura ſit quaſlibet partes Romanæ.

Vetus libra, siue Assis diuisio, libra Parisiensi accommodata.

Vnciæ.				*Grana.*
Vncia, 10. drachmas, & ; continet, vel				768.
Sextans 2. vncias & ;			vel	1536.
Quadrans,	4			2304.
Triens,	5 ;			3072.
Quincunx,	6 ;	& 2. grana,		3430.
Semis,	8			4608.
Septunx,	9 ;			5376.
Bes,	10 ;	ferè		6144.
Dodrans,	12			6912.
Dextans,	13 ;			7680.
Deunx,	14 ;			8448.
As, seu libra,	16			9216.

Vulgaris vnciæ nostræ diuisio in 8.drachmas, aut 24. denarios cla-ra satis: cumque vncia granis 576. constet, quorum Hispanica pi-stola, Italis *doupia*, 126. Romana 124. & aliæ Italicæ contineant, quispiam facilè concludet quale sit granum vnciæ Parisiensis: quod si libeat vlterius diuidere, 40. Sinapis grana exæquat; vel papaue-ris grana rubra 350. iuxta obseruationem pag. 28. libri de ponderi-bus: granum verò Sinapis æquiponderat 512. arenæ granis, de qui-bus antea.

Quæ pauca sufficiunt ad omnia cuiuslibet Prouinciæ, seu Re-gni pondera intelligenda, præsertim vbi pedis aquei cubici pon-dus innotuerit, ad quod cætera corpora referantur: vix enim di-uersarum aquarum dulcium grauitas differt, vtcumque vna sen-tiatur stomacho fauentior, alia noxior, vnde falsum de illarum gra-uitate iudicium.

Aquæ verò pes cubicus 70. librarum à quibusdam existimatur: ab aliis 72. vt capiat 72. heminas Parisienses: hemina verò aquea, 24. digitos cubicos complectatur, sitque vnius libræ: vnde cubi-cas aquæ lineas 4; ad vnciæ granum æquandum necessarias esse sequitur, sunt enim in pollice cubico, 1728. lineæ cubicæ, quot sunt in pede pollices.

Quando pes aqueus supponitur esse librarum, 70;, digitus aquæ cubicus eſt 5. drachmarum & 16. granorum; vnicum verò granum digito additum, vel ei ablatum auget vel minuit pedem cubicum, 3. vncijs, ſeu granis 1728. Quapropter qui ſtatuit pedem librarum duntaxat 70½, oportet eum inueniſſe digitum cubicum, 376. granorum: quod cùm ſinguli vaſculo cubicum aquæ digitum continente poſſit experiri, non eſt quòd ea de re pluribus agatur. Addo tamen me pedem aquæ cubicum vix iam, 68 ½ librarum inuenire: quod ita probo. Tubus longitudine pedalis, cuius interior baſis digitalis, vix ponderat 6. vncias, cúmque cylindrus æquè altus, cuius baſis pedalis, eum 144. contineat, quippe cylindri æquè alti ſunt vt baſes; baſis verò, vel circulus, cuius diameter pedalis, 144. circulos, quorum vnaquæque diameter vnius eſt digiti, complectitur; vnde ſequitur tubum tam longitudine, quàm baſe pedalem, 54. libras pendere.

Notum eſt autem circulum ad quadratum circumſcriptum eſſe vt 11. ad 14. proximè, quapropter vt 11. ad 54. ita 14. ad 68 ½.

Cúmque 6. vnciæ paulo grauiores eſſe videantur illo cylindro aqueo longitudine pedali, craſſitudine verò digitali, abſque ſenſibili errore; pro ½ ſubſtituere poſſumus. Quo pondere ſuppoſito cuncta quæ de pedum cubicorum metallicorum, & aliarum rerum in noſtris libris dicta ſunt, minuenda, pro ipſius aquæ, cuius grauitati comparabuntur, imminutione.

Hinc fit vt ſi pede cubico, 72, heminæ Pariſienſes contineantur, Heminæ pondus non ſit exactè libræ vnius, ſed 28. vnciæ grana deſint: vel ſi fuerit vnius libræ, pes cubicus Heminas 68 ½ ſolummodo complectatur.

Nunc etiam cùm exactis bilancibus digitum marmoris albi cubicum examinauerim apparuit digitum cubicum aquæ Rongeianæ, in qua eum ponderaui, eſſe tantùm, 5. drachmarum & 19. granorum, vnde concludi poſſit pedem iſtius aquæ cubicum vix ſuperare, 71. libras, drachmam & quædam grana, neque multum aberrabit qui iam 70. librarum dixerit. Notandum etiam vina quædam etiam generoſiſſima, aquâ eſſe grauiora, vt conſtat experientiâ, licet vulgò ferè æquiponderent, aut paulo leuiora ſint: nunquam verò liquorẽ vllum reperi aquâ duplo leuiorem, vt vt ſæpius aqua vitæ, vel ſpiritus vini opere chymico volatilis effectus fuerit.

Porrò ſum expertus apud aurifabros Romanos noſtram vnciam ſolis, 43. granis noſtris Romanam ſuperaſſe; quam tamen ſuperat, 45. granis, vt dixi, cùm vnciam iſtam, quam mecum ex officina monetali Romana attuli, cum vncia noſtra comparo. Quòd

vnde contingat vix cogitare poſſum, niſi quibuſdam particulis im-
minuta fuerit vncia, licet in arculâ ſeruata, quòd plumbea ſit, & ita
duo grana ſui ponderis amiſerit, niſi potius exiſtimes auriſicis vnciam 2. quàm par ſit, granis fuiſſe leuiorem,

Nota verò rectè pedis aquei pondus inquiri beneficio pedis alterius materiæ, verbi gratiâ, marmoreæ, plumbeæ, &c. vel ope cubi
digitalis, cuius grauitas exactè cognoſcatur in aëre; hic enim cubus
digitalis in aquam demiſſus, & iuſtâ bilance probatus oſtendet
aquæ digitalis, vel cuiuſcumque alterius magnitudinis exactam
grauitatem: ſolâque ſupererit difficultas vt corpus ſiccum & non
fluidum, verbi gratiâ, plumbeum vel æneum, ſit perfectè cubicum,
aut aliquam figuram cognitam habeat, quæ poſſit ad cubum exactè reduci: quæ omnia cùm inexpertis facilia videantur, ab iis qui
ſummam agnoſcunt obſeruationum quibus nil deſit, difficultatem, ἀδύνατα meritò indicantur.

Neque debet quiſquam in obſeruationibus quærere ſummam
certitudinem, aut præciſionem, quæ ſenſibus minimè conuenit, ſed
intellectui, qui iuxta diuinas ideas veritatem inquirit, & inuentam
ardentiſſimè complectitur. Vt vt ſit, vnuſquiſque grauitatem pedis cubici quam repererit, ſequi poteſt, ſiue 72. librarum; ſiue 70.
ſiue 68. &c.

Quibus poſitis, facilè concludas quanta ſit aquæ grauitas, quæ
flumen, aut ipſum mare compleat, dummodo aquæ magnitudo
nota fuerit; ſed & quantum aquæ pondus ſub quibuſue pontibus
quorumcumque fluuiorum quotidie, vel qualibet horâ tranſeat, ſi
currentis aquæ velocitas, nota fuerit; eſt tamen ab errore cauendum, ne profundior aqua tardiùs quàm ſuperior moueatur: inſi-
gniter ſiquidem errabitur, niſi velocitatum illarum ratio habeatur.

Omitto plurima quæ facili negotio concludet qui nouit rerum
pondus: verbi gratiâ, cùm frumenti & hordei grana multa exæ-
quent vnciæ grana, baiuli doſſuarii triticum vel hordeum in horrea ferentis onus ſi cognitum fuerit, putà centum librarum, quot
grana deferet definietur; cùm enim libra conſtet, 9216. granis,
ſupponamuſque quodlibet tritici granum æquipondium cum vnciæ grano facere, centum librarum onus tritici, vel hordei, 921600.
grana continebit.

Scio quidem ea grana non eſſe ponderis eiuſdem, ſed concludere
nil vnquam poteris, niſi prius inæqualia reduxeris ad æqualitatem,
vt ad exemplar, & æquitatis, ac iuſtitiæ matrem, cuius origo vnitas.

L iij

Nota aurum ad medullam fambuci eiufdem magnitudinis, effe, vt 214 ¦ (& non vt 360. quod in Harmonia corrigendum) ad 1. & plumbum ad eandem medullam , vt 128 ¦ ad 1. Cerafum breui caudâ , æquiponderare 25. nucleis: illud autem cum fua cauda effe fefquidrachmæ 2. caudas æquiponderare 2. nucleis, & nucleum effe granorum 3 ¦ proximè.

CAPVT IV.

De aqua ex tubis & fiphonibus faliente, & de vacuo faciendo.

1. *Ratio eadem non femper in Phyficis rebus feruatur.* 2. *Quantum aquæ fluat ex dato lumine.* 3. *Velocitas aquæ fluentis, vel falientis.* 4. *Aquæ altitudo quanta, vt non fluat ampliùs.* 5. *Mercurij fluxus, & altitudo non fluens,* 6. *Materiæ fubtilis confirmatio.* 7. *Mercurius in altum profiliens.* 8. *Quo tempore fluat aqua ex tubo, aut vafe quolibet.* 9. *Quo tempore exhauriatur tubus altitudine, & crafsitudine pedalis.*

Q Vod Hydraulicorum paginâ, 46. dictum eft de libra aquæ fpatio minuti per lineare lumen exeunte, quandiu aquæ perpendiculum quatuor pedum fuerit, quodque deinceps concluditur, eò plus aquæ fluere quò fuerit aquæ perpendiculum altius, idque in ratione altitudinum fubduplicata, non exiftimo verum effe in infinitum, quandoquidem nihil in Phyficis rebus occurrere folet, in quo eadem ratio femper, tam in minimis quàm in maximis, obferuetur.

Quod vt in negotio præfenti intelligatur, tubus aliquis adeò longus, fiue altus concipi poteft, vt non fit aqua tantæ velocitatis capax, quantam ratio altitudinum fubduplicata defiderat, quis enim non cerfeat eam non poffe moueri, vel ex tubo exilire duplo, vel triplo celeriùs, quàm globum ex tormento bellico? cuius nequidem poteft affequi velocitatem.

Exempli gratiâ, cùm ex tubo quadrupedali femper pleno, fluat aqua ipfi tubo interiori, æqualis fpatio 20. fecundorum, quoties illius bafis digitalis eft, & lineare lumen; (quæ bafis fi foret pedum 376 ¦, feu 4320. digitorum, tubus aquam fibi æqualem fpatio vnius diei naturalis, 24. horarum tribueret, per 6. Prop. Hydraul.) cla-

rum eſt aquæ cylindrům craſſitudine linearem, ſpatio, 20. ſecundorum ſalientem 144, vicibus longiorem eſſe cylindro quadrupedali, vnde fluit, atque adeo 20. prædictis ſecundis, ſiue ; minuti,
576. pedes conficere, cùm cylindrus, 576. pedum, cuius baſis linearis, ſit æqualis cylindro quadrupedali, cuius baſis digitalis.

Vt igitur cylindrulus noſter aqueus globi tormentarij velocitatem aſſequatur, quem iuxta meas obſeruationes nunc ſuppono,
784. pedes tempore vnius ſecundi percurrere; cùm 28. continea-
tur, 28. in 784. conſtat rationem 28. ad 1 duplicatam, & tubo quadrupedali adhibitam, tubum daturam, ex quo, ſilex eadem velocitatum perpetuò ſeruaretur, tantâ pernicitate flueret cylindrus
linearis aqueus, quantâ volat globus tormentarius è tormento
exploſus,

Eſt autem rationis 784. ad 28. ſeu 28. ad 1. ratio duplicata 784.
ad 1. cúmque tubus ille ſit quadrupedalis, 4. in 784. ductus dabit
tubum quæſitum 3136. pedes altum, qui leucæ Gallicæ quadrantem ſuperabit.

Aqua verò vel ex tanta non flueret altitudine, vel ſi flueret, non
eâ velocitate, quâ globus prædictus mouetur. Quanquam minimè neceſſarium eſt de tanto tubo loqui, ſuperante omnium hominum induſtriam; quantumuis illam infinitis veluti paraſangis præ-
tergrediatur intellectus, qui non ſolùm duplicare poteſt rationem
tubi præcedentis quæſiti & inuenti, ſed millecuplare, & in infinitum producere, quemadmodum & aquæ celeritatem augere, ſed
quæ non ei poſſit naturaliter conuenire. Qui montem aliquem, aut
rupem habet, ex cuius altitudine poſſit tubus longitudinis, 625.
pedum demitti, non ſine magna voluptate, & inſigni phyſicæ pro-
motione velocitatem aquei cylindri ſalientis ex oſculo lineari, digitali, vel alio quóuis experietur : quod potiùs expetendum, quàm
expectandum.

Naturam in infinitum eandem proportionem non obſeruare
confirmatur experientiâ, quam primus nos docuit Clariſſimus
Torricellius; nempe tubum quadrupedalem, verbi gratiâ, mercurio plenum exhauriri vſque ad aliquam tubi partem, non autem omnino: quâ exhauſtione nullo aëre reparatâ, vacuum dari
probabiliter concludebat

Cùm autem experiri voluerim, noſtram obſeruationem adeò
clarè figuris ſequentibus explico, nullus vt ſit qui non eam probè
ſatis intelligat, vt eandem, cùm voluerit, repetat, ſi fortè alias à
noſtris concluſiones hinc eliciat.

Sit igitur tubus vitreus A B, tripedalis, aut cuiuſcumque maioris alterius altitudinis, nil enim refert: ſed neque referret ſi ſtan-
neus, aureus, ferreus, aut argenteus, imo & ligneus eſſet, niſi quòd
cùm vitrum ſit diaphanum, aſcenſus & deſcenſus liquorum in eo
facilè diſcernerentur, quod in aliis contingere nequit.

Vt tamen propiùs ad noſtras obſeruationes accedamus, ſit tubus
vitreus A B quadrupedalis, cuius fundus A ita tubum obturat,
vt ex ea parte nullus liquor poſſit egredi.

Os verò, ſeu lumen B recipiat mercurium donec totus tubus
impleatur.

Deinde tubus idem ita inuertatur, vt os B, priùs digito vel pollice obturatum,
immergatur in
vaſ H G I,
priùs mercu-
rio repletum
vſque ad ſu-
perficiem, vel
lineam E F, ſub
quam extre-
mum tubi a-
pertum quan-
tò magis de-
primetur, di-
gito poſtea ex
lumine D abla-
to, tantò mi-
nor erit ſuſpi-
cio ne quæ par-
ticula aëris in
tubum D C ingrediatur, quæ reſideat in ſpatio K C.

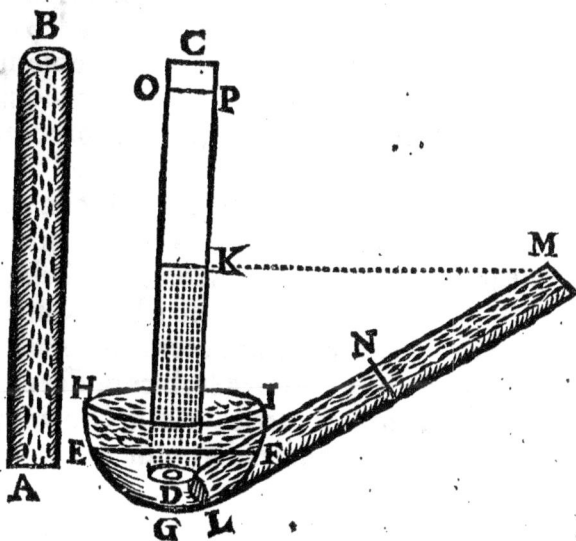

Quanquam nullum eſt ex ea parte periculum, quandoquidem
aëris particulas, inter mercurium & tubi latera cónſcendentes,
quæ, verbi gratià, ſpatium tubi C O P occuparent, nihil turba-
rent in obſeruatione, vt poſtmodum explicabitur.

Tubus igitur mercurio plenus A B, in tubum C D mutatus,
ſiue vaſis fundum G, tangat, ſiue non tangat, ſed tantùm ſub mercurii ſuperficiem E F deprimatur, depletur à C vſque ad K, cuiuſcumque intelligatur altitudinis C K, dummodo pars tubi, quæ cernitur à K vſque ad ſuperficiem mercurii F E, ſit ad minimum pedum

dum 2 ; dixi *ad minimum*, quòd præter pedes 2;, supersit etiamnum ; digiti.

Quæ mensura naturæ, vt ita loquar, terminus esse videtur, cùm
idem semper contingat, siue tubi reliquum à K ad C sit 2. pedum,
siue 15. aut etiam plurium: adeovt vacuum à K ad C, non sit factu,
quàm si K C centuplò maius esset, facilius.

Quod autem pars tubi K C sit aëre vacua, statim atque descendit mercurius, qui tubum A B, seu C D implebat, ex multis constat; primò quòd lumen D ita sit immersum sub lineám mercurialem E F, vt nulla particula aëris in illud possit ingredi: præsertim
cùm liceat integro pede extremum tubi D immergere. Secundò,
si mansisset aër in tubo C K, ex poris mercurij eductus; vel aliqua
particula, versus C fundum, æqualis tubo aëris moles non ingrede-
retur in illum, qui cogeret reliquum mercurium D K ad remean-
dum in partem vacuam K C, vt contingit: adeo vt si quæ particula, dum inuertitur tubus, partem O C P subierit, mercurius re-
grediens non vsque ad fundum C, sed tantùm vsque ad O P lineam,
vel superficiem aëris progrediatur, ne duo corpora simul in eodem
loco reperiantur.

Tertiò, si tubus C D ita fiat obliquus, & inclinatus, vt extremum
C sit eiusdem altitudinis horizontalis cum Puncto K, provt in tubo
L M cernitur, cùm M K sit horizonti parallela, tunc mercurius
vasis E G F, implet tubum L M, hoc est, tantundem in eum im-
mittit mercurii, quantum erat necesse ad implendam tubi partem K C, seu N M. Quò igitur aër abire posset ex N in M perfectè clausum, si vel modica particula in K C mansisset? præsertim
cùm mercurius non possit ascendere vsque ad M, si quæ priùs aëris
pars introducta fuerit.

Quartò, statim atque D lumen ex mercurio trahitur, & accedit
ad aëris, aut aquæ superficiem inferiorem E F: (nil enim refert siue
aër in H E F I, siue aqua intelligatur;) illico conscendit mercurius vsque ad fundum C, quod sæpenumero frangit, vt obseruatum in tubo 15. pedes alto, cuius fundum non solum confregit, sed
etiam vlteriùs per 5. vel 6. pedes ascendit.

Quintò, si fortè, dum inuertitur tubus A B, ob pollicem, vel digitum, qui non satis firmiter, & perfectè lumen D, claudat, aliquid aëris versus fundum C ascendat, tubus D C inclinatur vt
mercurio vase concluso repleatur, mercurio nequit impleri; cùmque ex inclinato fit iterum perpendicularis, manet aër in eodem
loco prope C, neque sequitur mercurium descendentem ad suam

M

altitudinem perpendicularem pedum 2 ¼, quam nullatenus mi-
nueret aër, qui reliquum tubum vacuum impleret: dummodo nulla deinceps aëris afcendat particula ; & qui iam ingreffus eft nullâ
ratione condenfetur , vel præter extenfionem naturalem non
comprimatur, aut rarefiat.

Vbi notatu dignum aëris particulas tam mercurio, quàm aquæ
mixtas , hoc eft, inter partes aquæ, vel mercurii interiectas, non ita
premi, vt ex vtraque parte concauæ fiant, fed in globulos conuerti, fphærularumque, vel cylindrulorum figuram induere, adeovt
concauitates fe teneant ex parte mercurii, aquæ, vel alterius liquoris; cuius figuræ ratio non adeo facilis, quis enim dicat aërem
effe quouis alio
liquore fortio-
rem ? quis ta-
mé neget cor-
pus illud effe
robuftius quod
alia premit, &
illorum figurâ
mutat , dum
fuam retinet?
Qui tamen
ferió voluerit
experiri, com-
modior erit a-
qua mercurio
fupernatans H
E F I, quòd fit
vifibilis, atque
adeo poffit dif-

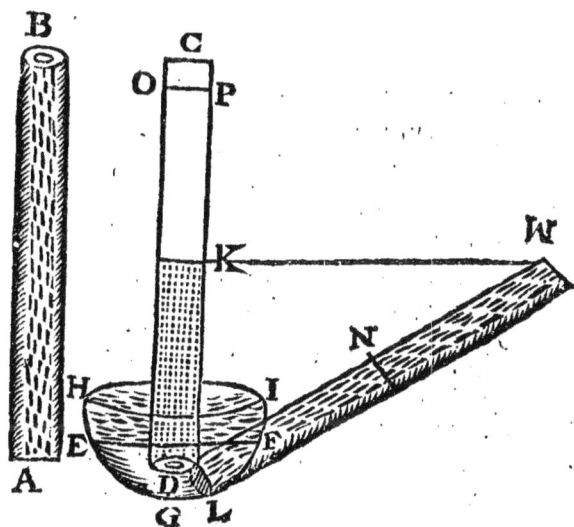

cerni quâ viâ pergat, quóue modo mercùrium furfum impellat,
pofteáque deprimat: nifi tamen malis ambos illos motus mercurio tribuere. Adde quòd aqua rubro colore tincta naturæ myfte-
rium meliùs detectura fit.

Noui quidem eos, qui nolunt admittere vacuum, fiue ob autho-
ritatem Ariftotelis, fiue ob quafdam peculiares rationes quibus
fulciuntur, nullum non moturos lapidem, vt obferuationi ftruant
infidias, fed cùm neque fubtiliores partes aëris, quem cum æthere
confundunt, neque materiam vllam fubtilem reiicere velim, quæ
per vitri póros in tubum ingrediatur, aut quæ fugatur à mercurio

defcendente,hoc tamen dicam, nos in eo tubo nullum aërem admittere poffe, reliqua verò corpora videri folùm ad coniecturas
pertinere. Adde quòd illa materia fubtilis, cùm per omnia corpora facilè permeare dicatur, poffet æquè in tubum per ipfum vas
mercurio plenum ingredi, videlicet per lumen D, quam per extremum C, aut quoflibet poros mercurii tubo D B, concluſi, ſi enim
illa materia ſtatuatur ad vitandum vacuum, petitur principium,
Priùs enim demonſtrandum eſſet repugnare vacuum. Adde quòd
nulla compreſſio aëris aut alteriùs corporis deberet fieri maiori
violentiâ, quàm illa vi mercurii pedum 2 ;, cùm tamen plurimæ
aëris compreſſiones vi minore fieri videantur: quanquam & his
oppoſitis reſponderi poſſe vix dubito. Licet autem vacuum nihil
exiſtiment aliqui, malunt tamen alii vacuum ſub extenſionis ma-
thematicæ idea concipere, in qua nullum ſit corpus, eſſe tamen
poſſit.

Vtvt ſit, ipſius naturæ, ſeu potiùs effectuum diuinæ potentiæ
Phænomena nunc aperio: ex quibus multa concludas, iuxta phi-
loſophiæ principia quæ tibi perſuaſeris, verbi gratiâ, ſi credas
vniuſcuiuſque corporis poros follibus ſimiles, qui embolulorum
inſtar trahant vel pellant quidquid poſſunt attrahere, vel repellere,
dices mercurium porulis ſuis ſubtilem aliquam materiam ab externo aëre tubum circumſtante ſecernere, atque vi totius ſuæ grauitatis attrahere, cùm ipſe mercurii cylindrus non poſſit pedibus
2 ; longior, ſeu altior eſſe, quin ſeipſum frangat.

Vide quæ Prop. 18. Mechanicorū, paginâ 64. de vi cylindrorum
quercinorum, ferreorum &c. dicta ſunt, qui ſeipſis franguntur, vbi
ad certam altitudinem peruenerint: quanquam vereor ne ibi ſum-
pſerim quercini cylindri 100. libris frangendi craſſitudinem linearem pro ſemilineari, quandoquidem, ſi memini, locus per quem
frangebatur, erat lineæ dimidiæ: quo poſito, ponderis quadruplum neceſſarium erit, vt lineam craſſus frangatur. Idem de cylindris ex ebeno, aliiſque lignis Indicis exiſtimo.

Sed eſt exemplum illuſtrius argentei cylindri, qui 600. pedes
longus ſeipſo frangeretur, quippe octo æquiponderaret vnciis, à
quibus frangitur, poſtquam vnciarum octo pondere ſuper Mono-
chordo ſeſquipedali tenſus, tempore ſecundi minuti centum vibrationes perfecit: ex quibus facilè de illius tono iudices.

Itaque cylindrus mercurialis non poteſt maiorem pati reſiſtentiam, quin frangatur, præter eam quæ promanat ex illius 2 ; pedum altitudine quæ ſola hîc ſpectanda; cùm enim pondus illius

varietur pro cylindricæ craffitudinis varietate, idemque fit futurum, fiue fuerit bafis cylindri pedalis, aut craffitudinis vnius capilli
tenuiffimi, pondus negligi poteft. Si verò modus hic inducendi
vacui Galilæo notus fuiffet, vacui vim, de qua tot verba pag. 5. dia-
log. fudit, paucis explicare potuiffet.

Porrò foret operæ pretium aliquam mufcam admodum vege-
tam & robuftam, verbi gratiâ, crabronem, aut vefpam in tubo B A
includere, priufquàm mercurio impleretur, vt poft depletionem, in
K C videretur num in eo vacuo, aut, fi maius, æthere, viueret, am-
bularet, volaret, &c.

Quanquam necdum concludere velim non effe K C vacuum,
etiamfi non
continuò ex-
piret, fed am-
bulet, imo vo-
let ; quando-
quidem aër in
illius corpore
inclufus po-
teft expirari,
& infpirari ;
fortéque viri-
bus fuis ali-
quantifper vo-
lare poterit,
abfque fulcro
aëris, quemad-
modum pila
in fundum C
impulfa refili-
re poffet, fieretque motus in vacuo.

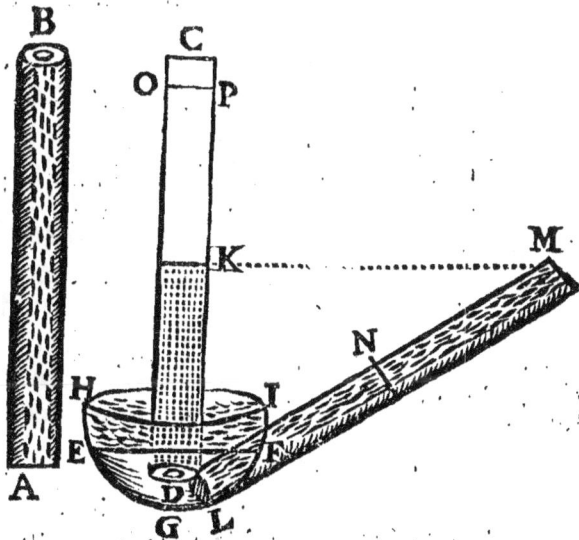

Difficiliùs forfan explicabitur num bombus à volante producetur, qui poffit à nobis audiri, cùm fonus aliud nihil effe videatur
præter reciprocum aëris motum; qui cùm abfit in vacuo, quâ ratione in illo vel fieri, vel audiri poterit? nifi tamen aërem ex ore crabronis expulfum, qui tubi latera percutiat, ad id fufficere putemus.
Adde quòd fi quæ fuerit introdu&ta fubtilis materia, fortè fufficiat ad crabronem fuftinendum, & fonum efficiendum.

De lumine nullum dubium, quin vacuum O P tranfuerberet:
quod fi fieri non poffet, nifi propagatione accidétium Peripateticâ,

beneficio interpofiti aëris, qui nullus eft in O P tubo, nodus videretur abfque folutione : quem facilè diffoluunt, fi non fecant, qui
lumen contendunt effe motum alicuius materiæ fubtilis, quæ omnia corpora permeet;

Prædictis autem obferuationibus fauebit lagena quadrata extremo tubo A, annexa, & agglutinata, cuiufcumque magnitudinis;
licet enim æqualis fit cubiculo, ftatim atque mercurio depleta fuerit lagena in extremo tubo C collocata, perinde vacuabitur, ac reliquus tubus C K, mercurio, vfque ad K defcendente, nequein eam
aër ingredietur; tuncque inclufa quæpiam animalia cernentur in
aliqua parte lagenæ, vel tubi, verbi gratiâ, fuper mercurii fuperficie
K, mortuáne, an viua, docebit obferuatio : fi viua, etiamfi torpen-
tia, benigno manus, folis, aut ignis calore poterunt ad ambulan-
dum, aut volandum prouocari.

Poterit etiam in eadem lagena, vel etiam in tubo C O P, aliquid
includi quod comedant, vt tandem medici nouerint quænam vitæ
functiones abfque communi aëre fieri poffint. Cogitent num homo
in lagena quadratâ, cuius latus fexpedale, conclufus, poffit vno minuto fuftinere mercurium, qui ad lagenam eo replendam neceffa-
rius fuerit; eâ quippe depletâ, pedibus mercurio K infiftet: imo nullâ lagenâ fuerit opus, fi tubi C D craffitudo fatis ampla fuerit, verbi
gratiâ, fi diameter bafis, bipedalis, & altitudo fuerit octupedalis; neque periculum fuffocationis incurret, quandoquidem Obferuato-
res illico tubum fracturi fint, vbi quid paffus fuerit, vel ipfe malleo
armatus fuum carcerem effringet: fatius tamen fuerit felem, aut
aliud animal viuaciffimum includere, cuius voce, & aliis motibus
difcat quid in loco aëre noftrate vacuo fieri poffit.

Cantharum ftridulum, hirundinem, aut aliam auem facilè poffis
includere, quippe videntur robuftiores, quàm vt minuto temporis
fuffocentur à mercurio, quo tubus celerrimè depleri poterit, vt in
C K cernitur. Omitto cætera quæ mediteris, vt iam aliud confideremus notatu digniffimum : nempe idem aquæ, aut cuiuis alteri liquido, quod mercurio, contingere, quoties cylindrus liquidus tantæ fuerit altitudinis vt cylindro prædicto mercuriali æquiponderet,
vt à Clariffimo viro D. Pafchal obferuatum, vbi femper cylindrus
eiufdem craffitudinis fupponi debet, tam in illis liquoribus, quàm
in mercurio; hoc eft, vbi femel elegeris cylindri bafim, feu craffitu-
dinem mercurium includentis, cylindrus aquam, aut alios liquo-
res concludens, debet æqualis effe craffitudinis.

Cùm igitur mercurius eiufdem cum aqua molis fit eâ 13. & ferè;

grauior ; vt certâ obſeruatione comprobaui, quippe eſt ad a-
quam exactè, vt 13 $\frac{119}{117}$ ad 1. parumque abſit hæc ratio ab ea
quæ eſt 14. ad 1. hac vtemur, ad vitandas fractiones ; vnde ſequetur aquei cylindri altitudinem pedum 31 ! æquiponderare
cylindro mercuriali pedum 2 ! : ſed cùm, ex obſeruatione, cylindrus mercurialis incipiens à ſuperna mercurii ſuperficie FE,
& deſinens

in Puncto
K, pedes 2 !
ſuperet ter-
tiâ circiter
parte digiti,
ſeu 4. lineis,
ſi quatuor
decies ſu-
mas 4 li-
neas, exur-
gent digi-
ti 4 ! , qui-
bus ſi digi-
tum 1 ! iun-
xeris , 6. di-
giti , pedi-
bus 1. 31 !
additi tri-

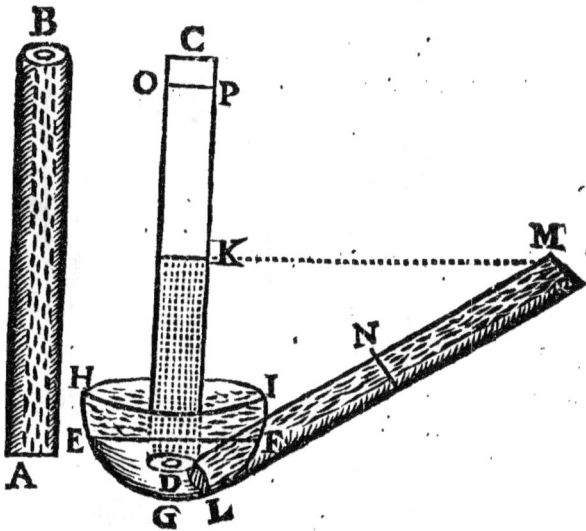

buent 31. pedes pro cylindro aqueo, qui non deplebitur, quoties inuertetur, ſed perinde plenus erit inuerſo lumine B, & in
aquam vaſis E F G immerſo, ac plenus manet B A inuerſus, & in
CD conuerſus, quoties tubus B A non ſuperat altitudinem pedum
2 ! & 4. circiter linearum. Sit ergo deinceps altitudo cylindri aquei
maxima 31. pedum.

   Aqua verò maris cum ! ſit fluuiali, vel fontanâ grauior, cylindrus illius eadem proportione minùs altus erit: è contrario, ſi liquor aquâ cómuni fuerit leuior; cúmque ſiphonis, ac tubi prædicti
eadem ratio videatur, emendandum eſt quód 34. & 35. Pneumaticæ
propoſit. vel aliis locis dictum eſt de tranſlatione aquæ ex vno
montis latere in aliud.

Enimvero quoties tubus curuus, vel Siphon in figura prop.
35. L A B C N tantus erit, vt crus L A B, vel B C G superabit
32. pedes, non ampliùs fluet, sed aqua, quam intra semicircula-
rem Siphonem A B C cogeris, descendet in fontem L, & in vas

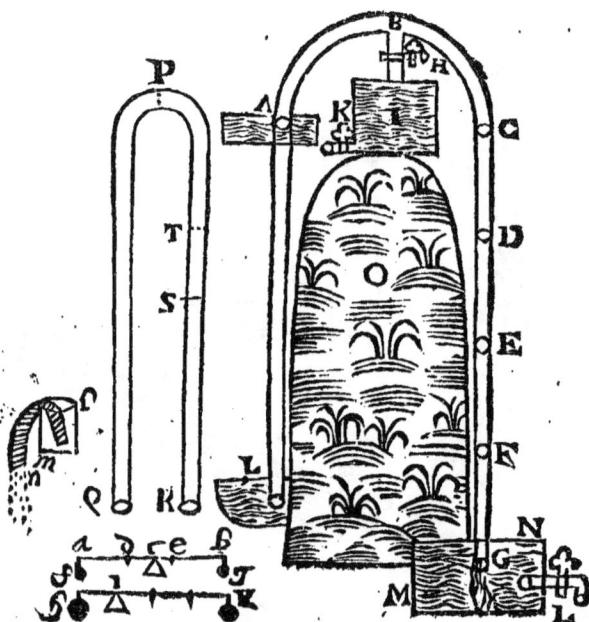

M G, Sit ergo crus L A, 32. pedum, Naturæ terminus : quod
similiter de Siphone Q P R dictum esto, quem inuersum si per
oscula Q & R aquâ repl=eris, & reuersi, seu denuo conuersi
crura Q R in aquam immerseris, labetur aqua ex P per crus
vtrumque, donec ad T vel S descenderit, vbi subsistet, si R S, vel
R T sit 32. pedum.

Idem etiam cenfendum de Siphone figuræ 36.prop. N,K M,qui
nihil aquæ trahet, fi altitudo cruris M L,32. pedes fuperet: fit enim
verbi gratiâ M 5, pedum 32. aquam ex vafe E B C non trahet:& vbi
inuerfus Siphon ofculo M aquâ repletus fuerit, ftatim atque re-
pofitus fuerit eo, quem vides,modo, labetur aqua ex K vfque ad 5.
nifi tamen in vas prædictum reuertatur: plenumque manebit crus

5 M , donec aër
per M ingreffus
cogat aquam ad
afcendendum vf-
que ad L, vel K,
vel ipfius vafis a-
quam B C, vnde
reuertatur ite-
rum per crus L
M, & tandem ex-
eat ex M,cùm aër
crus K L M re-
pleuerit. Cuius
rei obferuationé,
fi quibus fuerit
commoda, maxi-
mi faciendam ar-
bitror.

Licet verò tu-
bus35. pedum vi-
treus vix fieri pof-
fit, quem abfque
fractione perpen-
diculariter ele-
ues, tubulum ta-
men vitreum tu-
bo ferri ductilis,

vulgò *fer blanc*, vel plumbi poteris agglutinare, vt aquæ varios
motus difcernas: poteft quoque tubus fieri ligneus ; nil refert,
dummodo vitrea fiftula fuperiori parti annexa liquidorum motus,
& occurfus aperiat.

Cùm autem fchema Filtrorum mihi renocet in memoriam,num
forté naturam fiphonis imitentur, atque adeo non poffit filtrum
XZ, fugere aquam vafis, Q R T S, cùm Z X fuerit 32. pedibus
altius;

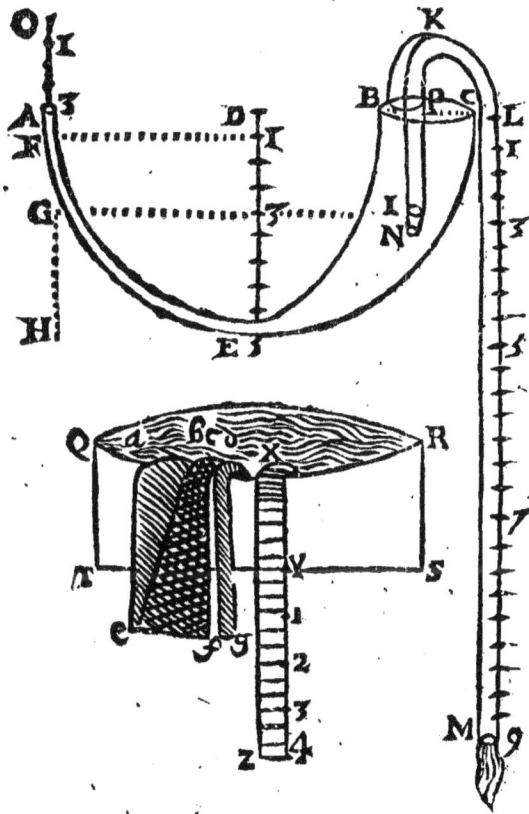

altius; cuius quidem filtri obseruatio me docuit aquam ab eo sugi,
licet 35. pedes altiore: sed cùm illud totum madidum effecerim,
tantúmque initio, fortè per horæ quadrantem, stillauerit, postea-
que cessauerit, vix scio quid de rei veritate concludendum; fortè
siquidem illo horæ quadrante sola aqua stillabat, quam, dum fieret
madidum, ebiberat; nec vllam guttam è vase superiore trahebat,
vel si traxerit aquam ex vase prædicto; ventus, & aër laciniam pan-
ni 35. pedes alti exsiccarunt.

Sed quâ ratione fieri potest obseruatio, cùm illa tanta laciniæ
altitudo non solùm æstate, sed etiam hyeme facilè exsiccetur: ex-
siccatio verò tollat aquæ continuitatem. Sed & aliæ obseruationes ostendunt nequidem à 20. pedum altitudine sugi aquam à la-
ciniâ, etiamsi ex omni parte aquam imbuerit, quod an ab inductâ
postmodum siccitate fiat, viderint Obseruatores, quibus si non
æstas, forsan hyems fauerit.

Adde longitudinem, siue altitudinem filtrorum in ratione duplicata quantitatum aquæ, non posse veram esse nisi in altitudinibus modicis, cùm in aliis maioribus nequidę filtra sugant aquam.
Desinat igitur ingenium humanum à fingendis in infinitum rationibus perpetuis, discatque non vlteriùs rerum prouehi Physicas
proportiones, quàm quousque rerum omnium arbiter voluerit, qui
singulis rebus peculiare statuit *non plus vltra*.

Vt autem ad tubos rectos mercurio, vel aliis plenos liquidis redeamus; hæc eadem obseruatio liquoribus ponderandis seruire potest, cùm sit eadem ratio futura inter illorum grauitates, ac inter
altitudines: verbi gratiâ, si tubus vtcumque altus liquorem 45.
pedum retinet, liquoris istius grauitas vigesies à mercurio supera-
bitur; qualis fortè possit esse Spiritus vini defæcatissimus. Mitto
cætera quæ possunt ex illis obseruationibus erui; verbi gratiâ,
quantus sit aëris cylindrus, qui cylindro mercuriali æquiponderet;
qua de re ad calcem sexti capitis dicturi sumus.

Cæterùm, vt hoc caput cùm aquæ fluxu desinat, à quo cœpit,
cùm experientiâ constet tubum altitudine pedalem, crassitudine
digitalem, sex vncias aquæ dulcis, seu fontanæ Rongeiensis conti-
nentem, omninò depleri saltem dimidio minuto, seu 30. secundis,
imo sæpius, feréque semper 26. secundis, atque adeo sordes quasdam interponi, quoties 30. secunda consumit, idque per lumen,
siue osculum lineare; (quas quidem vncias tempore 13. secundorum eiicit, cùm semper plenus est) facilè concluditur quo tempore
quilibet alius tubus, siue maior, siue minor, depleri debeat.

N

Exempli gratiâ, cùm fit ratio craſſitudinis pedalis ad digitalem, vt 144. ad 1. quandoquidem circulus cuius diameter pedalis, continet 144. vicibus circulum, cuius diameter digitalis, ſequitur tubum craſſitudine pedalem, per lineare lumen exhauſtum iri tempore vnius horæ, 2. minutorum,& 24. ſecundorum.

Quod ſi velis tubum quadratum pedalis altitudinis, fiat vt 11. ad 14. ita 1. ad aliud. Si verò lumen fuerit digitale, eodem tempore tubus vndequáque pedalis, quo pedalis altitudine, ſed craſſitudine digitalis, per lineare lumen exhaurietur.

CAPVT V.

De Salientibus aquis.

1. *Cur datâ velocitate ſaliat aqua ex tubo, vel fonte.* 2. *Vis æqualis altitudinis.* 3. *Aqua ſaliens parabolica.* 4. *Longitudo iaſtus aquæ.* 5. *Proprietates parabolæ ſalientibus aquis adhibitæ.* 6. *Velocitates Salientium.* 7. *Quâ velocitate mercurius ex tubo pleno ſaliat, & ipſe tubus eo vacuetur.* 8. *Quis dicendus in phyſica doſtior.* 9. *Quot experimenta in tubo aere vacuo facienda.*

CVM à Prop. 15. Hydraulicorum fuſè de ſalientibus aquis egiſſem, in eandem cogitationem incidiſſe Geometram egregium Torricellium ex illius libro deprehendi, quem mihi Florentiæ dedit, Romam pergenti. Quæ omnia vt clariùs intelligantur, repeto figuram prædictæ propoſitionis, in qua tubus B A plenus aquâ, cuius tanta vis, vt pars aquæ in fundo A, eadem velocitate parata ſit egredi per lumen fundo B, vel tubulo H inditum, quam graue cadens ex B in A comparauit in A, quapropter in 2. tubis Q T, V S, ſi Epiſtomium X aperiatur, aqua ex tubo Q R aſcendit vſque ad S tubi V S, eodem modo quo globus eburneus ex R in T cadens, & in T reflexus iterum vſque ad R aſcenderet: quod & tubo S V contingit, quippe non poteſt vſque ad S impleri, quin eodem tempore Q T repleatur: quod mirabile non vni viſum, qui fieri poſſit, vt cylindrulus aqueus S V æquiponderet, vel reſiſtat tanto cylindro Q T, idque fiat propter ſolam altitudinum æqualitatem,

Porrò cùm aqua ſeipſam in inuerſis ſiphonibus ad æqualem altitudinem eleuet; niſi reſiſteret aër, & aqua præuia ſequentem
impediret, iactus aquæ, vel aqua ſaliens ex fundo tubi B A, nempe

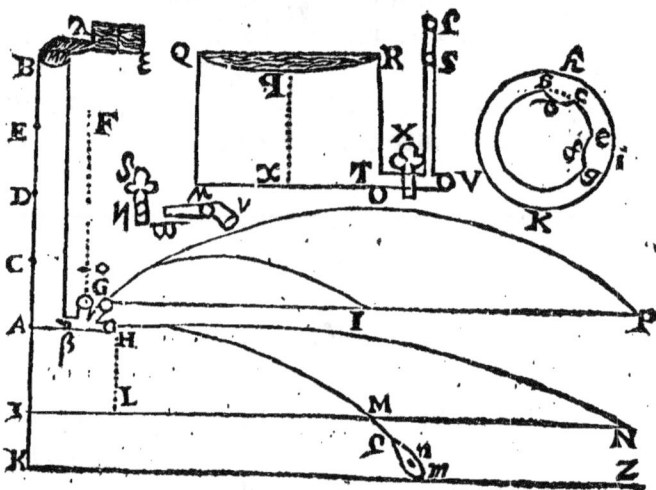

G F, vſque ad B E pertingeret, cùm graue per deſcenſum ex B in
A, vim illam acquiſierit, quâ rurſus ad eandem altitudinem B, demptis omnibus impedimentis, perueniat.

Quòd autem lineæ ſalientium parabolicæ ſint, aut ad parabolam
proximè accedant, in mediocribus ſuper horizontem tuborum
eleuationibus, conſtat ex obſeruatione, quam attuli prop. 21. vbi
linea, quam ſaliens ex tubo pedali 52. digitos ſuper horizontem
erecto facit, eſt parabola.

Quales autem ſint lineæ ſalientium ex maiori altitudine, prop.
22. dictum eſt, & figuris explicatum; iamque de nouo mihi fons occurrit cuius ſaliens craſſitudine 10. linearum ex altitudine 12. ſexpedarum deſcendens, ad 6. ſexpedas vel altiùs aſcendit: quam tamen
ſalientem accuratiùs diſcutiam: ſed quales eſſe debeant, abſque impedimento, deſcribit egregius Torricellius, qui docet quantus eſſe
debeat iactus aquæ ſalientis ex lumine, cuicumque tubi parti, hoc
eſt cuicumque altitudini applicato; cuius methodum, quia facilis,
hîc affero.

N ij

Sit igitur A B tubus semper plenus cum tribus luminibus æqualibus E, D, C, sitque B G horizon, tribus salientibus occurrens; inueniuntur salientium longitudines, descripto semicirculo circa
diametrum A B, quandoquidem
salientes ex 3. luminibus E, D, C,
erunt duplæ linearum E I, D H
& C F : itaut lumen in D tubi
medio factum, maiorem salien-
tem B K, & quæ alia fuerint lumina æqualiter à D distantia salientes æquales tribuant E G, &
C G.

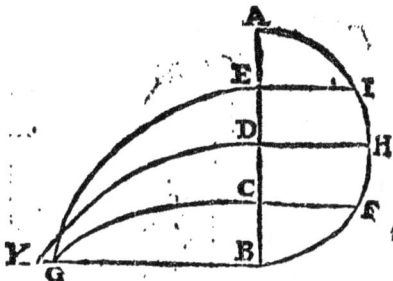

Docet quoque salientium ve-
locitates esse vt lineas in parabola applicatas, ad suam vniuscuiusque sublimitatem : vel aquæ quantitates esse in subdupla ratione
suarum altitudinum, vbi lumina fuerint æqualia; quæ cùm inæqualia fuerint, habere rationem ex velocitatum & luminum ratione compositam, &c. quæ omnia fusè satis in nostris hydraulicis
explicauimus. Demum aquæ velocitatem; ex tubo non semper
pleno, sed qui sensim depleatur, eâ ratione decrescere, quâ decres-
cunt lineæ ordinatim applicatæ in parabola verticem habente in
fundo tubi, & tubum ipsum pro suo axe; quæ penitus coincidunt
cum iis quæ 9. prop. hydr. dicta sunt.

MONITVM,

Notet elector ob figuram sequentem inuersam, inuertendas etiam fuisse
litteras quibus explicatur, vt omnia sibi correspondeant.

Quod etiam in illa figurâ pag .20. toties repetitâ cernitur, in qua
8. lineæ hinc inde (vel in parabola , prop. 18.) applicatæ signi-
ficant falientium , vel supremæ superficiei aquæ decrescentis velocitates; intelligatur enim inuersa parabola ꝛ Ⅴ B, sitque tubus
Ꝺ Ⅴ, cuius vertex Ꝺ, pes verò Ⅴ; si primæ superficiei aqueæ ꝛ B,

qualis est
initio de-
crementi;
vel potiùs
falientis ex
A lumine
velocitas
sit ꝺꝛ,vel
Ꝺ B, cùm
aquæ li-
bella des-
cenderit.
vsque ad
s, ɪ, velo-
citas saliē-
tis erit ɪ,s,
vel ɪ,ɪ, cú-

que descenderit aqua decrescens vsque ad ɿ ꝛ ordinatarum minimam & vltimam, salientis velocitas erit vt ɿ, ꝛ, & ita de cæteris,
adeovt ordinatæ,ex quóuis puncto parabolæ ꝛ Ⅴ, vel Ⅴ,ad axem
Ꝺ Ⅴ, vel ex quolibet puncto axis Ꝺ Ⅴ, ad parabolam Ⅴ ꝛ ductæ,
velocitatem , & impetú salientium, vel supremam superficiem hu-
moris vtcumque latentis ostendant; istæ siquidem velocitates semper eadem ratione sibi respondent; itavt quò luminis superficies
minor erit libellâ superficiei aquæ tubo contentâ, hoc est ipsius
tubi base, eò sit futura maior illius velocitas, cúm velocitates sint
vt sectiones.

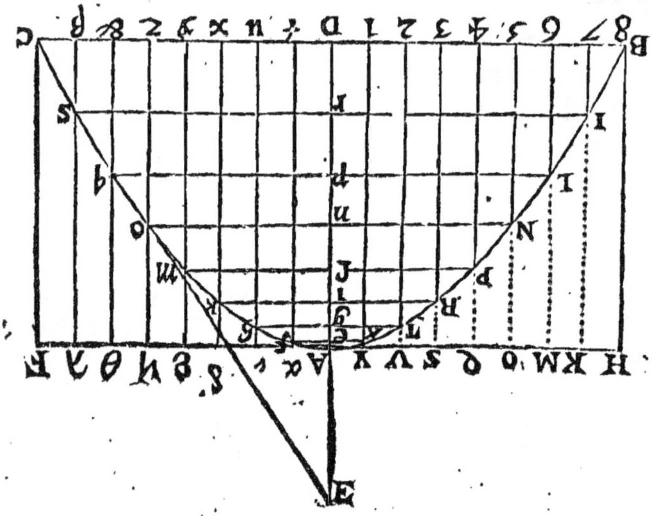

Quæ omnia poſſunt ex ipſo tubo intelligi, quem depinximus hydraulicorum initio, ſit enim H lumen lineare, pars duodecima baſeos tubi A B, cuius baſis digitalis; aqua ex H erumpens duodecuplo velocius mouebitur, quàm aquæ ſuperficies B decreſcens, quòd illa ſuperficies lumen H duodecies contineat. Quod & tubo *p o* prop. 9. ſiue 11. poteſt accommodari.

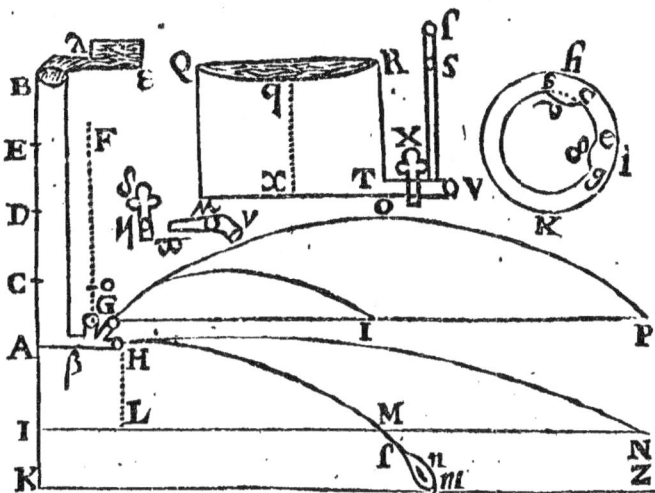

Porrò ferè omnia quæ dicta ſunt in Balliſticis, & alibi de motu proiectorum, ſalientibus tribui poſſunt, demptis impedimentis, quæ fluido, & humido quàm ſicco, magè nocent; quantò verò magis noceant ex noſtris obſeruationibus coniici poteſt, vel ex aliis deinceps: quæ ſi fiant mercurio, aquæ vice, adhibito, vt ex luminibus ſaliat, noua quædam notabuntur, verbi gratiâ, num illius verticalis, aut etiam horizontalis ſaliens, aquâ ſaliente maior ſit, cùm aër mercurio, quàm áque, minùs reſiſtat.

Ne verò quis exiſtimet nimium mercurii pondus ad has obſeruationes requiri, ſciat 6. libras ſufficere, quæ tubum altitudine pedalem, cuius baſis digitalis, replebunt: quippe ſex ad ſummum vncias aquæ tubus ille continet; neque mercurius aquâ grauior, quàm 14. ad ſummum, adeòvt, ſi exactè forent 6. aquæ vnciæ, 5. libris mercurii, 4. tantùm vnciæ ſuperaddendæ ſint: ſed neque 14. vicibus aquam ſuperat, vt cap. præcedenti viſum eſt.

Nolim hîc commemorare diſcrimen grauitatis diuerſarum aquarum, verbi gratiâ roris, fluminum, pluuiæ, fontium, & puteorum, cùm nequidem aquæ marinæ diſcrimen ſit valde magnum, quandoquidem vix excedit illius grauitas aquæ fontium noſtrorum grauitatem, parte quadrageſimâ quintâ, adeòvt ſi pes aquæ fontanæ

cubicus sit librarum 68 ⅛, pedis aquæ marinæ pondus existat librarum 69 ⅜ proximè; si verò pes aquæ dulcis fuerit 70. qui fortè
numerus magis accedit ad rei veritatem, pes marinæ erit 71 ⅜.

Qui plura volet, repetat sextum punctum Præfationis Generalis in Hydraulica; tantùm addo me tubo pedem alto, cuius basis
digitalis, qui plenus aquâ paulatim vacuatur tempore 26. aut ad
summum 30. secundorum, vel semiminuto, explorasse num mercurius aquæ grauitatem 13 ⅓ & paulò ampliùs superans., implensque
eundem tubum, ex eo breuiori tempore saliturus esset; quod cùm
nullus certò prædicere potuerit, his opinantibus fortè eo breuiori
tempore saliturum, quò sit aquâ grauior, illis verò tantummodo
in ratione subduplicata prædictarum grauitatum; aliis tardiùs, ob
eius crassitudinem, & viscositatem, tandem apparuit paulò tardiùs aquâ exire, videlicet tempore 33. secundorum.

Vbi monitos velim egregios Philosophos, ei palmam deberi, qui
de futuris huiusmodi experimentis verâ dixerit, suâ, quam condi-
derit, philosophiâ fretus. Quis enim tibi credat, vt vt affirmanti, te
veram habere philosophiam, aut veram inueniendæ veritatis methodum, si eâ adhibitâ, nil veri de futuris phœnomenis, siue experimentis propositis certò possis affirmare? liceat igitur hactenus
in Physicis asserere experientiam esse scientiarum parentem; quique plura fideliter expertus fuerit, cæteris paribus, esse doctiorem.
Cùm autem habeas velocitatem quâ mercurius ex tubo salit, iam
de magnitudine iactuum illius coniicere possis.

CAPVT VI.

De aëre ponderando.

1. *Aëris grauitas lagenæ beneficio.* 2. *Ponderatur aër ope mercurii.*
3. *Aër ponderatur compressione corporum.* 4. *Aër ponderatur per diabe-*
tem. 5. *Cylindri aëris altitudo æquiponderans mercurii cylindro* 26. *di-*
gitorum altitudinis.

Varij modi hactenus excogitati sunt, quibus aëris grauitas inueniri queat, quos inter videre possis eum, quo prop. 29. pneumaticorum vtor: est & alius obuius, quem si possis ad accuratam
obseruationem deducere, nullus contemnat, aut reiiciat: nempe si
priùs lagenam aliquam vitream satis amplam exactissimis bilanci-

bus,vt & aquam quâ repletur, examines, si enim certò scias aquam vnius esse libræ, cui lagena 4. vncias addat, vt iustis bilancibus libram 1: reperias, adeovt granum vnciæ vincat æquilibrium, posteáque solam absque aqua lagenam eandem, iisdem bilancibus, idque clausam, si iudicaueris operæ pretium, examinando, 4. vnciarum & 8. granorum vnciæ repereris, certum erit aërem lagenâ inclusum, quam sua extensione naturali replet, esse 8. granorum, cùm tunc præter aërem nil possit lagenæ grauitatem augere.

Porrò hac methodo fiet idem ac si aër in vacuo ponderaretur, cùm non attingat externum, sed ab eo diuidatur, ac separetur, & lagena sola tantundem in externo aëre loci occupet, ac si prorsus esset vacua.

Cùm autem aquâ plena ponderatur, nil aëris includit, adeoque sola lagena & aqua ponderantur: neque dubito quin lagena aëris plena, sit grauior eadem vacuâ, sed nisi bilances exactissimæ occurrant, certi nihil hac in re concludetur, quid enim speres de bilance, si cum libra, vel 2. libris oneratur, suum æquilibrium non perdat illico 2. granis adhibitis, vel detractis?

Est & alius modus ad illas vacui obseruationes pertinens, de quibus c. 4. si enim tubus, in quo mercurii pedes 2 : superfuere, inclinetur, vt aliquid aëris in illum ingrediatur ad replendum vacuum in superiore tubo relictum, & ante, ac post illam aëris introductionem ponderetur tubus, grauior erit post introductionem aëris.

Si lagena pedem aquæ cubum capiens tubo 3. pedum adglutinaretur, & inuersâ lagenâ cum tubo, totus mercurius, exceptis pedibus 2 : depleretur, iterum posset aër in illa lagena ponderari, nam post immissum aërem, lagena fit grauior: cúmque aëris moles æqualis sit tubo vitreo, cógnosces quantum aëris ponderaueris, vt cum aquæ, & aliarum rerum grauitate conferatur.

Tertia methodus pendet à corpore, cuius possis ad libitum figuram, vel extensionem augere: verbi gratiâ, si vas æneum vndique clausum fiat, putà vnius pedis cubici, quod postea reduci queat ad molem longè minorem, verbi gratiâ, ad digitum cubicum: certum est corpus illud in aëre ponderatum minoris apparere grauitatis, cùm pedem cubicum, quàm dum cubicum digitum induit, quòd maiori aëris mole sustineatur: adeovt si detrahas pondus aëris ex grauitate, quam digitus cubicus haberet in vacuo, longè minùs detrahas, quàm vbi pondus aëris æquale pedi prædicto sustuleris: hic enim aër alium aërem 1728. continet.

Postquam igitur æs digitale conuerteris in pedem cubicum,

ratione cauitatis, iuftâ bilance æs idem, fed alitet difpofitum, ex-
plora,id enim,quo leuior fuerit pes digito, pondus erit aëris 1727.
digitos cubicos continentis: fatius fuerit priùs cubicum pedem explorare bilancibus, deinde conflatum in digitum iifdem bilancibus
ponderare : fed cauendum ne quidquam fui ponderis fufione, vel
malleatione deperdat.

Quàrtus modus diabete vtitur, qui fi contineat heminam Pa-
rifienfem, vbi fexies vtrem, aut aliud vas aëre inflaueris; quo diabetes implebatur, fcies inclufas effe 6. aëris heminas, quibus vter
inflatus grauior erit, quàm antea. Huc refertur prima methodus,
quâ initio prop.29.reperies:& quâ Galileus vtitur dialogo de motu
p. 80. qui ait fe aërem 400. aquâ leuiorem inueniffe. Quò fimiliter
refertur noftra fcloperi pneumatici obferuatio,paginâ 151. prop.32.
Pneumaticorum: vt & 2. Galilei methodus, quâ vult in lagenam,
aquæ quantum fieri poteft,immitti,adeo vt illius dodrans aquâ impleatur, & aër priùs per totam lagenam expanfus ad lagenæ quadrantem redigatur, qui fi poffit vfque ad deuncem reduci, tantò
meliùs : hucque referri poteft vter inflatus,& methodus V. puncti
Præfationis in Ballifticam.

Cùm igitur lagena, & aqua immiffa, cuius pondus notum, &
aër compreffus, ponderata fuerint exactâ bilance; fcribatur pondus,dein aperto epiftomio exeat aër, vt iterum abfque illo lagena
ponderetur, difcrimen 2. ponderum dabit pondus aëris exeuntis,
quod erat æquale femiffi aquæ; licet enim lagenæ verbi gratiâ,
impletæ fuerint aquâ, fuperfuit tamen lagenæ pars quarta, quam
aëris naturaliter extenfi moles occupaffet, fi nulla præfuiffet con-
denfatio,& totus aër, qui lagenæ replebàt, ante aduentum aquæ,
exiuiffet, duntaxat aëris in lagena permanente.

Sed cùm nullâ exierit aëris particula, quatuor partes aëris, quæ
totam lagenam implebant, ad coactæ funt, adeovt neceffarium
fuerit aquæ fubingredi poros, aut quod idem eft,implere vacuola per corpus aëris diffeminata; vt tandem aer velut in vacuo ponderaretur. Hac igitur ratione moles aeris lagenæ concauo æqualis ponderatur,vel parum abeft : neque materia fubtilis exiens, aut
adueniens minuit, vel auget pondus aëris; enimverò fi quæ datur,
fupponitur abfque grauitate.

Omitto difquifitionem vlteriorem, quam acutiores promouere
poterunt, non enim defunt alii modi plurimi, quibus liceat aeris
grauitatem expendere;qui omnes fi componátur, veritas illuftriùs
apparebit. Qui verò nullam in corporibus grauitatem internam

O

agnofcunt, fed eàm in certorum corporum motus reciprocos referunt, alio fortè modo de ponderando aere dif* ferent : vt vt fit, nullius fententiæ me velim opponere, quippe noui quantis difficultatibus fepiantur res phyficæ, quámque fit in illis ardua veritas. An verò aer fit eiufdem ponderis ac mercurius in tubo manens, de quo cap. 4. vt omnia fint in æquilibrio, quis demonftret; dicamus tamen aliquid.

Cùm igitur aëris cylindrus, eiufdem ac mercurii cylindrus craffitudinis, non poteft prædicto mercurii cylindro refiftere, illum fuperari neceffe eft : cumque doceat experientia cylindrum ex mercurio compofitum ad fummum tripedalem effe, quando vincitur aër, fi aëris cylindrici altitudo innotefcat, facilè concludetur eius grauitas : verbi gratiâ, fi vfque ad leucam Gallicam in altum porrigatur, eique tripedalis cylindrus ex mercurio, pondere fit æqualis; 5000. vicibus grauior erit mercurius.

Si verò cylindrus mercurii fit tantùm 26. digitos altus, grauior erit mercurius aëre 6921. quem numerum fi duplices, cylindri aërei altitudo duarum erit leucarum : fi quadruplices, 4. & ita de reliquis.

Si verò quidpiam probabile nobis coniicere liceat, cùm aliàs oftenderimus aërem millecuplò, ad minimum, aquâ leuiorem : & aquam ferè 14. leuiorem mercurio, fequitur aërem 14000. mercurio leuiorem : atque adeo cylindrum aëreum argento viuo æquiponderantem effe cylindro mercurii 14000. altiorem : proindeque cylindri aërei, iuxta noftras obferuationes, altitudinem effe, faltem, 12. leucarum, hoc eft atmofphæram noftram, vel aerem grauem ad 12. à terra leucas definere.

Nota verò, fi reuerâ mercurius efficiat vacuum, idque tantùm quantùm volueris, iuxta magnitudinem tubi, neque fint vlla vacuola per omnia corpora diffeminata, iuxta mentem Heronis, & Democriti, neceffe videri vt mundi vel omnes, vel partes quædam nouum locum occupent, & altiùs afcendant, verfus ea fpatia quæ dicuntur imaginaria, fed quæ fint æquè realia, ac illud fpatium vacuum cylindro comprehenfum.

Quanquam probabilius videtur, perfpectis omnibus, aliquam materiam aëris vulgaris locum fubire, cùm lumen per illud fpatium diffundatur, fortéque fonus; quod poffis experiri vel inclufo animali vocali, quod etiam volare poffit, vel quibufdam granis pulueris pyrii, quæ flammam concipiant : bombus volantis crabronis aptiffimus videtur; fed & aquæ, vel alterius liquoris guttulis poffis in illo tubo vacuo experiri, num tubo concuffo, guttulæ illæ, lapidum inftar, parietes internos cylindri percuffuræ fint, vt Clariff. Magiottus in tubo factum effe dicebat, ex quo fuerat hauftus aer diabete: ac fi propter inductum vacuum guttæ indurefcerent, nihilque in vacuo fluidum, feu liquidum effe poffet. Longè probabilius eft, fuppofita phænomeni veritate, fonum apparuiffe folito fortiorem ob aerem rarefactum, & puriorem.

CAPVT VII.

De Vrinatoriis.

1. Aeoli artificiales vrinatorii. 2. Rota, vel molendinula Vrinatoria. 3. Quomodo aër à fuliginibus fub aqua liberetur. 4. Quid fub aquis præfertim vrinatores obferuare debeant.

PLura diximus, à c. 43. l. de Hydraulicis, de corporum immerfione, & de iis quæ innatant humido, vfque ad 49. prop. & tract. de arte nauigandi, præfertim verò cùm de naue fub aquis-natante actum eft, à pag. 251. & deinceps. Quibus addo variis vtribus aere compreffo plenis vtendum, fiue in nauibus fubmarinis, fiue in turri vrinatoria capiti impofita, vt aer, quoties opus fuerit, mutetur, exoneretur, refpirationi feruiat, & in alios vfus impendatur, provt opus fuerit.

Hâc autem arte parentur vtres, fiue Æoli, cuiufcunque tandem materiæ, qui fint ad aerem compreffum arctè retinendum apti, vt pluriuni epiftomiorum operâ diftribuatur aer eodem modo, quo diuidunt aquam qui præfunt fontibus publicis, de quibus Hydraulic. Prop. 12. fusè dictum eft.

Debet igitur Vrinator, poft definitum tempus quo fub aquis degere cupit, tantum aëris in vtribus compreffi fecum afportare, vt illius beneficio facilè fatis refpirare poffit. Nullus verò debet negotium iftud, admodum difficile, ac periculis expofitum, aggredi, donec variis obferuationibus & experimentis didicerit quanta moles aeris neceffaria fit ad liberam fub aquis refpirationem, fub quibus nequidem ingens aeris moles æquè refpirationi, vel ignis excitationi, ac conferuationi fauebit, ac in aere libero, quò fruimur, nifi follibus, aut aliis, motibus frequenter agitetur.

Quapropter ita funt adaptanda Aeolorum epiftomia, vt illorum referatione venti cuiufcunque generis, fiue contrarii, fiue amici ac ſimul conſpirantes, pro libito poſſint excitari, atque generari; nam fumi tam ignis, quàm reſpirationis, ſuffocabunt nautas, niſi ventis illis expellantur, per epiſtomia exteriori aquæ, nauem, vel vrinatorem circundanti, reſpondentia.

Poſſunt etiam rotæ variis alis ferreis, vel figuris, aut alterius materiæ celeri conuerſione aërem agitare, & in ventum minùs, aut magis violentum conuertere, idque·tam in Vrinatoris turri, ſeu pileo, quàm in ipſa naue, in qua ſinguli nautæ ſuos vtres plenos habeant, in quos nouum aërem, quoties opus fuerit, reſtituant, quibuſdam vrinatoribus continuò è naue ſuper aquas remeantibus ad hanc annonam deſtinatis.

Cùm autem expertus ſim, in laterna pedali, veterem aërem ad flammam candelæ conſeruandam ſufficientem cùm follibus adtextis, coniunctiſue trahitur, remittitur, & agitatur, cogiturque ad tranſeundum per aquam vaſculo contentam, vt deterſis fuliginibus & fumis, purus ad flammam redeat, credidero etiam aërem iam expiratum, & prædicto, vel ſimili modo expurgatum inſpirationi rurſum inſeruire poſſe: quanquam id abſque obſeruatione nolim aſſerere.

Mitto varias obſeruationes paginæ 254. & ſequentium Tractatus de arte nauigandi, quæ hûc côferunt, vt porrò moneam varios modos expendendos, quibus aër aquæ miſcetur, aut intra illam impermixtus manet, vt in ſiphonibus experimur, in quibus eo ferè modo videas aëris grana, quo ſunt in roſario: qui aër inde retractus, & in vnum coaleſcens, reſpirationem iuuare poteſt: quinimò ſi fluuii, vel maris aqua granis huiuſcemodi aëreis interciperetur, poſſet ſub illa natans ferè continuò reſpirare. Quanquam non adeo certum eſt vitam à reſpiratione pendere, quin ea de re dubitari poſſit, cùm tot piſces abſque reſpiratione viuere videantur: niſi forte vim aliquam, ſeu facultatem habeant, quâ ſeparent aërem ab aqua, eoque, nobis neſcientibus, vtantur. Quod ex illorum videtur confirmari follibus, ſeu veſiculis, aëre inflatis, quales reperiuntur in carpionibus, & aliis piſcibus: licet plærique cenſeant huiuſmodi veſiculas illis ſolùm datas, vt natare poſſint.

Antequam verò quiſpiam vrinator ſub aquis marinis vel fluuialibus experiatur, videat in balneo domeſtico quæ ſit reſpirandi facilitas, quódve tempus, in dolio ſuper caput poſito, & ita in aquam immerſo, vt quantitas aëris nota ſit, putà duorum pedum cubicorum: quot enim minuta, vel horas liberè poterit in illo dolio reſpirare, commodéque ſatis degere, totidem horis æquè commodè,

quod ad respirationem attinet, sub quibusuis aquis respirabit, &
viuet, ac, si fuerit opus, loquetur : imo scribet & leget, si vas fuerit
vitreum, quo tegetur caput; quandoquidem mensa vasis lateribus
agglutinari potest, super qua scribatur; imo tantæ magnitudinis
vas illud esse potest, vt quis in superiore parte, vtvt immersâ, commodè sedeat, vel stet in aëre.

Fiat enim vas cylindricum, cuius altitudo sit 8. pedum, & latitudo bipedalis, & vnum aut alterum pedem ingrediatur aqua in illud
vas vi necessariâ immersum : reliquum erit vacuum, & homini in
pedes extra aquam positos erecto commodum : quâ solâ fretus experientiâ concludet molem aëris necessariam, vt quis dato tempore sub aquis degat, & commodè respiret.

Alia plura in illo vase obseruabit, verbi gratiâ, quanto tempore
flamma candelæ vel lampadis perduret : quid in eo aëre piscibus, &
aliis animalibus contingat : quid prosit aeris agitatio, & alia id genus sexcenta, quæ deinceps in aquam immersis profutura sint.

Porrò si fluuium ex mercurio compositum fiugamus, nullus vrinator poterit ambulare, vel pedem in eo mouere, ob nimium impedimentum, quod tantum est quanta illius grauitas quæ moueri debet : cumque debeat vrinator æqualem suo corpori molem ambu-
lando mouere, mercurius autem ferè 14. superet aquæ grauitatem,
quæ propemodum æqualis est grauitati corporis humani, sequitur
nullum intra mercurium posse moueri, nisi vim illam habeat, quâ
moueat pondus seipso quatuordecies grauius. Quanquam ob flu-
xum mercurii facilem, quemadmodum non est fortè necessarium
vt natans perpetuò vires impendat in mole aquea mouenda 125. librarum, qualium sunt multa hominum corpora, ita neque forsan
necessarium sit vt quolibet momento qui natat in mercurio tantundem ponderis mouendum habeat, quantus est mercurius na-
tanti moli æqualis.

CAPVT VIII.

De viribus Percuſſionis.

1. Vncia cadens 8. 16. & 24. vncias leuat. 2. Duplicata ratio ad quid vtilis. 3. Velocior motus minus efficax tardiore, quando, & quare. 4. Maxima difficultas in obſeruationibus, 5. Diſcrimen mallei caden-tis, & manu impacti.

PLurima dicta ſunt de vi percuſſionis prop. 25. & 26. Mechani-corum, quibus addo peculiarem obſeruationem ſæpiùs à me factam, quæ notatu digna videtur. Pendeant ex immobili agina bilances æquilibrés & ab horizonte diſtantes æqualiter, vnique lanci planum aliquod adhibeatur, quod illam ſuſtineat; optimus erit vertex coni firmiſſimi, quo ſuſtineatur in eadem linea horizon-ti parallela, in qua lanx alia in aere pendet, vt in experimentis à me factum eſt; in quibus æneo globo vnciali, cuius diameter bes digiti proximè, ex iſtius altitudine diametri cadente in bilancem liberam, pluribus vicibus obſeruauimus, alteram lancem coni ver-tici innixam, 8. vnciis onuſtam à vertice prædicto fuiſſe ſeparatam, hoc eſt vnciam vnciam prædicto modo cadentem vncias 8. attol-lere, & æquilibrium vincere.

Vbi notandum elationi lancis onuſtæ ſufficere, ſi tantiſper à ver-tice coni ſeparetur, quandoquidem ſemper elata maneret, quin & altiùs ſemper vſque ad occurſum aginæ tolleretur, ſi globus vn-cialis, poſt inſtans percuſſionis, eadem percuſſione, ſeu vi lancem premeret.

Cùm autem quinquagies globus ille vncias 8. vicerit, bis 8 ½, & ſemel 9. vncias extulit: quod ſolùm aduerto, ne quis poſt obſerua-tionem millies repetitam, credat ſe perfectè ſcopum attigiſſe; quis enim poſt centena experimenta pertinaciter repetita, quibus 8. duntaxat vnciæ tolli videbantur, non aſſeruiſſet vulgatum *non plus vltra?* ſed neque deinceps potuit globus vncialis, ſui ponderis leuare noncuplum.

Porrò globus cadens ſupra lancis centrum, non tanto ictu per-cutit quanto dum cadit prope centrum hinc inde, dum enim cadit in punctum lineâ, vel dimidiâ lineâ diſſitum à centro, maius pon-

dus tollit; quod videtur ipſi rationi repugnare, quæ iudicat cen-
tralem percuſſionem omnium vegetiſſimam.

Vt autem duplum ponderis, hoc eſt libra 16. vnciis conſtans tol-
latur, debet globus vncialis non ſolùm ex dupla, vt quidam ſcriptis aſſeruit, ſed ex quadrupla ſua diametro, hoc eſt quadruplò altiùs cadere, nonoque altiùs, vt triplum, ſeu 24. vncias eleuet: adeo
vt altitudines, ex quibus cadit globus, eſſe debeant in ratione duplicata ictuum, ſeu percuſſionum.

An verò credis hanc duplicatam rationem in aliis caſibus pergere? certè nuſquam potuit ex ſexdecuplâ ſua diametro cadens
globus duas libras, hoc eſt ponderis primi quadruplum tollere, ſed
oportuit vnâ, vel altera diametro illam altitudinem augere: Adhibitis verò longioribus funiculis, ſi forte globus vncialis ex 25.
ſuarum diametrorum altitudine quintuplum, hoc eſt 49. vncias
attolleret, nobis, quod plærique poterunt admirari, contigit; quippe tantum abeſt vt ille globus ſuſtulerit quintuplum, ſed nequidem quadruplum, aut etiam triplum. An igitur falſum eſt maiorem effectum à potentiore cauſa, & maiorem ictum à maiori altitudine produci?

Verumenimverò cogit experientia, ſuoque iure poſtulat, vt fa-
teamur eiuſdem corporis motum velociorem, non idem ſemper ac
tardiorem producere, digiti nempe motus ſatis tardus impellit, &
aperit, vel claudit ianuam, & multa corpora deprimit, quæ non
poteſt impellere, vel deprimere velociſſimus globi tormentarii
motus, quòd illis corporibus aër ſtans ex aduerſo, vel ipſa corpora non poſſint tantâ cedere, atque moueri velocitate, quantâ ſupponitur exploſi globi celeritas: vnde fit vt perforet aſſeres ſuper
horizontem erectos, quos non deprimit; quod & feneſtris ac ia-
nuis contingit; non igitur ſufficit virtus ex parte cauſæ, ſed corpus
in quo producendus effectus, illius virtutis in certo & à natura determinato tempore capax eſſe debet, iuxta vulgatum axioma, *omne
agens ad modum recipientis excipitur.*

Itaque lanx non potuit tantam in ſe cadentis globi à 25. diametris velocitatem excipere; hoc eſt ictus velocitatem ſequi; eaque-
propter globus reſiliit, eóque magis reſiliet, quò cadet altiùs, quòd
lanx ſit minùs tantæ velocitati obeditura.

Eſt etiam alia ratio ex parte longiorum funiculorum, qui
globi vim & celeritatem velut imbibunt, & abſorbent, ſimul cum
lance: vnde fit vt nulla vis ſuperſit ſatis valida, quâ lancem alteram

vertice coni fuſtentatam , & quadruplo primi pondere onuſtam poſſit attollere.

Quantò verò debeat eſſe globus maior , quàm vncialis, vt prædicta pondera , aut etiam in data ratione maiora leuet, vel tandem quid ſit futurum , ſi globus idem ex centum , mille, vel pluribus ſuis diametris cadens eandem lancem percutiat, non auſim abſque experimento, quod propemodum vires humanas ſuperat, aſſerere: tot enim in aëre , & aliis circumſtantiis ſpectanda veniunt, vix vt vllus iudicio præditus tam in hoc, quàm in ſexcentis huiuſcemodi rebus quidpiam definire velit, aut poſſit.

Quod facilè fatebuntur quicunque non ſolâ Geometriâ freti , ſed phyſica conſiderantes, quæ nunquam fortè perpetuò eandem rationem, vel analogiam ſeruant , experti fuerint non idem ſequi cùm experimur in magnis ac in paruis.

Quapropter, cùm dicimus momenta velocitatum , hoc eſt ictus, eſſe in ſubduplicata ratione altitudinum, ex quibus cadit malleus, globus, aut aliud corpus percutiens, omnes corporis percuſſi & medii, per quod fit illa percuſſio , circumſtantiæ conſiderandæ ſunt, antequàm quidpiam concludatur.

Porrò cùm aliquis manu impingit malleum in ferrum, vel incudem, vel in aliud corpus percutiendum , maior eſt ictus, quàm ſi malleus ex altitudine cadat neceſſariâ , vt velocitatem velocitati, quâ faber ferrarius percutit, æqualem concipiat, quòd fabri manus ita malleum à tergo vrgeat, vix vt reſilire poſſit, cùm ex alto cadens facilè reflectatur, tantoque minor eſſe videatur impetus, quantò reſultus maior fuerit.

CAPVT

CAPVT IX.

De ratione quâ grauia motum suum versus terræ centrum descendendo accelerant.

1. Experimenta facta in Basilica, S. Petri Romæ. 2. Putei profundissimi, vbi. 3. Punctum æqualitatis grauium cadentium, vbi. 4. Difficultas observationis ob non satis magnam sensibilitatem. 5. Funependulum tripedale comparatur funependulo pedum 3 : 6. Qua ratione possint emendari experimenta.

PRæter ea quæ tam in Harmonicis, quàm Phænomenis Physico-Mathematicis, præsertim verò prop. 10. Hydraul. & à prop. 14. ad 21. Ballistic. dicta sunt, non ingrata fuerit cuiquam obseruatio, quæ cum amicis ingenio præstantibus, in Basilica S. Petri à me Romæ facta est: quæ vt facilius intelligatur, sit in figura prop. 15. Ballisticorum A B, 50. orgyarum, seu Sexpedarum, hoc est 300. pedum Parisiensium, quæ refert altitudinem hemisphærii seu Tholi S. Petri, Gallicè *dome*, Italicè *copola*.

Constat ex obseruatione prædicta funem in puncto A, hoc est in fenestrarum limine, quæ lumen superiori hemisphærii, seu Cu-

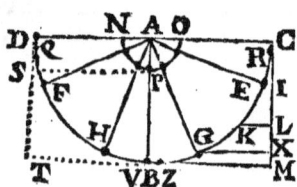

pellæ parti tribuunt, firmiter detentum, & vsque ad punctum B, propè S. Petri pauimentum descendens, cuius funis extremo plumbum 4. aut 5. librarum adtexitur, extra suum perpendiculum B versus D. putà in H tractum, redire ab H ad G, hoc est semel redire, spatio decem secundorum: sed ostendunt centum experimenta funem tripedalem spatio vnius secundi minuti redire semel; constat igitur vibrationes funependuli esse in ratione altitudinum subduplicata. Vt tamen de circumstantia moneam, funis ille 300. pedum mihi visus est decem præcedentibus secundis addidisse secundi dimidium: quemadmodum & globi plumbei ex A fenestra 300. pedes perpendiculariter in S. Petri pauimentum cadentes, visi sunt spatio secundorum 5: descendisse, cùm

P

iuxta rationem temporum duplicatam 5. secundis descendere debuissent, si, iuxta observationem, tempore secundi minuti globus plumbeus 12. pedes descendat.

Porrò lapilluli, nuces & istiusmodi corpora, maius tempus insumpserunt in illo spatio decurrendo, puta 7. aut 8. secunda: quæ testantur non semper eam seruari rationem in magnis, ac in paruis altitudinibus; & profundissimos puteos, illis Hemisphærii fenestris non esse alticres, cùm enim illos explorauerim, in castello Arausiaco; apud Marchionem Doraison, & in aliis plærisque locis, in quibus altissimi censentur, plumbeus globus nunquam plura quàm 5. secunda minuta in illa profunditate decurrenda insumpsit. Testantur præterea futurum tandem locum, ad quem, cùm graue descendens peruenerit, descensum non ampliùs acceleret: qui locus diuersus est iuxta varias grauitatis differentias: ex quibus locis cognitis multa concludi poterunt.

Fortè duplò leuioris duplò vicinior est ille locus; coniicio, non demonstro. Statim atque globus è subere factus à quiete discedit, nullum discrimen in spatio maximè sensibili notatur inter illud, & globum plumbeum, cùm tamen obseruatio probare videatur subereum globum post 30. aut 40. circiter, vel etiam post 20. pedes suum descensum non ampliùs accelerare. Facilè verò punctum illud proximè reperies, si tibi fuerit altitudo 300. vel 96. pedum; si enim postquam globus ex subere, vel medulla sambuci descendit 16. pedes in illa 96. pedum altitudine, vt supersint 80. pedes percurrendi vsque ad solum, & cum acutè cernentibus, & secunda minuta studiosè notantibus, repereris 80. pedum in 4, partes æquales diuisorum primam partem, hoc est 20. pedes, percurri vno secundo; secundam partem altero secundo, & 3. ac 4. partem similiter, concludere poteris punctum æqualitatis, circa finem descensus 16. primorum pedum occurrisse.

Ne verò quidpiam omittam, quò difficultas obseruationum appareat, sæpenumero tam mihi quàm aliis visum est funependuli tripedalis 4. aut 5. primas vibrationes eandem ad sensum altitudinem à grauibus percursam, ac vibrationes funependuli pedum 3½, dedisse, quamuis certissimum sit has illis esse tardiores; non enim adeo sensus est exquisitus, & accuratus vt minima temporum, aut velocitatum discrimina notet.

Præcipuusque in hac materia error proficisci videtur ex eo quòd nescias quo momento præcisè desinat quælibet, aut saltem vltima vibratio, vel pars vltimæ vibrationis, atque adeo num sit perfecta

necne, cùm graue poſt caſum terram percutit. Adde quòd in ſi-
gnum iſtius percuſſionis ſonus teſtis adhiberi ſoleat, qui tempus
aliquod inſumit, donec ad aurem perueniat: licet enim noueris
230. hexapedas, hoc eſt 1380. pedes, ſpatio vnius ſecundi ſonum
decurrere, non adeò facilè occurrit in altitudinibus caſu grauium,
aut vibratione funependulorum è ſummis altitudinibus penden-
tium, dimenſis, vel dimetiendis, quam temporis partem ob ſonum
detrahere debeas. Caueat igitur vllus mortalium ne ſuis ſenſibus
exactum ſe fuiſſe aſſecutum credat, ſoloque propinquo contentus,
quod ſemper & ſemper propinquus eſſe poſſit, principatum intellectui tribuat, cedantque materialia, ſeu corporea ſpiritualibus,
ſiue intellectualibus

Licet verò prima vibratio, funependuli pedum 3 ⅓ ferè ſit iſo-
chrona primæ vibrationis funependuli tripedalis, necdum inter
vtriuſque 4. aut 5. vibrationes ingens diſcrimen aduertas, cùm
ſoleant ad ordinarias altitudines dimetiendas adhiberi, mirum non
eſt ſi ferè idem in vtroque reperiatur; vbi tamen vtriuſque plures
vibrationes contuleris, magnum diſcrimen apparet, quippe ſpatio
100. vibrationum funependuli pedum 3 ⅓, neruus tripedalis 110.
vibratur, vnde fit vt quælibet vibratio tripedalis ferè decimâ ſui
parte debeat eſſe citior vibratione 3 ⅓: atque adeo quilibet numerus denarius iſtius vnâ vibratione illius ſuperetur: ſed de funependulo tripedali plura capite peculiari dicentur.

Quibus probè intellectis, facilè iudicaueris quâ ratione funependulum vtrumque iiſdem altitudinibus, aut velocitatibus dimetiendis inſeruierit, & quàm iure dicatur ſenſuum errores ab intellectu
emendandos: vel potiùs minores obſeruationes ex maioribus ſæpe,
non tamen ſemper, diiudicandas: cùm iſtorum, vt & aliorum quorumuis funependulorum tempora, quorum non poſſis ex vna vel
altera vibratione diſcrimen agnoſcere, tandem innoteſcat, ex 20.
centum, aut pluribus, cùm opus eſt, vibrationibus. Quod ſimili
ratione de 2. aut pluribus grauibus dicendum, quorum pondera
cùm non ſatis differunt, vt ex centum pedum altitudine diſcrimen
vllum aduertatur inter illorum deſcenſus, quærenda 300. vel plurium pedum altitudo, donec ſenſibile diſcrimen aduertatur: quod
ſi fieri nequit, ratione definiendum eſt.

CAPVT X.

De nouo vſu funependuli ad centra percuſſionum in quibuſuis corporibus inuenienda.

1. *Filum argenti quanto tempore vibretur, eiuſque pondus & longi-tudo.* 2. *Vſus rationis ſubduplicatæ.* 3. *Primæ vibrationes ſequentibus diuturniores.* 4. *Nodi currentis vtilitas.* 5. *Centrum percuſſionis, quid fit.* 6. *Centrum impreſſionis vbi & quomodo à centro percuſſionis dif-ferat.* 7. *Inuentio centri percuſſionis.* 8. *Quis cylindrus funependuli ſeſ-quialter; quis iſochronus.* 9. *Regula iſochronitatis in triangulis.*

Epetatur iterum figura prop. 15. Balliſticorum A D B C A, in qua funiculus, vel capillus, aut crinis equi, vel filum tenue fer-reum, aut argenteum tripedale, vel cuiuſuis alterius longitudinis: nil enim refert; quanquam monere velim me iterum atque iterum obſeruaſſe vibrationem quamlibet fili tripedalis vni ſecundo mi-nuto reſpondere; vt iam pedum 3 ¦ eſſe non debeat, quale feceram in harmonicis, in quibus facillimum eſt omnia 3. pedibus accom-modare.

Aduertendum eſt autem tripedalis fili vibrationes eò plures eſſe, antequam quieſcat, quo ·tenüius fuerit, vt iam antea monui: conſtat enim experientiâ, tripedale filum ar-genti tenuiſſimo capillo æquale ho-ram integram ad minimum moueri, ſi ex B ducatur ad D, ſibique dein-ceps permittatur, donec toties ver-ſus C, & à C verſus D redierit, vt il-lius impetu penitus extincto quieſ-cat: itaque vibratur 3600. ad minimum, vicibus ante quietem: cùm funiculus ſericeus craſſitudinis dimidiæ lineæ vix dimidiam horam vibretur; cuius ratio clara, quippe maius eſt aëtis impedimentum cùm funiculi craſſiores fuerint: tuncque plures vibrationes fierent, ſi filum eſſet indiuiſibile, hoc eſt funependulum mathematicum. Porrò filum iſtud argenteum 23. circuitibus lineam inuoluit, cuius pondere 19. vnciarum: & ¦ leucæ Gallicæ propemodũ æqualis eſt.

Constat verò, ex centies repetitis, tempora quibus vibrantur
funependula effe in fubduplicata ratione longitudinum ; fit longitudo funependuli A B tripedalis, vt eius motus à D ad C per femi-
circulum D B C, duret vnum fecundum minutum, hoc eft ¦₆₀ horæ,
longitudo fili A P fubquadrupla durabit ¦ fecundi ; cùm ratio 1.
ad ¼, fit dimidia, fiue fubduplicata rationis 4. ad 1.

Non repeto motum, feu vibrationem à D factam longiori paulò tempore durare quàm vibrationem ab F, vel H factam, cùm experientia facilis id doceat, quanquam iftæ temporum minutiæ hîc
negligi poffint, quandoquidem in iftis fruftra quæras exactum,
hoc eft Geometricum.

His præmiffis, poftulo vt quifpiam fequentia experturus filum
fibi comparet tripedale, vel alterius longitudinis, quod abfque tæ-
dio, & labore poffit abbreuiare, vel producere quantum voluerit,
beneficio nodi currentis, quem nos Galli vocamus *nœud coulant*,
vt cuiufuis propofiti corporis centrum percuffionis inuenire poffit.

Vocamus autem centrum percuffionis in quolibet corpore, vel
etiam in linea, & fuperficie, punctum illud, cui fi quid occurrat,
dum prædicta linea, fuperficies, vel etiam prædictum corpus fuf-
penfum in A puncto mouetur, illud corpus occurrens validiffimè
percutiatur.

Quod vt clariùs intelligatur, præter centrum grauitatis, quod
eft in fphæræ medio, & in determinato puncto cuiufuis alterius
corporis, iuxta ea quæ de centro grauitatis ex Archimede, Com-
mandino, & aliis in Geometrico volumine diximus: aliud eft im-
preffionis, & aliud percuffionis: quod intelligetur ex figura D C
T M ex A puncto pendente, itaut liberè moueri poffit hinc inde,
feu dextrorfum & finiftrorfum, vel etiam antrorfum & retrorfum:
fi enim fingatur digitum occurrere in axe A B, quandiu corpus ap-
penfum mouetur, eft aliquod punctum ab A verfus B, in quo digitus validiùs percutietur.

Incipiamus à linea rigida A B quæ moueatur, ad modum funiculi, à D per B in C, validior iftius lineæ, fiue cylindri rigidi indi-
uifibilis ictus non erit in B; licet in eo puncto velociùs moueatur;
non erit etiam in eo puncto intra A C B pofito, ad quod definit media proportionalis inter A B & dimidium A B, in quo centrum im-
preffionis reperitur: quod nempe integram impreffionem, fiue totum cylindri A B motum bifariam diuidit; fed eft in puncto. ad
quod funependulum fuas vibrationes æquales habens pertingit:
adeo vt fis habiturus centrum percuffionis cuiuflibet lineæ rigidæ,

cylindri, superficiei, & corporis, statim atque tuum funependulum ad eam longitudinem reduxeris, quæ tribuat ei vibrationes ap. pensorum in A corporum vibrationibus æquales: quanquam for- tè puncta isochrona tantisper à centris percussionis, paulo altiori- bus, vel inferioribus, differant.

Accipe nostras obseruationes baculi siue cylindrici, siue prisma- tici, aut alterius figuræ: dummodo illius longitudo sit, verbi gratiâ, decupla crassitudinis; ferè suum habet centrum percussionis ad ⅓ suæ longitudinis ab A versus B sumptas: hinc fit vt funependu- lum bipedale sit isochronum baculi tripedalis, quemadmodum tri- pedale funependulum est isochronum baculi pedum 4⅓: & bacu- lus quadrupedalis isochronus est funepéduli pedum 2⅓. Est igitur cylindrus funependuli isochronus, eiusdem funependuli longitu- dine sesquialter.

Qua ratione iudicabis de longitudine sarissarum, & quorumuis aliorum corporum, statim atque funependuli tui isochroni longi- tudinem agnoueris.

Dixi verò cylindri longitudinem superare debere illius crassitu- dinem, vt sit ad sensum funependuli isochroni sesquialter; quò enim minor fiet illa ratio, eò magis accedet funependuli isochroni longitudo ad cylindri longitudinem, adeovt sint propemodum æquales longitudine, cùm cylindri crassitudo eiusdem altitudini fuerit æqualis.

Iam verò ad superficies accedo, quæ si fuerint crassitudine indiuisi- biles, exacta erit ratio, de qua infe- riùs; quæ nequidem ab ea quoad sensum, discrepabit, si crassitudo mo- dica fuerit. Quæ tamen, quantacumque fuerit, funependuli vibra- tione prædictum centrum inuenietur: idemque continget in ensi- bus cuiuscumque figuræ, ac magnitudinis; erit enim centrum per- cussionis in illo puncto, vel ei proximum, ad quod perueniet iso- chronum funependulum.

Cùm autem nunc non agamus de regulis à funependulo minimè pendentibus, quæ centra percussionum ostendunt; sola phæno- mena subiicio, quæ rationem ostendant ad oculum plurimorum corporum in A puncto appensorum cum funependulo, hoc est quæ sit ratio inter illorum longitudines, vt habeant isochronas vi- brationes.

Primùm igitur omnes cylindri, cæteraque corpora rigida parallelepipeda, in puncto A appensa, sunt longitudine sesquialtera
funependulorum.

2. Si triangula cuiusuis materiæ, puta metallica, lignea, chartacea, (cuius nullam crassitudinem concipere necesse est, vt sint
veluti meræ superficies,) A, puncto appendantur, vt hinc inde
à dextra moueantur ad sinistram, itavt basis trianguli non maneat
horizonti parallela, vt contingit sectori A G H, cuius punctum H
in D tractum, redit versus H, quot erunt diuersa triangula, toties
mutanda erit funependuli isochroni futuri longitudo: quæ semper
maior & maior erit, quantò magis crescit angulus, per quem appenditur.

Hîc autem suppono triangula esse isoscelia, ne si scalena fuerint,
nouam difficultatem pariant.

CAPVT XI.

In quo variæ referuntur obseruationes ad centra
percussionum attinentes.

1. *Triangulorum, & sectorum circuli diuersæ vibrationes. 2. Motus
læuus & dexter, posticus & anticus. 3. Trianguli 60. graduum vibrationes. 4. Triangulorum diuersorum duplices vibrationes, ex basi &
vertice. 5. Regula generalis ad inuenienda centra percussionis triangulorum, cum læuis & dextris vibrationibus agitantur.*

TRiangula lignea, chartacea, &c. duobus modis suas vibrationes peragunt, siue per mediam basim in A puncto detineantur, quod & semicirculo D C B D, conuenit, quippe quod possit
etiam per B, medium semicircumferentiæ punctum in A suspendi:
siue per apicem, vt sector A G H, qui detinetur in A; qui potest
etiam vt triangulus concipi.

Itaque tam sector circuli quàm triangulus rectilineus appensus,
vel ita mouetur, vt illius basis G H accedat ad D & C, quem motum vocare possis *læuum* & *dextrum*: vel vt eadem basis semper maneat parallela lineæ D C, quæ sit vibrationum axis: qui motus fit
antrorsum, & retrorsum, quique forsan possit appellari *posticus*
& *anticus*: vocetur tamen vtlibet.

Primùm autem confideremus tam triangulos, quàm alias fuper-ficies, cùm ad læuam & dextram mouentur, fiue per angulorum fuorum vertices, fiue per bafes appendantur.

Omiffis verò triangulis, quorum apices acutiores funt, & quo-rum proptereà vibrationes vix differunt à cylindrorum æquè alto-rum vibrationibus ; fit triangulus primus, cuius apex, feu punctum appenfionis anguli 60. graduum : deincepfque intelligatur an-gulus appenfionis, à quo triangulum denominabo.

Trianguli 60. graduum, per apicem detenti in A puncto altitu-do eft ad ifochroni funependuli altitudinem, fiue longitudinem, vt 6. ad 5. per bafim, vt 3. ad 2. ferè.

Dico ferè, vel proximè, cùm ex oculorum folo teftimonio nil aliud præter propinquum quærere debeas: quod & de fequentibus intellige.

Triangulus 90. gr. tam per apicem, quàm bafim æquatur fu-nependulo : quam æqualitatem de altitudinibus intellige.

Triangulus 110. grad. per apicem eft ad funependulum vt 2. ad 3. per bafim vt 8. ad 15.

Triangulus 120. grad. per apicem fubfequialter, per bafim fub-duplus funependuli.

Triangulus 135. grad. per apicem vt 2. ad 5. per bafim vt 1. ad 4.

Triangulus 153. grad. per apicem vt 1. ad 4. per bafim vt 1. ad 6.

Triangulus denique 170. grad. per apicem vt 1. ad 23. per bafim vt 1. ad 30.

Omitto reliquos triangulos, quorum poffis ferè dicto citiùs cen-tra percuffionis funependulo inuenire: in quorum gratiam fi ma-lis vti regulâ, quam doctiffimus Roberuallus adinuenit, eam ac-cipe.

Cognitis gradibus anguli trianguli propofiti, fumantur omnes fecantes dimidii anguli ; quæ tamen quia funt infinitæ, fumantur duntaxat cuiuflibet gradus fecantes, quanquam propiùs ad accu-ratam obferuationem accedatur, quò plures fecantes fuerint.

Illarum verò fecantium cubi fumantur ; deinde cuborum fum-ma ineatur, fed & fecantium fumma ducatur in radium, hoc eft fi-num totalem, & per exortam fummam diuidatur fumma cuborum ; nam vt finus totus ad hunc quotientem, ita tres quadrantes, feu do-drans axis trianguli, ad aliud.

Quod exemplo fequente clariùs intelligi poterit : fit enim in figura præcedente triangulus A H G, cuius angulus H A G 20. gr. nil enim refert quòd fit 30. gr. in hac figura.

Igitur

Igitur in hypothefi, dimidium huius anguli erit 10. graduum; fuppono etiam ad calculi facilitatem, radium 10000. Quibus pofitis, erunt quinque fecantes quæ fequuntur, vt & 5. illarum cubi, eorumque fumma,

Secantes	Cubi.
1000	1000000000
1001	1003003001
1001	1003003001
1002	1006012008
1004	1012048064
Summa	Summa.
5008	5024066074

Iam verò fi duxeris radium 10000 in 5008. exurgit fumma 5080000. per quam diuifâ cuborum fummâ, quotiens eft ferè 989. Erit igitur ferè vt finus totus 10000 ad 989. ita dodrans A B axis trianguli H A G, ad lineam ab A verfus B fumptam; cuius extremum verfus B, dabit centrum percuffionis prædicti trianguli, proximè: fi tamen prædicta ifochronia, vt ita loquar, femper cum centro percuffionis congruat: quod non adeò certum effe videtur, quin tantifper difcrepet.

Eadem regula triangulo 153. graduum adhibita, cum experimento præcedente congruit, vt calculum fubducenti conftabit: fed aliarum figurarum centra percuffionis aggrediamur: fi tamen priùs notaueris autorem appêdicis Phyficomathicæ de centro percuffionis, in ifto centro reperiendo à prop. 17. & deinceps aberraffe; hoc eft cùm ad læuam & dextram corpora vibrantur, eo tefte qui folus ratione vibrationes iftas definiuit.

CAPVT XII.

De centro percußionis circuli, circumferentia & corporum, déque triangulis antrorsum, siniftrorsumque vibratis.

1. *Regula generalis centrorum percußionis pro circuli sectoribus.* 2. *Regula generalis pro centro grauitatis prædictorum sectorum.* 3. *Centrum percußionis triangulorum, & rectangulorum.* 4. *Vibrationes omnium figurarum esse in duplicata ratione.* 5. *Quodlibet corpus in horologium conuersum.*

INcipiamus à circulo in aliquo circumferentiæ suæ puncto etiam ex A pendente, cuius diameter eft ad funependulum vt 7. ad 5. proxime,

Semicirculi D B C , tam in medio basis A, quàm in medio semicircumferentiæ B suspensi in A puncto, altitudo A, siue radius A B , eft vt 5. ad 6.

Quadrans circuli, tam per apicem, quàm per basim, vt 5. ad 4. ferè.

Sed cùm eruditissimus Roberuallus regulam generalem inuenerit pro quibuslibet sectoribus, illam etiam accipe: ideoque intelligantur in præcedente figura, sectores quotlibet, quorum maximus semicirculus D B C D; minimus verò A H G, cuius arcus G B H 30. graduum: cuiusque chorda dicta supponatur à G ad H.

Vt igitur chorda G H ad arcum suum G B H, ita dodrans axis, vel radii A B, ad aliam rectam ab A puncto versus B sumptam: cuius extremitas oftendet quæsitum percussionis centrum, vel funependuliisochroni longitudinem: quod & in semicirculo ita explicabis, vt C D diameter, ad C B D perimetrum, ita tres quadrantes radii A B, ad lineam ab A versus B sumptam.

Cùm tamen in eo puncto non fit centrum grauitatis semicirculi, aut alterius sectoris, sed in alio puncto, quod hac etiam analogiâ reperit,

Vt arcus ad chordam, ita bes A B ad aliud: quod & Guldinus c. 9. l. 1. de centro grauitatis docet. Iam verò ad alia centra redeo, & primò quidem ad centrum percussionis circumferentiæ, cuius diameter est æqualis funependulo, vt & radius dimidiæ circumferentiæ: quæ tamen per arcum suspensa, est subsesquialtera funependuli. Sphæra eodem ferè modo se habet ac circulus. Dimidia sphæra tam per superficiem, quàm per medium planum, vt 11. ad 16. Quibus solùm addo parabolæ planum, cuius basis est axis sesquialter: cùm ergo per verticem appenditur, est vt 9. ad 7. per basim, vt 18. ad 11. Denique semitrochois, siue semicyclois, tam per basim, quàm per perimetrum est isochroni funependuli sesquialtera.

Superest vt aliquid addamus de triangulorum centris percussionis, quorum bases distant semper æqualiter ab axe D C, quandiu vibrantur.

Cuiusuis ergo trianguli per verticem appensi centrum percussionis est in fine dodrantis altitudinis, seu axis eiusdem trianguli: in cuius est medio, cùm appenditur per basim.

Rectangulorum verò centra percussionis inueniuntur vt in cylindris. Constat autem hanc methodum longè faciliorem esse aliâ præcedente, quâ reperitur centrum percussionis triangulorum ad sinistram & dextram vibratorum.

Nota verò primùm discrimen illud motuum esse proprium superficierum, & linearum curuarum, & perimetrorum; siquidem ambo in corporibus, verbi gratiâ in sphæra, cylindro, cubis, pyramidibus &c. in vnum conueniunt. 2. Vibrationes triangulorum primò modo factas longe tardiores esse vibrationibus secundo modo sumptis. Omitto varias comparationes, quæ fieri possint inter centra eorumdem triangulorum duobus illis modis sumpta; verbi gratiâ, vtri validiorem ictum impingant: & quando fuerint illorum ictus æquales.

Tertiò omnes lineas, superficiei, & omnia corpora hanc eandem funependulorum obseruare legem, vt eorū altitudines esse debeant in ratione duplicata temporum, quibus illorum vibrationes quóuis modo sumptæ perficiuntur, adeout baculi, ensis, sarissæ, perticæ, trabis, aut cuiusuis alterius corporis vibrationes, illarumque tempora sis prædicturus, si noueris illorum lōgitudines, vicéque versâ: vnde concludendum est vix vllum corpus occurrere, quod dicto citiùs non conuertas in horologium satis exactum: dummodo illud appendas, vt facilè vibretur, seu libretur.

CAPVT. XIII.

De motu corporum ex vnica, vel ex vtraque parte
vi detentorum, vt. trabium, fariffarum
&c. vbi & de velocitate motus gra-
uium, & funependuli.

1. *Sariffa ter vibratur vno fecundo.* 2. *Deinde fexies.* 3. *Vibrationes*
trabium quomodo cognofcantur. 4. *Vibrationes librilium.* 5. *Clariffimi*
Vendelini obferuatio quàm difficilis. 6. *Horologiorum incertitudo.* 7. *Sa-*
liens aqua calida velociùs falit quàm frigida. 8. *Vibrationes durantes*
4. *horas.* 9. *Tenuiffimi funependuli tardiffima vibratio.* 10. *Vide plu-*
rima de funependulis.

INtelligatur trabs parieti adeo firmiter infixa, vt ex ea parte moueri nequéat; effeque horizonti parallela; aut verticalis, certum eft trabis extremum hinc inde reuerfurum, fi ex linea fua horizontali, aut verticali, manu, vel alia ratione deducatur. Verùm vt
faciliora, & quæ iam experti fumus, cuiquam obuia fint: affumo
fariffam, vulgò *pique*, cuius pedes 12. extra murum (cui per craffius
extremum, quod dici poffit *manubrium*, infigitur) extat, illius autem, quâ fum vfus, 13. pedum, pondus fuit librarum 3 ½; maior illius diameter, feu craffitudo 14. linearum.

Huius igitur fariffæ 12. pedes extra murum extantis minus extremum è propria fede motum, ità ad eam redit, vt vno fecundo
minuto proximè 3. vibrationes faciat, quandoquidem tempore
18. Secundorum vibratùr 52. vicibus: cùm verò per bina fua extrema detinetur à 2. muris, vel alio modo, inftar nerui teftudinis,
duplò velociùs mouetur, atque adeo fexies tempore vnius fecundi
minuti vibratur: quod valde notandum: fic enim vterque paries
velocitatis dimidium in fariffam, vt in citharis, in neruos vterque
ponticulus, influit.

Porrò vibrationum omnium fenfibilis periodus fex duntaxat fecunda infumit, atque adeo vicibus 36. vibratur ante quietem. Cùm
verò per folum manubrium detinetur, minus extremum dimidio
pede tractum extra lineam vibratur 160. fecundis ante quietem.

Si fariſſæ minus extremum à pariete firmiter retineatur, craſſius extremum vicibus 52 vibratur, 30. ſecundis : toties verò tremit minus extremum 18. ſecundis.

Porrò ſiue ab vnica parte, ſiue à duabus ſariſſa, trabs &c. detineantur, neruorum legem ſeruant, quippe duplo breuiora duplo citiùs vibrantur : vt iam quiſpiam noſſe poſſit quoties in dato tempore trabes, tigna, ſeu tigilla quatiantur aut vibrentur, ob varias pedum, aut malleorum percuſſiones, quæ fiunt in cubiculis ſuperioribus : cùm enim trabis craſſitudo pedalis ſit proximè decupla craſſitudinis Sariſſæ ; ex demonſtratis in Harmonia facilè concluditur quantò ſint tardiores vibrationes chordæ decuplò craſſioris, ſiue longitudines ſint æquales, vel inæquales, ne hic toties dicta repetere cogamur.

Hæc autem omnia prorſus conueniunt quibuſuis aſſeribus, longuriis, vectibus, ſudibus, clathris, palangis, &c. ne quis in ullo corpore laboret : cùm tamen illa corpora liberè ſuſpenſa duplicatam rationem in ſuis vibrationibus, hîc autem ſimplicem longitudinem, chordarum inſtar, obſeruent : illis libertas, hîc violentia, ſeu coactio. His adde iugum bilancis, cuius pars vtraque bes pedis, è linea horizontali depreſſum horâ dimidiâ vibrari, itavt quælibet vibratio duret, 2. ſecunda & paulo ampliùs. Vnde poſſis concludere de tempore vibrationis aliorum iugorum longiorum, vel breuiorum : quò etiam horologiorum librilia referuntur : quippe mouetut horizontaliter ; & quò longiora, eo tardiores ſunt illorum vibrationes. Ex quibus facilè concludes de motibus quorumuis corporum, quouis modo liberorum, vel coactorum, cuiuſcumque fuerint craſſitudinis, longitudinis & figuræ ; atque adeo funependulorum vibrationes non eſſe inutiles : quas cùm eruditiſſimus Vendelinus æſtate, quàm hyeme tardiores exiſtimaſſet, adeòvt hybernæ ſolſtitiales 20. vibrationibus æſtiuas ſuperarent, funis 472. vibrationes facientis ; idque per multos annos conſtantiſſimè, attamen cùm experiar tantam in horologiis arenariis, ſeu clepſydris inconſtantiam, quibus vibrationes chordæ 48. pedes longæ metior, nihil hinc certi & accurati concludere poteſt qui veritatem vnicè diligit.

Quanquàm adeo pulchra ſunt quæ deduci poſſe ait ex illa obſeruatione, nullus vt ſit qui non eam veram eſſe deſideret : verbi gratiâ, graue ſpatio 12. minutorum vſque ad terræ centrum deſcenſurum ; & alia quæ poſſis ab eo repetere : quanquam ex meo calculo 16. minuta deſcendendo conſumere debeat,

Quasdam obseruationes ex multis affero, quæ cum 2. clepsydris, quæ censebantur optimæ ab iis qui regunt horologia, vltimo die anni 1545. frigore eximio, hora tertiâ pomeridiana, eadem clepsydra quadranti horæ mensurando destinata, in emittendo sabulone, 832. vibrationes funependuli pedum 3¦, alterâ vice 816. duntaxat impendit, licet ex eadem parte fluxerit: vbi vides discrimen 16. vibrationum.

Alia maior clepsydra ex eadem parte fluens, semel 807. alterâ vice 794. vibrationibus respondit.

Ex alia parte fluens semel 778. alterâ vice 857. differentia 76.

Die 2. anni 1646. funis cum appenso 10. librarum pondere templi fornici appensus vnâ vice 218. alterâ 222. vibrationes habuit, quandiu clepsydra fluxit: cùm autem aliàs ex vna parte fluxisset spatio 207. vibrationum, ex altera parte fluxit spatio 229.

Quibus adde calidam aquam frigidâ velociùs fluere, si fortè Clarif. Vendelinus aquæ fluxu, instar Galilei, in horologio suo vsus est: tubus enim altitudine pedalis & crassitudine digitalis frigidam, quâ plenus fuerat, tempore 26. secundorum, calidam tempore 24. aut ad summum 25. per lumen lineare effundit: quid igitur certi nostra horologia siue aquea, fine arenaria possint exhibere, ipsum iudicem audio.

Dum hæc fiunt, videtur tripedale funependulum, cum vnciali globo, ad 45. sui quadrantis gradus adductus 600. duntaxat vibrationes habere, quibus in obseruatione possis vti, licet enim spatio quadrantis horæ, cum attentióne maxima, distingui queant, nimis intenditur oculus, nec satis est liber animus ad alia: reliquæ vibrationes, quas puto alium horæ quadrantem durare, penitus mittendæ, quòd non sint adhibendæ in experimentis, quæ solent eò certiora esse, quò maiora.

Cùm autem certum sit eiusdem funependuli vibrationes plures esse, quò grauius fuerit eius pendulum, quandoquidem septupedale cum pendulo 10. librarum, 3. pedes è linea perpendiculari tractum: 8. horis mouetur antequam quiescat, (facit autem 2. vibrationes, quandiu tripedale funependulum 3.) cùm vix per semihoram cum vnciali pendulo moueatur. Vbi post primam horam notaui vibrationes esse pedales, quæ initio tripedales erant, & post horam secundam, esse digitales: an post 3. horam lineares &c. videant, si qui sint, adiutores.

Hoc igitur septupedale funependulum 21600. vibratur, priusquam quiescat: vnde possis coniicere quot addat vibrationes quæ-

libet vncia, cùm vncia prima dimidiam horam ad summum tribuat:& 8. vnciarum pondus faciat vt funependulum horæ dodrantem solummodo vibretur, adeovt 7. vnciæ solum horæ quadrantem addant.

Vtendum est autem eodem pendulo & funependulo, cùm ex-
ploras quot vibrationes noua pondera periodo vibrationum addant, ne decipiaris, filum enim argēteum tripedale capillo tenüius,
cum globo vnciali, horâ integrâ vibratur; filum verò cannabeum,
vel ex serico, quod in sutrinis, ad vestes suendas, familiare sar-
toribus, horâ dimidiâ: lucraturque vnam vibrationem spatio centum vibrationum argentei, quandiu enim centies argentum, illud
101. vibratur.

Clarum est igitur funependuli longitudine æqualis vibrationes
futuras omnium tardissimas, si filum Mathematicum, hoc est in-
diuisibile concipiatur; vel potiùs si globus super concauâ superficie politâ, & durâ, cuius semidiameter tripedalis, moueatur:
quanquam puto vibrationem quamlibet illius argentei funependuli parum ab hac abfuturam. Quis verò foelicis adeo ingenij, vt
demonstret quantò tandem esse debeat tardior funependuli Ma-
thematici vibratio, vel quantò vibrationum omnium periodus esse
productior?

Licet verò facilè concludi possit ex dictis de centro percussionis
cylindrorum, quo tempore fiat vnaquaque corporum clauo appensorum vibratio, cùm esse debeant in sesquialtera funependulorum isochronorum ratione; placet tamen hic addere quod in sarissis obseruaui pedum 12 ½, cum funiculo ita detentis, & laquea-
ris trabi alligatis, vt hinc inde, more funependuli, mouerentur;
itaque sarissa per ferrum appensa, 20. vibrationes tempore 35. secundorum; totidemque manubrio appensa, tempore 32. secundorum habet.

Eadem sarissa 18. vicibus solummodo vibratur, tempore 20. secundorum, cùm illius cuspis, seu ferrum infigitur trabi prædictæ,
quod valde notandum, vt comparentur eiusdem corporis violentæ,
seu coactæ vibrationes cum liberis.

Ex iis autem concludendum quælibet corpora eo citiùs vibrationes suas peragere, quò superiorum partium crassities, aut grauitas, inferiorum partium grauitatem superabit, vicéque versâ:
quod adeò verum est vt in superioribus partibus ea grauitas esse
possit, quæ idem pene faciat, ac si nullæ partes inferiùs sequeren-
tur; vt contingeret, si funependulo tripedali globulum vncialem

in extremo ferenti, adhiberetur supernè, versus priorem pedem, globus 5. aut plurium librarum; quod etiam rectè de sarrissa dixeris, cui globus centum librarum circa priorem pedem superiorem appenderetur.

Denique aliam obseruationem addo funependuli 9. pedum, cui vesica 7. granorum appensa, 60. vibratur ante quietem; cùm globus 15. granorum ex subere vibretur 300. antequam quiescat: quod iam antea notaueram.

CAPVT XIV.

De soni, atque globorum è tormentis missorum iactibus, vi atque velocitate : deque puncto æqualitatis.

1. Soni velocitas. 2. Quot sexpedæ à porta S. Antonii ad castellum Vicennense : & ad conuentum Minimorum Vicennensem. 3. Vera leuca Gallica notis terminis definita. 4. Longitudo & velocitas iactus pilæ tormentariæ. 5. Velocitas globi tormentarii 130. sexpedarum vno secundo. 6. Experimentum velocitatis glandis tormentariæ. 7. Iactus verticalis tempus 8. Obseruatio necessaria facienda. 9. Obseruatio tormenti horizontaliter explosi. 10. Iactus medius quantus. 11. Quomodo mensurandum iter iactuum. 12. Punctum æqualitatis in diuersis grauibus diuersum, qua ratione possit inueniri.

CVm multoties animaduerterim sonum tempore secundi minuti 230. sexpedas, seu pedes percurrere, nonnullumque dubium superfuisse videatur, num ea velocitas esset fragoris maiorum tormentorum, quæ minorum, quibus experiebar, tandem obseruatum est spatio vndecim secundorum fragorem maiorum Armamentarii regii tormentorum, ab eodem Armamentario, post visam flammam, vsque ad nostram domum, seu conuentum Vicennensem, dum, ob deditionem Populonii, noctu tormenta explodentur, excurrisse.

Cùm autem hexapedâ repererim ab S. Antonii porta vsque ad conuentus prædicti ianuam, vbi extabat auris, 3524. sexpedas, & vsque ad parietem castelli Vicennensis priùs occurrentem, 2500. sexpedas proximè, certum est primò iustam esse leucam 2500.

sexpedarum

fexpedarum ab area horti Armamentarij, ex qua folent explodi tormenta, vfque ad illud caftellam :fi quid enim ex itinere minuendum eft, illa diftantia, qua magis diftat horti angulus, vel area Sequanæ propior à caftello, quàm porta S. Antonij, fatis compenfat.

Conftat igitur fragorem plures quàm 230. fexpedas vnoquoque fecundo percurrere, nempe 320. vnoquoque fecundo; quæ faciunt 1920. pedes; quæ cùm facilè quifpiam propriis experimentis poffit expendere, non eft opus ea de re pluribus agere, viderique poffunt quæ diximus prop. 39. Ballifticâ.

Quod autem quis exiftimare poffit hinc fortè concludendum fonos fortiores velociùs currere, contra varias obferuationes pugnat, Verùm vbi aliquando experimenta hæc iterari poterunt, vt ipfe fecunda numerem, monebo, quándoquidem fufpicor nullam effe foni velocitatem ea maiorem, quàm aliàs 230. fexpedarum pro fecundo fum expertus : in his enim minutiis non probo illud vulgatum, *qui per alium facit, per feipfum facere videtur* : quibus non deeft occafio, ipfi obferuent, vel credant fe non omnino certos, & doctos.

Nunc verò de globorum è tormentis mifforum celeritate nonnihil adamus, de qua iam fufiùs actum eft prædicta prop. & plærifque aliis Ballifticæ locis. Cùm itaque apud Marchionem Doraifon, 4. leucis ab Aquis Sextijs, tormentum æneum pedum nouem, nomine *Marchioniffam*, vulgò *la Marquife* (cuius globus bilibris cum vncia, puluere verò, qualis effe folet in vfu minorum tormentorum, libræ vnius pondere) iuffiffem horizontaliter dirigi, funependulo reperi globum horizontaliter explofum tempore 5. fecundorum, 630. fexpedas, feu pedes 3780. percuriffe & horizontem attigiffe, tefte puluere ingenti à percuffione concitato.

Porrò deprimebatur punctum illud terræ, quod primùm à globo percuffum eft, fub horizontem tormenti, 27. fexpedis, nec enim alioquin iactus ille tantus fuiffet ante telluris occurfum, quæ tanto tardiùs occurrit, quantò magis fub horizontem explofi tormenti deprimitur, vt pluribus in Ballifticis oftenfum eft; in cuius prop. 39. & aliis locis, cùm iam fit clarum, me globorum celeritatem minorem quàm par erat dediffe, nifi tamen globi maiorum tormentorum exquifito puluere, quo fuimus vfi, miffi globulorum arquebufiis exploforum velocitatem fuperent : qua de re necdum fero iudicium, donec experimenta lucem attulerint : placet verò recenter obferuata proferre.

Nunc igitur globi, quem expertus fum, affero tantam fuiffe ve-

R.

locitatem, vt ad minimum secundo quolibet minuto prædicto 126. sexpedas percurrerit.

Dixi *ad minimum*, quippe sciunt Obseruatores globi percussionem antecedere puluerís excussionem, istiusquè excussionis perceptionem ; adeovt huic tempori semisecundum meritò tribui possit. Deinde primo secundo celeriùs currit globus, cuius tempore 150. sexpedas percurrísse vix dubitem : Denique si propter moram, quæ intercedit à terræ percussione vsque ad visum puluerem excitatum, illam velocitatem totidem auxerimus sexpedis, quot dimidio minuto potuit percurrere, verbi gratiâ 70. supponaturque velocitas propemodum æqualis tempore 5. secundorum, quolibet secundo 140. sexpedas illo tempore percurrerit, hoc est, si terræ punctum primò percussum 700. sexpedis à tormento abfuisset, illud tempore 5. secundorum attigísset. Itaque globi tormentarij celeritas definiri potest ex dictis 130. sexpedarum, ad minimum, tempore secundi : quod etiam quadrat experimentis globulorum à minoribus tormentis emissorum: quippe centum sexpedas currunt quamdiu tormenti fragor idem iter perficit.

Enimuero si post parietem globo percutiendum stet auris attenta, eodem instanti fragor, & ipsius globi percussio auditur, ac si globus ipse fragorem illum efficeret, quod dubio procul reperies, si experiaris, vt mihi contigit. Quanquam fuerit operæ pretium id non solùm eo puluere purgatissimo explorare, quo solent vti qui præmio proposito ad scopum collineant, sed etiam crassiore puluere maiorum tormentorum, vt obseruetur num aliquod sensibile velocitatis discrimen inferat.

Minimam globi velocitatem quocumque puluere vtaris, centum, maximam 150. sexpedarum primo secundo possumus definire, si tantumdem puluerís immittas in tormenta, quantum ad validos ictus necesse fuerit : si enim quædam solummodo grana, quæ vix explodant globum, immiseris, aliud dicendum fuerit.

Addo globum ex tormento prædicto verticaliter explosum in ascensu & exscensu 36. secunda impendisse : qui si tantumdem in ascendendo temporis quantum in descendendo consumpsit & graue descendens tempore 18. secundorum semper eandem in accelerando descensu rationem obseruarit, quam seruat primis 4. secundis, ascensus verticalis fuerit 648. sexpedarum, cùm pila 6. librarum illius tormenti, quod Hagæ Comitis in mei gratiam illustris eques Eugenius explodi curauit, 512. sexpedas in ascensu 16.

secundorum tempore percurrerit ; quæ cadens terram pedibus 3. subingressa est, vt iam monueram epistolâ dedicatoria Mechanicis præposita.

Verùm duo sunt quæ possint illud ascensus interuallum minuere, primùm, quòd fortè pila non tantum in ascensu quantum in excensu consumat temporis, cùm sagittæ, prop. 12. Ballisticæ, tribus secundis idem iter ascendendo percurrant, quod 5. secundis descendendo: vide prop. 13. in qua de his fusiùs; deinde cùm os tormenti versus terram inuertimus, pila profundiùs in terram, quàm descendens, ingreditur, quemadmodum sagittis côtingit: vnde mihi suspicio non minima suboritur, oculos in ascensu pilæ deceptos, de qua Corollaios prædictæ prop. videlicet iam globum descendisse, cùm existimaretur etiamnùm ascendere: quod etiam de sagittis cogitari fas est, quæ forsan ceperant descendere, cum viderentur inuerti, vt cuspis quæ præcedebat ascendens, similiter descendens antecederet: quod possis ex minori pilæ descendentis ictu concludere; nisi contendas ictum ex tormenti osculo in propinquam terram à globo verticaliter percutiente impactum, ictu eiusdem globi ex summa, quam attigit, altitudine, maiorem esse quidem, non tamen ob maiorem velocitatem, sed ob aërem ita ex improuiso interceptum, & oppressum, vt longè faciliùs terram euertat, aut perforet, quàm vbi pedetentim à cadente globo præparatur ad motum vltimum, faciléque hac illa elabitur, aut vice versâ.

Quod quidem ex scopulis, & montibus abruptis sexpedas sexcentas altis sciri potest, quippe stans in vertice obseruabit quo tempore globus, ad montis pedem explosus, ad culmen, aut alium montis locum peruenerit, signoque dato, tormenti Libratorem de tempore monebit, vel ex eo discet tempus ascensus & descensus; ex quo rescindens tempus ascensus, concludet quantò fuerit breuius tempore descensus. Quod etiam obseruari potest pila ferreâ tormenti candente noctu explosâ, dummodo vsque ad summam altitudinem inflammata videri possit. Vt vt sit, obseruationem eiusdem tormenti Hollandici velim addere, quòd horizontaliter explosum, sex librarum pilam ad 398. passus iecit, priusquàm terram attingeret; passum verò sume tripedalem. Post hoc interuallum, octo saltibus peractis, tandem ad 1750. passus desiit: primus verò saltus, post primum illud prædictum iter in aëre peractum, prioribus semper comprehensis, ita se habet cum reliquis.

R ij

Curſus in aëre. 398. *paſſuū.*

Primus ſaltus,	790
Secundus ſaltus,	1065
Tertius ſaltus,	1244
Quartus ſaltus,	1394
Quintus ſaltus,	1475
Sextus ſaltus,	1548
Septimus ſaltus,	1626
Octauus ſaltus,	1750

Præterea iactus medius ſiue 45. graduum fuit 3225. paſſuum: cuius ſi dimidium pro iactu verticali ſumamus, erit pedum 3225. ſeu ſexpedarum 537 ; pro quibus ſupra numeraueramus 512. duntaxat. Hinc ſit vt iam exiſtimare poſſimus iactum verticalem in aſcenſu non omnino progredi per eoſdem, ſeu æquales, & analogos velocitatis gradus, per quos in exſcenſu deſcendit, ſaltem enim deſunt 25. hexapedæ, quibus differt 512. à 537. Quanquam ille Libratoris tormentorum numerandi modus per paſſus communes, nulli inſtrumento adſtrictus non adeo certus ſit, quin hi differant ab illis, itavt ad noſtras definitas ſexpedas certò reduci nequeant.

Quiſquis igitur certò velit experiri, cathenam, vel rotam habeat ſexpedas, vel alias menſuras determinatas numerantem, vt in itinere leucæ 2500. ſexpedarum à turri Baſtiliæ è regione portæ S. Antonii erecta, vſquè ad Vicennenſis Caſtelli muros primùm occurrentes factum eſt.

Supereſt vnum quod minuere poſſit verticalem altitudinem, nempe globum plura in exſcenſu quàm oporteat, ſecunda conſumere, quandoquidem accedit ad punctum æqualitatis, poſt quòd non auget deinceps ſuam velocitatem: adeovt non ſolum 16. ſecunda pro deſcenſu globi Hollandici, ſed fortè 20. numeranda; & 12. pro aſcenſu retinenda ſint.

Licet enim in modicis altitudinibus 40. aut 50. ſexpedarum non ſatis aduertatur in globis plumbeis acceſſus ad punctum æqualitatis, non inde ſequitur in maioribus centum, aut plurium ſexpedarum altitudinibus, ad illud punctum non accedere; imo contrarium euincunt experientiæ.

Sumatur globus ſubereus, qui plumbo ſeptuagies ad minimum leuior eſt; ambo tamen tripedale ſpatium eodem propemodum tempore conficiunt, licet fortè ſuber intra 50. pedes ſuum æqualitatis punctum aſſequatur.

An verò plumbum 70. grauius, ſpatium ſeptuagecuplum percurrat, id eſt 3500. pedes, priuſquam ſuum æqualitatis punctum attingat, qui parum abſunt altitudine, ad quam globi tormentarii

verticaliter emiſſi perueniunt, licet nondum habeam vnde conclu-
dam, mihi tamen ſatis probabile videtur. Porrò nunquam deinceps augebitur percuſſio poſt illius puncti occurſum, ſi à ſola maiori velocitate maior percuſſio repetenda fuerit : vide cætera 20.
prop. Balliſticæ. Nota verò fuiſſe à viro nobili obſeruatum id mihi referente, videlicet tormentum bellicum, 18. pedes longum, &
per pedes imminutum, ſemper longiùs emiſiſſe pilam vſque ad pedes vndecim, tunc enim pilæ iactus minui cœpit.

CAPVT · XV.

Variæ cogitationes de caſu grauium iterum expenſæ.

1. *Grauium deſcenſus per numeros.* 1. 2. 4. &c. 2. *Eorumdem caſus
iuxta numeros.* 1. 2. 3. &c. 3. *Difficultas tollens cognitionem veræ progreſſionis.* 4. *Corpora incapacia velocitatis.* 5. *Velocitas grauis vſque ad
terræ centrum deſcendentis.* 6. *Cauſa deſcenſus grauium incognita.* 7. *Quid
ſit experientiâ certum in ſpatiis & temporibus caſuum.* 8. *Acceleratio
motus ad æqualitatem reducta.* 9. *Ratio ſeſquialtera gradus permanentis, & aquiſiti.* 10. *Motus agens.* 11. *Triplex velocitas, acquiſita,
permanens & agens.*

A Noſtris Phænomenis editis varia de proportione accelerationis deſcenſus grauium allata ſunt; verbi gratiâ, non eam
ſequi rationem, quàm, cùm Galilæo, multis locis, & tractatibus
mihi videbar pluribus experimentis confirmaſſe, quæ numeris imparibus ſe inuicem ab vnitate conſequentibus, quælibet confecta
ſpatia, vel ſpatia collectâ, ſimulque ſumpta, numeris quadratis ex
illis imparibus conflatis explicat.

Itaque pro numeris 1, 3, 5, 7 &c. video ſubſtitutos numeros 1, 2,
4. 8. &c. à viro dicto, quem Petrus Gaſſendus eò gratiore, docto-
réque epiſtolâ, quo fuſior eſt, copioſiſſimè refutauit: hæc enim eſt
tanti viri in ſcribendo gratia, vt ſemper productiora, quæ ſtillatim
profert, deſideres.

Eſt & alius vir ingenio præclariſſimus, qui numeros ab vnitate,
naturaliter ſe conſequentes, 1, 2, 3. 4. &c. maluit adhibere grauium
caſibus, licet noſtrâ per numeros impares progreſſione, vt pote

R iij

faciliori, & experimentis satisfaciente, passim vtatur: quem etiam
Clariss. Tenneurius, amicus singularis, scripto nondum vulgato re-
fellit, vt & priorem eruditissimâ epistola, in qua præsertim illud
placet, quod nostram illam per numeros impares progressionem
euincit, licet grauia, à quiete casum inchoantia, non transirent per
omnes gradus tarditatis.

Sed est aliud quod hanc progressionem impedire videatur, &
aliud quod reuera progressionem turbat, & minuit: primum est
quòd motus adeò velocis non sint corpora plæraque capacia, quis
enim verbi gratiâ, paleam, etiam si descendentem in vacuo, vel medio non impediente, credat æquali ac globum è tormento missum
velocitate descensuram? quod tamen futurum esset, si palea suum
casum iuxta numeros impares vsque ad terræ centrum acceleraret:
imo iam illam globi tormentarii velocitatem indueret quadragesi-
mo secundo, hoc est postquam per tempus 40. secundorum des-
cendisset, nam vltimo secundo, qui quadragesimus est à casus initio, 158. sexpedas percurreret.

Quid si pergamus vlteriùs, sumamusque secundum minutum
ordine, 160. quo duo prima minuta desinunt, nempe 319. nunquid
palea isto secundo minuto 638. sexpedas percurrere poterit? idque
cùm versus centrum necdum leucas 2 descenderit; quo loco si iam
glandis tormentariæ velocitatem sexies superat, quâ tandem pernicitate curret, vbi centro proxima fuerit?

Quod quidem futurum est, cùm tempore 354. secundorum descenderit, feréque integrum terræ radium percurrerit, cuius temporis vltimo secundo, quod est ordine 354. quodque hoc numero,
709. exprimitur, sexpedas 1418. quæ dimidiam leucam superant,
percurret.

Adde quòd nondum scimus an grauia potiùs trahantur à terra,
quàm ipsa proprio nutu ad eam descendant: quæ si trahantur, alio
penitus modo de proportione casuum, quàm antea dicendum erit:
quippe post certum aliquod spatium percursum, suam deinceps
velocitatem remittent, cùm prima terræ medietas, per quam descendunt grauia, in iisdem retrahendis laboret, vel non ita laboret
in trahendis, cùm ad centrum accedunt.

Quid si neque trahantur à terra, neque propriâ grauitate ferantur, sed expellantur ab aëre, aut alia materiâ subtiliore, eo ferè
modo quò suber, & alia corpora leuiora sub aquam immersa, expelluntur ab aqua, non aliquâ peculiari aquæ vi, aut qualitate, nisi
eâ, quâ locum suum repetit.

Vides igitur de his caſibus corporum, quæ vulgò grauia dicuntur, nihil penitus demonſtrari poſſe, donec innoteſcat principium, ſeu vera, & immediata cauſa ob quam verſus centrum hæc &
illa corpora ſuum iter inſtituant, quantúmque iuuentur, aut impediantur in toto itinere ab omnibus alijs corporibus occurrenti-
bus, aut circumſtantibus.

Quæ tamen non impedient, quin ea de his caſibus perpenda-
mus, quæ videntur aliquid noui præ ſe ferre. Repetatur ergo Balliſticæ 14. propoſitio, qua fuſè ſatis explicauimus ſufficere velocitatem aquiſitam, vt eâ non ampliùs auctâ, duplum ſpatium per-
curratur eius ſpatij, quod præcedenti tempore
percurſum fuerat : ſitque propterea in eiuſd.
prop. ſchemate K M. linea A C, vel K B, quæ
numeros impares 1, 3, 5, 7. affixos habet, quibus acceleratio grauium oſtenditur

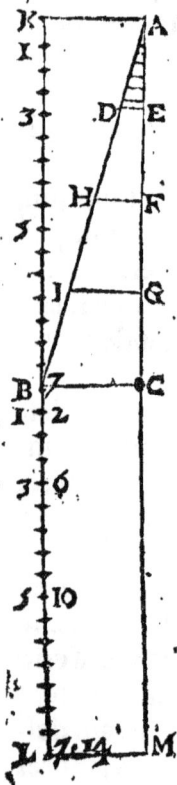

Certum eſt ex mediocri altitudine, putâ 34.
ſexpedis, & eâ minore, globum plumbeum vncialem, aut grauiorem, ita deſcendere perpendiculari motu, vt primo ſecundo 2. ſexpedas,
vel ſi maius vnam fariſſam, vel orgyam 12. pedű;
ſequente ſecundo, 3. ſariſſas; tertio ſecundo 5.
ſariſſas; quarto denique 7. ſariſſas; atque adeo
4. ſecundis 16. ſariſſas, vel 32. ſexpedas : quam
certitudinem non adeo credas exactam, vt nequidem vno digito quodlibet ſpatium ſit minus vel maius, quippe ſenſus id diſcrimen nequit aduertere, neque aliam hîc quæras præter eam quæ ſenſibus vulgò ſatisfacere ſolet.

Velocitas itaque primo ſpatio acquiſita à K ad
1. vel ab A ad E, ſufficit, vt cum eâ ſolâ graue faciat æquali tempore ſpatium præcedentis duplum : vocetur autem illa *velocitas*, qualis eſt
in linea D E, *acquiſita*: quæ quatenus ſpatium
duplum æquali tempore factura eſt, *perſeuerans*
dicatur; ſed quia non agit ſola, ſed coniuncta cum alia velocitate
ab 1. ad 3 aquirendâ, quæque ſolitariè ſumpta, æqualis erit velocitati acquiſitæ in 1. cùm pertinget ad lineam H F, ſi duæ illæ velocitates in vnam conflentur, dici poterit *agens velocitas*; quâ de-
curritur 1.3. vel D E H F, ſpatium quadrilaterum primi ſpatij trian-
gularis A D E triplum.

Quibus positis, sequitur graui descendénte cum aliquo certo velocitatis gradu permanente, motu æquabiliter accelerato, donec
gradus isto motu acquisitus æqualis sit gradui permanenti, spatium
hoc motu percursum fore sesquialterum illius spatii quod eodem
tempore solâ velocitate permanente decursum fuisset.

Quæ melius ex figura sequente capientur, cuius ope reducetur
quilibet motus vniformiter acceleratus ad motum æquabilem, hac
ratione.

Sit A B velocitas permanens, quâ solâ fieret motus æquabilis
A B C D, itaut si primo tempore percurreretur spatium B I, secundo tempore æquali secundum spatium I D similiter decurrendum
esset. Cùm autem illa velocitas acquisita B A, seruierit tantùm
dimidio spatii A D per velocitatem permanentem A B acquiren-
do, & vt acquisita dimidio spatii A D, hoc est triangulo A G C primum spatium acquisitu referenti, vel rectan-
gulo E C, quod æquale est prædicto triangulo, respondeat, si semissem permanentis,
vel aquisitæ A B iungas in directum ab A, ad
E, vt fiat B E permanens; motu æquabili
conficiet idem spatium, quod perseuerans
C D, iuncta ei quæ fit ex acceleratione, fe-
cisset æquali tempore; sit enim acquirendus
ex acceleratione triangulus A C G, numquid trapezium B A G D, æquale est rectangulo D E.

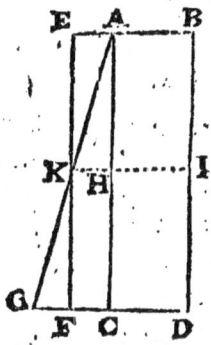

Hac igitur ratione potest omnis motus
acceleratus reduci ad æquabilem, modò eandem proportionem
constanter retineat acceleratio; quæ si fuerit irregulariter irregularis? nil penitus concludi poterit. Quod an sit, necne, cùm sensus
sint imbecilliores quàm vt ex eis præiudicium rationi, vel menti
fieri debeat, nil concludo. Quod si dixeris, nos igitur ea ratione
nullam scientiam istorum motuum habituros, quidni doctam
ignorantiam ignoranti scientiæ præponas?

Nostris tamen obseruationibus suppositis, clarum est, ex isto
schemate, quod prius dicebatur, nempe spatium à sola velocitate
permanente A B decursum, esse subsesquialterum spatii decursi ab
illámet velocitate permanente, seu accelerante cursum, donec gradus illo motu acquisitus, æqualis sit gradui permanenti, qualis est
gradus acceleratione acquisitus G C, est enim A B G D, sesquialterum A G C; quemadmodum A D, sesquialterum E C rectanguli,

quod

quod reducit accelerationem A G C ad æqualitatem, feu ad velocitatem æquabilem A F: adeo vt graue E A defcendens gradu
velocitatis E A permanente, & fui dimidium E A K H, vno tempore percurrens, aliud fui dimidium K H E C æquali tempore
peragat, cùm graue motu accelerato cadens ab A, non faciat dimidium triãguli, ficut primo tempore, reliquumque dimidium fecundo tempore æquali, quandoquidem primo tempore facit tantùm
quadrantem fui A K H, & 3. reliquos quadrantes, feu dodrans
K H G C fecundo tempore.

Porrò B E, compofitus ex permanente, & acquifito, facienfque
tantundem, quantum vterque, dici poteft agens, quod fit æqualitatis conciliator. Fas fit igitur iuxta meditationem doctiffimi Ten-
neuri, triplicem in motibus velocitatem concipere, primam *acquifi-
tam* refpectu fpatii confecti; fecundam *permanentem*, refpectu partium æqualium fpatii, temporibus æqualibus acquirendi; tertiam
denique *agentem*, quæ veluti compofita ex gradu permanente, &
gradu femper aucto, omnia redigat ad æqualitatem.

Placet autem addere quæ Galilæi Promotor egregius edidit,
poftquàm notauero nullam effe de cafu grauium fententiam, quæ
non contineat aliquid abfurdi, vel incommodi, & à natura rerum
abfoni, præter eam quæ per numeros impares progreditur: cùm in
multiplicatis qualibet ratione temporibus femper conferuetur
vniformis fpatiorū proportio, nec vnquam oriatur fpatium maius
aut minus vero, fiue tempora minuantur, fiue augeantur: fumantur enim, exempli caufâ, fex tempora æqualia; totidem fpatia 1. 3.
5. 7. 9. 11. illis refpondebunt, etiam fi bina fumantur 4. 12. 20. qui
tres numeri oftendunt tria fpatia in eadem progreffione cum 1. 3. 5.
Idemque continget fi triplicentur tempora, prodibunt enim fpatia 9. 27. 45. &c. nec inuenitur maior ratio 4. fpatiorum ad 2, quàm
duorum ad vnum: nec refpondet maius fpatium fecundo tempori,
quotcùmque illud in partes diuiferis, vt optimè notauit D. Ten-
neurus, adeo vt vnufquifque hanc progreffionem veram effe defide-
ret ob illius præ reliquis præftantiam, licet non ita fe res haberet:
quod tamen vim demonftrationis non habere fateor, quemadmodum neque rationes, quæ hactenus allatæ funt in grátiam vtriufque motus terræ, quidquam demonftrant, vt optimè notauit
Ariftarchi Commentator, etiam fi plures vellent eam moueri, ob
rationum præftantiam, quæ id innuere videntur.

S

CAPVT XVI.

An fit promota Galilæi doctrina de acceleratione motus grauium naturalis.

1. *Quid non demonstratum in proportione casus grauium.* 2. *Multa theoremata referuntur, & conceduntur.* 3. *Preclara de motuum acceleratione.* 4. *Pulcherrimæ Clar. Torricellij propositiones.* 5. *Omnes ordinatas parabolæ, æquali tempore percuri.* 6. *Quis fit impetus in quolibet puncto parabolæ.* 7. *Graue cadens describens Parabolam.* 8. *Impetus funt vt tempora.* 9. *Quinam de nouo scripserint de motu naturali grauium.* 10. *Sententia noua de grauium casu.* 11. *Necdum nos scire quidpiam in Physicis.*

PRomoueretur illa sententia, si probaretur motum illum grauium esse naturalem ; sed cùm aliqui contendant esse violentum, siue à principio externo, quòd numquam descendant nisi adhibitâ vi materiæ subtilis, vt anteà dictum est, vel attractione terræ, non est ex ea parte promota. 2. neque ex parte graduum tarditatis infinitorum, cùm nullus demonstrarit graue per infinitos, seu omnes tarditatis gradus transire. 3. neque ex ea parte, quàm Geometræ magni momenti rationibus freti non possunt concedere, nempe grauia quælibet, tametsi considerentur in vacuo moueri, cuiuscumque velocitatis esse capacia : qui potiùs affirmant vnicuique corpori vnicam tantummodo summam velocitatem posse communicari, vltra quam non sint deinceps vlterioris velocitatis capacia, 4. necdum etiam demonstratum est Galilæi fundamentum, siue postulatum, videlicet; gradus velocitatis eiusdem mobilis super diuersas planorum inclinationes acquisitos tum esse æquales, cùm eorumdem planorum eleuationes æquales fuerint.

Licet enim concedatur duo grauia simul coniuncta ex se moueri non posse, nisi centrum commune grauitatis ipsorum descendat; itemque, si in planis inæqualiter inclinatis, eiusdem eleuationis, duo grauia constituantur eandem homologè inter se rationem habentia, quam planorum longitudines, illa grauia momenta æqualia seruatura. Insuper momenta grauium æqualium super planis inæqualiter inclinatis, eiuſd. eleuationis, eſſe in reciprocâ ratióne cum longitudinibus planorum ; Sed & momentum totale grauis ad momentum eiuſdem grauis in plano inclinato, eſſe vt longitudinem ipſius plani ad perpendiculum : & momentum ſphæræ grauis ſuper diuerſis planorum eleuationibus, ſemper éſſe vt lineam horizontalem à contactu plani in ſphæra ductam.

Concedatur præterea momenta grauium æqualium ſuper planis inæqualiter inclinatis, eſſe in homologa ratione cúm perpendiculis partiùm æqualium eorumdem planorum , atque adeo eſſe vt ſinus rectos angulorum eleuatio.is : non tamen ſatis clarè videmus inde ſequi tempora lationum ex quiete per plana eiuſdem eleuationis, eſſe homologè vt longitudines planorum : omnes ſiquidem rationes, quæ ducuntur ex eo quòd grauia penderent hác aut illa ratione ſuper quibuſuis planis, non idem contendunt pro motibus, qui non ſunt ponderibus homogenei : falluntque hæ comparationes ſi non ſemper , ſaltem vt plurimum , vel aliquando: quod ſi ſemel contingere queat, nouit Clariſ. Promotor nullam hinc oriri poſſe demonſtrationem.

Quod etiam in hac ponderum ſeu grauitationis materia fatebitur, quippe ſequi debere videretur grauia ſuper eodem plano cadere debere tantò velociùs, quantò grauiora forent, contra perpetuas obſeruationes.

Quanquam, ex prædictis hypotheſibus conceſſis, fatendum ſit eum præclara demonſtrare : verbi gratiâ, tempora lationum , quæ fiunt ex quiete per plana quælibet, eſſe inter ſe, vt lineas in parabola applicatas ad ſpatia percurſa : & quæ fiunt per vnum quodque latus trianguli rectanguli, cuius baſis ad horizontem erecta ſit, eſſe æqualia. Item ſi graue quod perpendiculariter deſcendit, terræ centrum attingat, reliqua grauia eodem tempore ſingula ſuis in planis quietura : quod quidem verum eſſe nequit, niſi grauia trahantur à terra velut à magnete : Si enim innatâ grauitate moueantur , vltra terræ centrum longiſſimè pergent , fortéque poſſent ex tantâ cadere altitudine, vt ad horizontem Antipodorum peruenirent, à quibus poſſent retineri, nec rurſus deſcenderent. Quo dato , nobile fuerit problema, ſi quis demonſtret quanto tempore grauia iſta futura ſint in motu, ſeu quoties vibrabuntur, ſeu quoties per centrum tranſibunt, antequam in ipſo quieſcant, eo fere modo quo quieſcunt funependula in linea perpendiculari.

Vt vt ſit, fatendum eſt Promotorem pulcherrimas cadentium

grauium proprietates, parabolæ, circulique beneficio detexiffe, & explicaffe, réque verâ Galilæi Doctrinam longiffimé propagaffe.

Quid enim ingeniofius,quàm Tempus per diametrum quadrati erecti,æquale effe tempori per duplum lateris erecti, vnicum effe triangulum rectangulum, nempe cuius tria latera minimis numeris, 3. 4. 5. commenfurabilibus exprimuntur, quod habeat tempus per hypothenufam æquale tempori per alia latera.

Omitto alia plura apud eum 58. propofitionibus legenda, præfertim que 57. docet; fi ab aliquo puncto lineæ circulum tangentis in puncto fublimi, grauia cadant in peripheriam; & inde per chordas horizontales conuertantur, tempora lationum per vtrorumque chordam & eius perpendiculum, æqualia futura; & quæ 58. tempus per axem parabolæ, & eius ordinatim applicatam fimul, æquale effe tempori per quartam lateris recti partem, & eandem ordinatim applicatam. Quæ pauca referre volui vt eorum guftum facerem,quæ maximus Torricellius in magni Galilæi gratiam attulit.

Vbi femper memineris non effe aëris, aut aliorum corporum obuiam occurrentium impedimenta confideranda, fed grauium cafum velut in vacuo, aut in medio, neque impediente,neque iuuante: grauia quoque omnia, vt vt illorum fpecificæ grauitates differant, eadem velocitate moueri;motus cuiufcumque capacia, & ita incipere fuum motum à quiete, vt per omnes gradus,hoc eft infinitos,grauitatis tranfeant:his enim fuppofitis fubtiliffimè demonftrauit.

Ne verò quis conqueratur quòd abfque figuris nullam ex præcedentibus propofitionibus intelligat ; fit parabola 94. paginæ noftrorum Hydraulicorum, B A C,cuius diameter A D, & ordinatæ L P, n N, p L, cum reliquis vfque ad D B, & vlteriùs,fi hæc parabola, vel alia quæuis producatur ; docet verò prop. 22. omnes illas ordinatas eodem tempore percurri à graui, quod per eas conuertatur,impetu priùs acquifito per cafum diametri ex quiete in vertice: hoc eft,graue cadens ex A in l, ibique conuerfo motu perpendiculari in horizontalem l F, eodem tempore conficere A l P, quo conficeret A D B, vel quamcumque aliam ordinatam inter A & D interiectam.

Præterea,graue cadat ex A per A l m, vel A D C; tempora lationum funt vt ordinatim ductæ, quibus lateris recti dimidium additur: fit focus l, cuius ordinatim ducta P m æqualis eft lateri recto, cùm sit A l quadrupla : iam verò per *m* ducatur *m* y parallela diametro A D; tempus lationis per A *l m*, est *m* P, & tempus lationis per A D B, est y B.

Eadem figura ostendit impetum in quolibet parabolæ puncto, idem esse, ac impetum grauium cadentium ex sublimitate simul & altitudine eiusdem parabolæ; sit E A, vel eius dimidium , sublimi-

tas, ex qua graue cadens, & in A puncto mutans suum motum perpendicularem in horizontalem A H , semperque suam accelerationem retinens, moueatur deinceps per A T n P H, &c. vsque ad B, vt parabolam A B, describat; impetus in P, erit idem, ac impetus futurus in *l*, si graue per A l perrexisset : eodemque modo impetus in puncto B, idem erit ac impetus grauis cadentis ex E, (vel potiùs ex puncto inter E A medio) perpendiculariter vsque ad D.

Porrò cùm ex prædicto puncto medio , à quo ad A, quarta pars lateris recti, hoc est A *l*, graue cadens præsentem parabolam describet, si concipiatur grauitatis effectus in A puncto incipere, quandoquidem eodem tempore quo decurrit axis partem A *l*, vel A D, decurrit etiam *l* P, vel D B.

Hinc fit vt impetus in parabola componatur ex horizontali, qui semper æqualis, & perpendiculari, qui semper diuersus, cùm semper augeatur. Horizontalis autem impetus est semper vt *l* P, ordi-

nátim ex foco ducta; perpendicularis verò vt ordinatim ducta ex
eo puncto, ad quod graué perpendiculariter defcendiffe fupponitur; exempli gratiâ, impetus cadentis ex A in D, eft vt D B, cùm
impetus fint vt tempora: vnde quis facilè datis quotcumque fpatiis
in directum continuatis à graui percurfis, vnicuique tempus fuæ
lationis tribuet; fumantur, verbi gratiâ, fpatia A *l*, l *r*, & circa

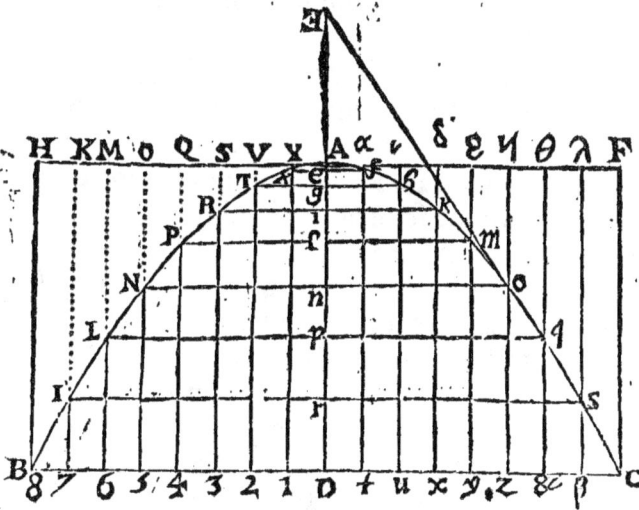

diametrum A D, parabola A I defcribatur , ducanturque ordinatæ l P, r I; fintque parallelæ diametro P 4, I 7. erunt *l* P,
& r *i*, tempora prædictarum lationum A l, l r, & ita de reliquis.
  Eft & alius vir admodum fubtilis qui poftea librum integrum
de motu naturaliter accelerato fcripfit, quem in 132. theoremata diuifit; ex quibus præfertim 44. & multa fequentia leges à
Galilæi fenfu difcrepantia, & tamen digniffima quæ perpendas, ea
præfertim quæ à theoremate 50. de percuffione loquuntur, & alia
vfque ad 69.
  Denique Io. Baptifta Balianus Patritius Genuenfis, vir tam doctrinâ quàm piétate Clariffimus, quinque libros edidit de motu
naturali folidorum & liquidorum grauium, quorum lectionem omnibus commendatam velim: quanquam affumit omnes eiufdem funependuli vibrationes effe ifochronas, five æque
diuturnas: quòd fi duntaxat in vacuo poftulet, nihil repugno,

cùm necdum fciam quid in vacuo contingat; fed iam in aëre noftro certiffimum eft non effe æquédiuturnas, vt XIX. harum Re-
flectionum capite fum oftenfurus.

In ea verò hypothefi quæ nullam grauitatem agnofcit, quæque
fupponit terram motu fuo perniciffimo aërem longè fortiùs, &
velociùs quàm lapides, & alia dura eiicere, eùmque aërem ita eie-
ctum, neque quò fugiat locum inuenientem, redire, ac velut reflecti, & occurrentia dura verfus terram repellere, videant iftius Syftematis Inuentores quomodo grauium motum acceleratum & alia
id genus explicent.

Ex quibus omnibus fatis mihi conftare videtur nil adhuc hactenus de motu accelerato fuiffe demonftratum, non folùm vbi fpe-
ctatùr aër, fed neque in vacuo: hinc fit vt in ifto negotio, alijfque
fimilibus, etiamnum cum D. Paulo poffimus afferere, 1. Cor. 8. 3.
Si quis autem fe exiftimat fcire aliquid, nondum cognouit quemadmodum oporteat eum fcire.

Quis enim hucufque demonftrauit quæcúmque neceffaria fint,
vt non folùm præcedentis accelerationis vera ratio feu caufa fcia-
tur, fed vt vel vnius naturalis effectus vera caufa perfectè cognof-
catur? clarum eft omnibus lapides, & id genus corpora ad terram
pergere; fed cur defcendant necdum agnofcimus: hîc igitur non
folùm in ijs quæ fpectant fidem diuinam, fed etiam in ijs quæ na-
turalia vocamus, in fpeculo verfamur, donec ipfe Deus nobis
oftendat faciem fuam omnia docentem, & tollentem ænigmata,
quæ in ipfa fatebitur acceleratione, quifquis caput 19. legerit.

CAPVT XVII.

Varia de motu Proiectorum denuò excuffa.

1. *Glandes tormentariæ circa finem lentiores.* 2. *Quantum fit aëris
impedimentum.* 3. *Globus plumbeus quantum aëre grauior.* 4. *Defcri-
ptio duplex eiufdem parabolæ à proiectis.* 5. *Magnitudo impetus.* 6. *Foci
parabolarum proiectionis.* 7. *Proiectio perpendicularis fubdupla femirè-
cta.* 8. *Æquali additione rationes pereunt.*

CVm multa de hoc motu dixerim in Ballifticis, & præcedente
cap. 14. & experientiæ quotidianæ doceant globos tormen-

tarios circa finem sui motus sibilum edere grauiorem, quàm circa medium & deinceps, vix superest dubitandi locús, quin circa
finem tardiùs moueantur. Quod ex figura 25. prop. Ballisticæ faciliùs intelligetur, sit enim globus plumbeus, vel, si mauis, ob
promptius, ac facilius experimentum, pila palmaria, aut lapis
manu, vel fundâ proiectus, aut quidpiam aliud, quod ex A puncto
proiiciatur ad angulum 45. graduum, per lineam curuam G D B,
certum est & exploratum longè fortiùs percutere ab A in G, quàm

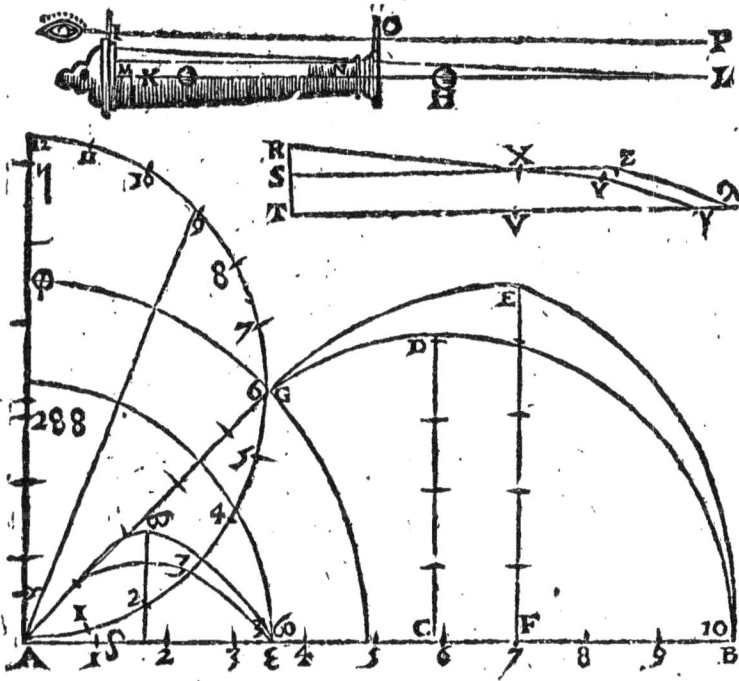

à D in B, & inter D & B eam posse manibus impunè recipi, quæ
ab A ad G grauiter læderet: cùmque sint impetus, & percussiones,
vt velocitates, constat eò velociùs proiectum moueri, quò grauiùs
lædit, atque adeo velociorem esse motum in linea horizontali
A B, in spatio A 1. quàm in spatio 1, 2, vel 3, 4. cùm tamen æquabilis esse debeat, si parabolam describat; à qua, propter rationes
superiùs allatas, distare necesse est lineam proiectionis, seu iactum,
idque forsan eò magis, quò iactus maior fuerit, ob maiorem aërem
percutiendum & ab itinere semouendum.

At verò

At verò difficillimum inuentu quantum aër impediat; licet enim tantundem impedire videatur quantum ventus aërem eâdem agitans velocitate, in emiſſum globum impactus, neſcimus tamen vires iſtius venti viribus globi exploſi comparatas : niſi liceat ad alia noſtra experimenta prouocare, quibus oſtenſum eſt aërem eſſe ad minimum aquâ millies leuiorem : cúmque pila plumbea ſit aquâ eiuſdem molis vndecies grauior, aëris grauitatem 11000. glo- bus plumbeus tormentarius ſuperabit : proptereaque aër eadem globi velocitate agitatus, in globum incurrens, 11000. velocitatis partem videtur globo exploſo ſublaturus.

Quibus poſitis, globus ex A in B per 11000. paſſus iturus, in aëre ſolummodo 1999. paſſus decurret: quod quidem impedimen- tum adeo leue eſt, vt in deſcriptione parabolæ vix conſiderari de- beat : Verùm cùm præter aëris reſiſtentiam, aliud impedimen- tum non vnus ſuſpicetur, nempe quòd globus in vacuo horizon- taliter impulſus, non ſemper eandem velocitatem retineat, ſed ea paulatim remittatur, donec tandem penitus extinguatur, nil in hac materia demonſtrare poſſumus, niſi priùs nouerimus an re- uera motus ille minuatur, & quâ ratione: quanquam fateor eſſe pulcherrima quæ Clariſſ. Torricellius opere laudato edidit.

Cùm autem ſchemate prop. 27. Balliſticæ, maxima pars eorum quæ pro- tulit, explicari poſſe videantur; ſit pila ex A pro- iecta verſus B, cer- tum eſt eam illo impetu aſcenden- tem, qui neceſſa- rius eſt vt tempo- re AB aſcendat æquabili motu vſ- que ad B, ſolum- modo vſque ad C aſcenſuram, ſi mi- nuatur motu na- turaliter deficien- te per numeros impares, vt ex

prop. 14. 19. & 27. Balliſt. colligitur & ille docet prop. 1.

T

Deinde femita proiecti A in E, fublimiore fui puncto P, bifariam fecat perpendiculum R I, inter horizontalem A Q, & lineam directionis A L interceptam. Et fiue graue fuum impetum
conceperit cadens ex puncto I, quo, per conuerfionem horizontalem, defcribat parabolam, P A, fiue quis eodem impetu proii-
ciat graue ab A verfus I, femper eadem parabola defcribetur, quod
fufius explicatur in 2. figura 27. prop. citatæ.

Præterea debent effe impetus in punctis æqualiter vtrinque à
vertice diftantibus æquales, verbi gratia in b & f, vel in T &c.
Licet graue in vno puncto afcendat, & in altero defcendat: quapropter defcribitur eadem parabola, cum vtrinque funt proiectiones
æquales, nempe furfum & deorfum.

Infuper idem eft impetus acquifitus è fublimitate I vfque ad R,
in R, qui in puncto A in parabola, fed & proiectio perpendicularis æqualis impe-
tus graue ad alti-
tudinem ex fubli-
mitate & altitu-
dine compofitam
transfert, hoc eft
graue cadens ex I
puncto, reuehitur
ab R vfque ad I,
vel ab A ad C, vt
fæpius oftenfum
eft in Ballifticis.

Eft & illud ma-
ximè confideran-
dum, pofito im-
petu C A, quo pi-
la mittitur per li-
neam directionis
A E, A Q, ampli-
tudinem parabolæ A P Q, quæ eft iactus pilæ femirectus & omnium maximus, effe duplam lineæ impetus A C, hoc eft proiectionis perpendicularis ex A in C, quæ fit cum impetu à graui ex G in
A cadente acquifito; adeove qui nouit impetum, cognofcat reliqua, & ipfum latus rectum parabolæ, quippe quod æquale fit am-
plitudini A Q.

Vnde conftat ad proiectiones æquales faciendas minorem impetum requiri in femirecta eleuatione. Qua verò ratione duratio cuiuflibet proiectionis reperiatur, vide prop. 29, Balliftica, & eius primo Corollario, quemadmodum prop. 23. Torricelli, quomodo omnes parabolæ ab eodem impetu factæ idem latus rectum habeant: 24. quomodo quælibet parabola fublimitates infinitas habeat: quòd folius femirectæ proiectionis, feu parabolæ fons fit in horizonte, foci aliarum, quarum portiones maiores fuerint; fuperextent horizonti; fub quem foci deprimuntur, cùm minores funt portiones.

Egregia præ cæteris propofitio, quæ docet omnium proiectionum ab eodem puncto, & eodem impetu factarum vertices in fphæroïdis fuperficie futuras, cuius maior diameter fit dupla minoris, eáque horizontalis: fphærámque totalis actiuitatis proiectorum effe in fuperficie conoidis parabolici, cuius focus fit punctum, ex quo fiant proiectiones; & latus conoïdis quadruplum proiectionis perpendicularis furfum, vt ea ratione proiecta fint eodem tempore in fphæræ fuperficie; in fine afcenfus, in fphæroïdis fuperficie; quemadmodum fuprema illorum actiuitas in conoidis parabolici fuperficie; cum qua nunquam conuenit horizontalis proiectio, licet ad partes fuperiores continuatæ fecus contingat.

T ij

Iuuabit autem istam speculationem figura 28. prop. Ballisticæ, in qua B A sit impetûs, quo fiat proiectio tam semirecta A L 30. quàm horizontalis B N, qua producet parabolam B L D, genitricem conoidis prædicti, cuius superficiem omnes proiectiones ex A, cum eodem impetu factæ, tacturæ sint.

Nam per idem punctum D tam semirectæ proiectio A L, hoc est A H D, quàm B L D, transibit; & horizontalis focus erit A punctum, cùm quarta pars lateris recti B A sit subdupla ordinatæ A D. Erit etiam hæc figura, lapides, aut iacula manu, vel fundâ iacientibus, in eo præsertim commoda, quòd ex proiectionibus ad angulum D A O, hoc est semirectis cognituri, prædicturique sint quantæ sint futuræ proiectiones perpendiculares eodem impetu factæ; si quis enim, verbi gratiâ, ab A ad D punctum, toto conatu

lapidem ad eleuationem 45. graduum iecerit, eodem conatu proii-
cere poterit eundem, vel æqualem lapidem ab A puncto vsque ad
B; quippe A D duplum est A B, vt proiectio semirecta A, 45, O,
quæ flectitur in parabolam A H D, & cuius mensura in horizonte
A D sumitur, est dupla proiectionis perpendicularis A B.

Quod intellige in medio nil impediente, quanquam si reliqua
stent, medium nil impedire debeat harum proiectionum rationem
antea explicatam, cùm aër vtramque proiectionem æqualiter impedire videatur: quanquam res non est absque difficultate, licet
enim cùm inæqualibus addimus, aut demimus æqualia, quæ supersunt, sint adhuc inæqualia, minimè tamen eandem inter se,
quam antea, rationem seruant: exempli gratiâ, cum 2. ad 1. sit in
ratione dupla, si vtrique addatur vnitas, prodibunt 3. ad 2. quæ tribuit rationem sesquialteram : si verò binarium vtrique addideris,
exurgent 4. & 3. in ratione sesquitertia.

Simili modo si fuerit iactus perpendicularis 100. sexpedarum,
& semirectus 200. si cuique demas, vel addas vnam, aut plures sexpedas, prædicta ratio dupla peribit: nam 102. & 402. non sunt in
ratione dupla, vt erant 100. & 200.

Vide figuram prop. 29. Ballisticæ, qua iactuum omnium proportiones explicantur: vbi possis addere, quemadmodum iactus perpendicularis parabolarum terminus, & parabola absque latitudine dicitur, ita & lineam, seu iactum horizontalem A F, si quis esse
queat, vltimam parabolarum, seu parabolam absque altitudine
vocari posse.

Adde quòd ex ea figura, eiusque explicatione deduci possint Tabulæ pro singulis iactibus, siue desideres spatia cuiuslibet eleuationis, siue tempora, quibus illa spatia conficienda, per 3. Corollaria
prædictæ propositionis.

Quispiam verò suas obseruationes cum meis illis speculationi-
bus conferre poterit, vt videat quantum absit à praxi theoria, quæ
tantò minùs vera fuerit, quantum aberit; ideoque praxi, quidquid
ei deerit, emēdabis, addésque, vel detrahes quidquid noueris phænomenis repugnare. Quod vel saltàndo ex diuersis altitudinibus
facies, quippe debeas, eadem vi, duplò longiùs ex altitudine quadrupla, & quadruplò longiùs ex sexdecupla saltare, si vera sunt
quæ de proiectione Parabolica narrantur.

Plurima circa diuersas proiectorum figuras afferri possent, verbi gratiâ conos ex parte verticis antecedentis proiectos, vel cadentes, inuertere basim, quæ postmodum antecedat, quòd centrum

grauitatis fit bafi vicinius, enimvero fi axis in 4. partes æquales diuidatur, centrum erit in primæ partis fine, à bafi incipiendo, per
22. Comm. & 32. Valer. quas habes l. 1. de centro grauitatis in Sy-
nopfi noftra Mathematica. De reliquorum etiam corporum proiectionibus; quam in partem conuertenda fint, ex illorum centro
grauitatis facilè iudicabis. Hinc etiam ratio, cur fagittæ defcen-
dentes inuertantur.

CAPVT XVIII.

De vi fiue refiStentia cylindrorum.

1. *Filum fimplex fericeum quo pondere frangatur,* & *cuius fit pon-*
deris. 2. *Serici Mammertini pretium.* 3. *Refiftentia cylindri ferrei,* &
quercini perpendicularis & *horizontalis.* 4. *Variæ difficultates circa*
fracturam corporum.

CVm fæpenumero de cylindrorum refiftentia, déque vi ad eos
frangendos neceffaria tam libris Harmonicis, quàm Phyfico-
Mathematicis dixerimus, ea præfertim attingenda videntur quæ
prop. 18. & 19. Mechanicorum allata funt: quibus addo, filum fericeum nullis adhuc liciis intextum, feu retortum. 19. vlnas longum,
vnicum vnciæ granum pendere, & pondere 3. vnciarum frangi fericeum illud filum Mediolanenfe, ac Mammertinum. Licet autem
filum illud dicatur fimplex, quippe quod textrino fericeo retor-
queri debet, quod vix animo capias, nifi videris, ob 12. ordines quos
Guindres vocant Turonenfes, quorum 7. fufos habet vnufquifque,
adeovt molendinum 168. fufis caniculatis vulgò *bobines*, oneretur,
quorum finguli 6. bombycis vnciæ intorquentur, quas maior rota
eglomerat, vt ex cuiuflibet fufi ftamine fpiram ducat, & volumen
ordiatur: attamen fufum illud quantumuis fimplex exiftimetur,
iam componitur ex 8. vel 9. filis totidem vtriculorum, feu follicu-
lorum, quibus bombycés nentes fe concluferunt; vnde fequitur
cuiuflibet fili vnius vtriculi robur ; vnciæ, hoc eft 192, granis vnciæ refpondere.

Porrò molendinum illud textrinæ fericeæ qualibet vice 30. fili
fericei libras habet, & intorquet; annoque 1646. ferici Mammertini Sinenfem præftantiâ fuperantis, libra, 17. libris emitur. Adde

Rufticis 12. affes pro qualibet fufi 6. ferici vncias habentis glomeratione perfolui. .

Iam verò retractemus quæ loco citato Mechanicorum, de cylindrorum refiftentia feu robore dicta funt; prefertim de refiftentia cylindri A F, vi ponderis, aut aliâ, in directum ab A verfus F tracti, deinde in tranfuerfum A K fracti, vel frangendi à vi, feu pondere in puncto K trahente, vel in L premente. Quod ad primum attinet, præter vim, aut refiftentiam vacui, cùm cylindri mercurialis

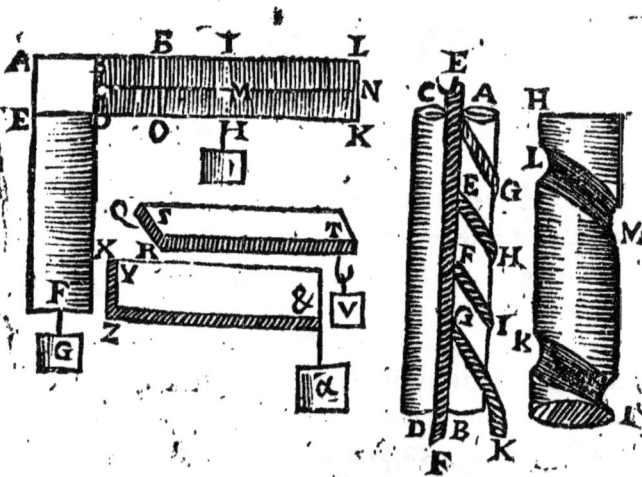

altitudo bipedalis & 3. digitorum ei coæquetur, vt conftat ex 4. capite (qui cylindrus fi fuerit F G, vix cylindri, verbi gratiâ quercini fibrulam frangere poterit) nullius eft penè confiderationis in præfenti negotio. .

Sumamus igitur vim ponderis G, ad frangendum cylindrum ferreum A F, cuius craffitudo in hac figurâ 4. linearum feu; digiti cernitur: cumque, vt ex veris calculum fubducamus, cylindrus ferreus, cuius craffitudo; lineæ, frangatur 18. libris, conftat hunc cylindrum AF non effe frangendum, donec pondus G fuerit 10268. librarum: quapropter duo tormenta bellica maiora puncto F appenfa vix refiftentiam cylindri ferrei 4. linearum craffitudinis fuperabunt. .

Si quercinus fuerit, fintque neceffariæ 100. libræ vt cylindrus craffitudinis dimidiæ lineæ frangatur, vt, fi bene memini, contigit, licet aliàs pro lineari fumpferim, vincetur refiftentia cylindri quercini A F, pondere 6400 libr. fi tamen vires coniunctæ non fint

debiliores seiunctis , nam obseruationes ferè semper docue-
runt cylindros vnitos non tanta pondera, quàm separatos tuliſſe:
experiatur qui voluerit, priuſquàm clamet id repugnare ſenſui
communi, atque rationi, quam libens audio, ſi conueniat Phænomenis, quibus hac in parte mihi ferè semper repugnare viſa
eſt.

Vt vt ſit, eiuſdem cylindri tranſuerſi B K reſiſtentiam cùm A F
abſoluta reſiſtentia conferamus, quam eſſe ad reſiſtentiam D L,
ſeu B K, vt eſt K D, ſeu N C, longitudo cylindri, ad eius ſemidiame-

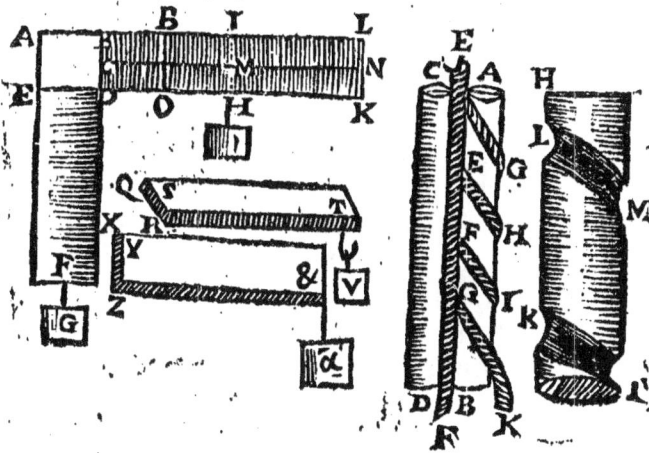

trum, ſeu dimidiam craſſitudinem D C, contendit Galilæus: hoc
eſt, ſi 6400 libræ frangunt A F, cùm C D ſemidiameter baſis cylindri ſit octans longitudinis C D, ex conſtructione, 800. libræ
puncto K cylindri quercini appenſæ, debent illum frangere ; vt
ferreum 1283 ; Vbi non loquor de pondere cylindri, quod pondus
iuuare, quo frangitur, aliàs oſtendimus.

Hanc autem proportionem vix noſtrorum Geometrarum vllus
admittit, licet hactenus neminem videre potuerim, qui eam falſi
conuincat. Cùm autem cylindrus, vel trabs B K poſſit ſumi pro
vecte, cuius brachium maius K D, minus verò D C, vel C B, punctum verò C ſit in ipſo vecte, vt inſtar libræ ſuper eo æquilibretur,
intelligatur brachium C D, in directum vectis N C ad læuam ex-
tenſum; cumque ſit octans brachij C N, requirit, verbi gratiâ, 8.
libras, vt ſit in æquilibrio cum libra puncto N appenſa: & reciprocè
libris

libris 8. refiftit, adeo vt fi frangatur 8. viribus, brachium C N octuplum vnâ librâ frangi debeat: eodémque modo cylindrus E F in directum tractus. Porrò D. Tenneurij demonftrationem de hac Galilæi proportione fi defideras, ab eo poteris accipere.

Sunt etiam aliqua difficilia circa articulùm 7. prop. 19 Mechanic. num videlicet eadem fit ratio virium, vel ponderum baculum frangentium, quæ rectangulorum, de quibus ibidem: fed & cætera, quæ Galilæus vt certa protulit, féque demonftraffe putauit, examine diligenti egent, quod inibunt, quibus otium & voluntas adfuerit.

Eft autem ex præcipuis vna difficultas, quòd fingula ferè corpora peculiari modo difting uantur, ob diuerfas diuerfarum fibrarum ordines: vnde fit vt hæc plura fchidia, fragminaque, quercus, verbi caufâ; alia pauciora, vel nulla, vt ferrum marmor, & vitrum, faciant.

Adde quòd ferrum, æs & alia metalla, imo fingula corpora, vi, vel ponderi obedientia, curuentur, & flectantur in arcum, priufquàm rumpantur: quod nouam parit difficultatem: quam & ipfe Galilæus vitauit, quamque fi quifpiam Phyfico-Mathematicus, foluerit plura fortè præftiterit, quàm Inuentor Quadraturæ.

Qui Democriti varias atomos hamatas & vncatas cylindris robur tribuere putant; quâ ratione poffint vncinuli trahente pondere frangi, vel euolui, cùm explicarint, fortè lumen huic afferént difficultati.

Aliàs columnarum marmorearum robur, plurimorùmque corporum vires, vt apparuerint, Deo iuuante dabimus.

V

CAPVT XIX.

De varijs difficultatibus ad funependulum, & casum grauium pertinentibus

1. Modus experiendi casus grauium. 2. Funependuli vibrationes non esse isochronas. 3. Quæ cauenda in obseruationibus. 4. Quàm difficilia funependulorum experimenta. 5. Comparatio descensus perpendicularis & circularis difficilima. 6. Sonorum vnio non sufficiens vt de simultate casus fiat iudicium. 7. Infinitas directionum penduli. 8. Quæ vibratio maxima & minima. 9. Maxima difficultas in determinatione temporis, quo grauia cadunt. 10. Vnde procedat experiendi difficultas.

CVm eruditissimus & Clarissimus Ioannes Baptista Balianus Patricius Genuensis, nuper attigerit magnam illam difficultatem, à me prop. 15. Ballisticæ propositam, præfatione in suum sextum librum de motu grauium: & subtilis Mousnerius l.8. theoremate 13. placet addere quæ denuò contigit obseruasse.

Quæ vt faciliùs intelligantur, sit in circulo B I F C B, funependulum A B tripedale, in A puncto affixum, ducatùrque plumbum B ad C punctum, vt funependulum A B translatum in A C, recidat in A B, hoc est plumbum cadat per quadrantem circumferentiæ C B: sit autem C L æqualis radio A B, & C E radij dupla.

Eadem manu ita plumbum funependuli, & aliud æquale plumbum, quæ sphærica suppono, teneantur, vt eodem momento suum descensum incipiant, globus funependuli cadet per C Q B, & alius globus per C E perpendicularem.

Neque accuratior modus quærendus, quo illi globi simul incipiant descendere, cùm duobus digitis extremis detenti sibique paralleli, & ab horizonte æqualiter dissiti, ijsdem digitis apertis simul casum incipiant.

Quibus positis, plurima contingunt admiratione digna: & quidem primò quod à plurimis hactenus creditum fuit, nempe singulas vibrationes funependuli esse proximè isochronas, siue æquediuturnas. Enimvero prima vibratio, eaque maxima, quæ fit à C ad B, tempus adeo longum insumit collatum cum tempore vibrationis quæ fit à puncto Q, verbi gratiâ, quod bifariam secat arcum C B, vt auris facillimè temporum istorum discrimen aduertat: imo globus ad Q eductus ferè vsque ad punctum oppositum K redeat, quandiu à C ad B redit.

Quod facilè sis experturus, si clauo oblongo in A fixo, verbi gratiâ pedali & horizonti parallelo, duo funependula penitus æqualia appenderis, quorum vnum in puncto Q, vel in alio puncto inter Q & B, aliud in puncto C detinueris, simul enim dimissa, quod discedit à Q; longè priùs fulcrum ligneum, aut alterius materiæ in puncto B positum percutiet, quàm dum à puncto C cadit.

Vt verò nulla suspicio supersit, ne forsan funependulum ex Q cadens sit paulo breuius altero funependulo, commutes quantum placuerit, & quod ex C descenderat, cadat ex Q, idem penitus reperies. Cùmque clauus pedalis possit vnum funependulum prope punctum A, & aliud iuxta claui extremum pede ab A dissitum sustinere, fulcrum in B puncto appositum, solum funependulum ex C descendere impediat, & aliud ex Q descendens transeat vsque ad aliud fulcrum inter B & K positum, donec vtriusque funependuli percussiones coincidant, & vnicus sonus audiri videatur, hinc enim concludes aliquo modo temporum discrimen, quibus ex C, vel Q puncto descenditur, sciesque vibrationes eiusdem funependuli non esse æquales, nequidem proximè: potiúsque tres à Q incipientes, duabus à C incipientibus futuras isochronas, quàm vt de temporum vniuscuiusque isochronia cogites. Porrò cùm vnum ex funependulis ad pedes 2. reduxissem, quod ex C caderet, cùm tripedale cadit ex Q, vel alio puncto inter Q & B, ambo fulcrum idem in puncto B, ita percutiunt, vt vnicum sonum audias.

At verò cùm etiam id contingere videatur cù funependulum est pedum 2. vel etiam 2. verùm istorum temporum discrimen solius auris, aut aliorum sensuum ope constituere non possumus: an ratione, hoc opus hic labor, quem subtilioribus oppono, qui findendi aëris; & impetus funependulorum è diuersis arcus C B punctis descendentium crasim ita discutiant, vt temporis in quolibet defcenfu impenfi diuerfitatem, & difcrimina definiant, quod etiam de afcenfu ex B verfus I dictum velim.

Vt verò propiùs ad nodum accedamus, comparemúfque defcenfum perpendicularem cum circulari, quandiu ex C in B cadit funependulum, globus plumbeus perpendiculariter ex C verfus E ita defcendit, vt cùm A B fupponitur tripedale, C D fit linea defcenfus perpendicularis pedum 5⅔ feu dextantis pedis. Nam duo globi, 2. digitis in C detenti: vt antea dictum eft, ita fimul cadunt, vt foni in B, & in D facti, vnicus fonus appareant : qui tantifper feparati videntur, cùm globus à C ad E, hoc eft duobus digitis inferiùs, quàm antea, defcendit : cúmque C E fit æquale diametro F B, feu duplum funependuli A B, fequitur globum ex C perpendiculariter defcendentem, non percurrere fexpedam, quandiu funependulum percurrit arcum C B.

Sed cùm neque fatis diftinguantur foni, cùm ex C in M per pedes 5⅓, cadit, imo vix diftinguantur, cùm ex C in N quinque pedes percurrit, ne vel vlteriùs fub quinque pedes defcendam, quid in hac re certi conftituamus? nifi quòd neque fex pedes percurrantur à C ad E, neque tres folummodo à C ad L. quandiu funependulum percurrit C B. Præterea cùm omnes facilè concedant maius iter in perpendiculari confici, quàm in vllo plano obliquo, etiamfi ex infinitis planis diuerfis compofito, qualis eft arcus C B, fitque C B proximè ad A B vt 11. ad 7. certum eft etiam globum non folùm à C ad N defcendere, cùm ex conftructione C N fit æqualis C B, hoc eft C N fit ad A B vt 11, ad 7. & eodem tempore maius fpatium conficiat per lineam perpendicularem, quàm per curuam.

Si folam experientiam confidero, aufim afferere globum vfque ad M, ad minimum, imo vfque ad D, per pedes 5. & 10. digitos defcendere, quandiu funependulum C B percurrit, cùm duorum fonorum in vnicum confufio perfecta in horizonte M, audiatur.

Quòd autem globus ex C, vel ex I cadens non faciat duplum funependuli A B, conftat ex tempore quo globus cadit per diametrum I B quadrati A I R B, quod longius eft tempore quo cadit per arcum I K B, quippe quod fit omnium temporum, quibus per

plana I K, K B, aut alia quotlibet interpofita globus cadit, bre-
uiffimum ; quandoquidem arcus intelligatur veluti compofita
ex infinitis planis inclinatio, quorum vnumquòdque diuerfam
ab alio fortitur inclinationem.

Conftat verò ex dictis alio loco, globum in perpendiculari cadere ab I ad O, hoc eft per diametrum F B, eodem tempore quo
cadit ab I ad B, cùm O B linea fit perpendicularis lineæ I B ; quapropter locus inter O R, vel inter E M, vel inter E N, quærendus
eft, ad quem globus ex C, vel I dimiffus perueniat eodem momento quo funependulum A B ex C cadit in B.

Obferuatio dare videtur C D, vel C M. Quid autem ratio
concludat à fubtiliffimo Philofopho expectandum, qui contendit
16. theoremate funependuli afcendentis impetum deftrui in fingulis arcus B K I punctis, iuxta rationem finuum rectorum arcuum inferiorum.

Sunt autem plurima quæ poffunt hac eâdem figura explicari:
Primum, funependulum ab I ad B, per arcum I K B defcendens,
tot habere diuerfas directiones, quot funt illius arcus puncta, per
quæ tangentes duci poffunt, hoc eft innumerabiles; totque gradus
impetus, feu velocitatis acquiri, eâ tamen lege vt plus vel minus
velocitatis, fiue impetus acquiratur, quò magis aut minùs accedit
pars arcus ad defcenfum perpendicularem, & ab horizontali plano
difcedit.

2. Defcenfum per I B chordam effe tardiorem alio quolibet defcenfu, quod fieri poteft per duas chordas I K, & K B, vel mille alias,
quæ femper tempus minuunt, donec omnium temporum minimum tribuat defcenfum per arcum, quem fuperare debet defcenfus perpendicularis ex I verfus O. 3. graue cadens ex F in A, tempore dimidii fecundi, integro fecundo cadere ab F in H, atque
adeo A H triplum F A, fecundo dimidio percurrere. 4. necdum
fciri quo tempore globus per arcum defcenfurus fit, cùm dato tempore per chordam I B, defcendit; licétque tempora femper minuantur ab hoc defcenfu vfque ad defcenfum per arcum numero
diminutionum infinito, tempus tamen per I B chordam effe propemodum æquale tempori per arcum: vnde concluditur quodvis
datum tempus innumeras pati diuifiones.

Omitto fexcenta id generis, vt ad præcipuam difficultatem reuertar, fcilicet quî fieri poffit, vt dimidio fecundo cadat globus
plumbeus ab A in B, & pendulum A B tripedale, percurrat etiam
arcum I K B femifecundo. Quam difficultatem fuo modo foluit

V iij

Clariff. Balianus, quem videas præfat. in 6. librum de motu grauium: quem ex Phœnomenis meo more iam ita foluo.

Certum eft primò globum ex A in B citiùs cadere per A B, quàm per I K B, vt conftat ex obferuationibus præmiffis. Certum eft fecundò 60. vibrationes funependuli A B fieri proximè, tempore minuti. Tertiò, globum ex altitudine 48. pedum cadentem, defcendere proximè fpatio duarum vibrationum funependuli A B, hoc eft quandiu mouetur ab I per K B Q &c. & redit à Q per B verfus K.

Certum eft igitur 4. vibrationem à puncto I, vel C, incipientem, tempus minuto fecundo maius impendere: cùm enim fuperiùs fit oftenfum, illam vibrationem non effe minorum fequentium ifochronam, fequitur non poffe fieri 60. vibrationes tempore minuti nifi primæ vibrationis duratio fecundi tempus excedat, & vltimarum vibrationum durationes à fecundis fuperentur.

Hinc fit vt quoties aliquis exiftimauit fe obferuaffe globum plumbeum tres duntaxat pedes conficere, eodem tempore, quo pendulum ab I ad B cadebat, deceptus fuerit, eodem modo, quo dum ab eadem eiufdem funependuli vibratione putauit accuratè notari fecundum,

Sed nec vltimæ, atque adeo breuiores femi vibrationes, quæ minori, quàm illa prima, tempore fiunt, æquantur perpendiculari defcenfui tripedali, illius enim durationem admodum fenfibiliter excedunt. Quid igitur conclufuri fumus? an 'vel vltimam tripedalis funependuli femi vibrationem longiorem effe quàm vt æquetur à fecundo?

An potiùs debet effe funependulum pedis, & dextantis, feu 22. digitorum, vt illius dimidia vibratio temporis tantumdem duret proximè, quantum defcenfus perpendicularis tripedalis? Vnde poftea fequatur, funependulum ad fecunda fuis vibrationibus æquanda, non fore tripedale, fed vnius pedis & ⅔, quod perinde fuâ duplici vibratione defcenfui 48. pedum perpendiculari, vice tripedalis, refpondeat.

Quæ omnia credidero promanare ex eo quòd vix percipiatur finis cuiuflibet vibrationis, quo tamen fine fecunda definiri folent: quódque non poffit auris fonorum à grauibus, percutientibus edi-

torům minora diſcrimina ſatis interdiſtinguere. Ne tamen veteres noſtras obſeruationes ita videamur opprimere, vt meram &
apertam iniuriam eis inferamus, nunquid potiùs exiſtimandum
caſus grauium non eſſe in duplicata ratione temporum? quandoquidem tripedalis funependuli vibrationes, totidem proximè ſecundis ſunt æquales, & primo ſemi-ſecundo ſex ferè pedes in perpendiculari plano deſcendatur, & ſex alii & paulo ampliùs, in ſequente ſemi-ſecundo: quod certè repugnaret omnibus opinioni-
bus, vt ex dictis facilè colligitur.

Hoc autem in negotio, malim addubitare, quàm quidquam affirmare, donec veritas illuxerit: quam quiſquis crediderit ſe re-
periſſe, meminerit fili tripedalis quamcumque voluerit experiri vibrationem caſui per 12. pedes perpendiculari, proximè
æqualem; duabus vibrationibus ſpatium 48. pedum in perpendiculari linea percurri: nihilque concludat ante has obſeruationes
accuratas.

Fiat autem obſeruatio cum globis plumbeis æquè grauibus, ne
ſit vlla erroris ſuſpitio, licet idem ſit futurum ſi globus plumbeus,
& quercinus, aut lapis ſumatur, ſummiſque digitis, vt antea dictum eſt, plumbum B, funependuli A B, cum plumbo perpendicularis lineæ C E, ita detineantur, vt ſimul incipiant à puncto C
cadere: intelligaturque CE 12. pedum; eodem momento, quo
funependulum tripedale ſuam primam vibrationem perfecerit, &
aliquem parietem, lignum &c. inter I & B occurrentia circa finem
prædictæ vibrationis percuſſerit, eodem etiam momento globus
alter perpendiculariter cadens ex C, percutiet horizontem E; hoc
eſt, idem apparebit vtriúſque globi ſonus; rurſuſque funependulum idem ita ſuper eundem horizontem eleuatum vt CE ſit 48.
pedum, hoc eſt quadruplò quàm antea maior, eodem momento,
quo duas primas vibrationes perficiet, & aliquid occurrens circa
finem ſecundæ vibrationis percutiet, globus à C ad E deſcendet,
ſuoque ſono teſtabitur ſe punctum E percutere, cùm funependuli globus ſecundam vibrationem perficit.

Vbi per idem momentum ne credideris me Geometricum, ſeu
exactum, ſed duntaxat ſenſibile, iuxta facultatem auris, vel etiam
ipſorum oculorum vtrumque caſum intuentium, intelligere: neque putes hæc omnia per ſolos ſenſus percepta, maioris certitudi-
nis capacia, quàm vt vix quidem diſcernere poſſimus inter funependulum tripedale, & pedum 3 ½, vt iam dictum eſt, quippe globus ex C perpendiculariter 12. vel 48. pedes deſcendens, æquè

notari, & æquari videtur ab vna vel duabus vtriufque funependuli vibrationibus : quod fi nolis credere, facilis experientia te docebit.

His omnibus ita fe habentibus, quî fieri poteft, vt 5. ad minimum, pedes percurrat graue in prima parte vibrationis funependuli tripedalis, neque tamen in fecunda parte, 15. pedes conficiat, fi fpatia percuifa fint in ratione duplicata temporum; aut quomodo ftare poteft illa ratio duplicata, fi tantummodo 7. pedes percurrantur in fecunda parte vibrationis, hoc eft 12. pedes in integra vibratione?

Quæ omnia non impediunt, quin fieri nequeat vt filum palmare fecundum minutum ferè duret, cùm vix fecundi refpondeat dimidio, adeovt oftenderit Cabeus pag. 289. l 2. fe non fatis exactè durationes funependuli examinaffe, neque rationem temporum duplicatam noffe, vt clarum eft ex eodem loco; quod eò magis admiror, quòd illam rationem ex Galilæo didiciffe debuerit, quem toties refellere conatus eft: quódque ex noftris Harmonicis Romæ decennio proftantibus, antequam fuum in meteora volumen ederet, rationem illam funependulorum difcere potuit.

Enimvero certum eft funependulum bipedale breuius effe quàm oporteat ad fecunda minuta quolibet fuo recurfu, vel vt loquitur, qualibet vndatione, aut vt Clariffimus Vendelinus, ofcillatione notanda: fed & fi dare velimus quod antea veluti fub dubium proponebatur, funependulum 22. digitorum fortè reliquis aptius vt fecundis æquetur, nondum fequitur palmare funependulum huic aptum negotio, cùm minimè fuperet noftri pedis digitos 8 ; Quanquam fi de quodam maiore palmo, quàm Romanorum Architectorum loquebatur, qui forfan ad noftros 2. vel 3. pedes accederet, monere debuit qui Romæ fuum opus edebat. Addat igitur funependulum 3. aut 4. palmos longum ferè fecundis minutis refpondere.

Porrò fatis conftat ex dictis nullum effe funependulum quod exactè vel fecunda, vel quodlibet aliud tempus æquare poffit fuis vibrationibus, cùm fint inæquales : efféque deinceps multis modis ab vnoquoque difcutiendum, qui tempora voluerit hoc inftrumento dimetiri, num reuera tripedale, vt hactenus nobis apparuit, illud cum horologiis rotatilibus ad vnicum minutum factis, exactè fatis conferentibus : an verò breuius effe oporteat, exempli gratiâ pedum 2 : vel pedum 2. & 10. digitorum, vt aliqui, verbi gratiâ, vir harmonicè doctiffimus de Coufu, credunt.

At

At fortè deinceps tutius fuerit tempus explicare, non per secunda, vel minuta, aut alijs modis ad horæ partes relatis, sed funependulorum solâ longitudine, & arcus partibus, ad quas educitur
ex perpendiculo: verbi gratiâ cùm globorum tormentariorum velocitatem, putei vel turris altitudinem, & id genus alia volueris
exprimere, dices funependuli tripedalis A B, vibrationibus æquari,
vni, duabus, tribus &c. dum prima vibratio incipit à puncto C, vel
E, vel G, nec enim opus est de puncto, ad quod peruenit in altera
parte, à B versus D, quidpiam dicere, cùm istud punctum pendeat
ab alio prædicto C, vel E, vel G,

Quanquam tempuscula vibratiunculis ab E, vel G incipientibus explicata, tam parum inter se
discrepent, vt in praxi pro eadem
sumi possint, cùm illarum durationes satis æquidiuturnæ sensibus acu-
tissimis, videlicet oculis & auribus,
appareant.

Certè nos vnicus primus tempore
dimidij secundi, grauium descensus
ad id caput adegit, qui cùm tripedale
spatium longè superet, minimè tamen videtur in alia spatia sequentibus dimidijs secundis percurrenda quidpiam influere, cùm in
maioribus experimenta propinquè satis hactenus successisse visa
sint, vt constat ex omnibus obseruationibus Harmonicorum &
Physico-Mathematicorum, quibus eruditi oculatissimique viri testes & adiutores interfuere.

Quod autem de funependulis audisti, dictum puta de triangulis, cylindris, & alijs corporibus appensis, & vibratis, de quibus 13. & 14. capitibus. Possis etiam referre ad vibrationes, oscillationes hydrargyri è tubo quopiam descendentis, qui vbi
superest pedibus 2. altus, pluries ascendit & descendit antequam
in ea quiescat altitudine, ob impetum quem descendendo conce-
pit, qui cùm sit eò maior, quò tubus altior fuerit, maiores etiam
oscillationes habet.

X

CAPVT XX.

De pertinentibus ad res Harmonicás.

1. *Quæ noua inſtrumenta reperta, Viola pollicis, Almeria &c.* 2. *Mira fornicis experientia ſonum refleſtentis.* 3. *De fidium recurſibus, an iſochroni.* 4. *Falſitas chordarum Harmonicarum, vnde.* 5. *Surdus audiens.* 6. *Echo, & eius cauſa.* 7. *Linea ſonora cuius velocitatis.* 8. *Quæ diſtantia neceſſaria ad ſyllabæ reflexæ auditionem.* 9. *Echo Simonetæ, iuxta Mediolanum.* 10. *Linea reflexa tardior incidente,* 11. *Goreti laus.* 10. *Librorum XII, Harmonicorum recenſio, & emendatio, vbi multa notatu digna.* 11. *Librorum IV. Harmonicorum Phyſico-Mathematicis adiunſtorum recenſio, & emendatio. Vbi & ſcala Theorico-Praſtico-Triſdiapaſon. Tritonum æquale quid. Cabeus emendatus. De Recurſibus.* 12. *Maxima difficultas de Duodecima Vocum comite.* 13. *Viri illuſtris Donii liber, & laus.* 14. *Muſicæ partes 19.*

PAuca ſunt quæ circa negotium Harmonicum percurro: imprimis verò quæ ſpeſtant inſtrumenta quæ de nouo reperta videntur: quális eſt viola Pollicis, hoc inſignita nomine, quòd præter fides cómunes, quibus vulgò inſtruitur, chordas æneas à tergo habeat, quæ pollice manus ſiniſtræ pulſantur: quas ſimiliter teſtudini, & aliis inſtrumentis adhibere poſſis: de ea iam, vt'& de aliis nouis inſtrumentis, pag. 365. l. 4. Harmoniæ Phyſico-Mathematicæ plura diximus.

Vidi & aliud inſtrumentum compoſitum, nempe citharam Hiſpanicám; vulgò *guiterre*, cuius figuram habes & diagrammata prop. 21. l. 1. de Inſtrum. Harmon. cuius fidibus ordinarijs chordæ æneæ ſubijcerentur, vt ſpinetam imitaretur: alueus verò concludebat tres fiſtularum, ſeu tibiarum ordines, quos Citharædus pro libito, vel omnes ſimul, vel quemlibet ſeorſim fidibus iungebat, vt quodcumque velles, Harmoniæ genus audires. Poterat etiam addere campanulas, ſiue tintinabula, vel cylindros æneos, aut alterius materiæ.

Id verò præſertim ingenioſum apparuit, quod ijſdem metationibus, & digitis læuæ manus, tam chordæ, quàm tubi loquerentur, vt ita loquar; neque Cytharſta ludens vllum elaterium mouere videretur, dum ludos & ordines mutaret: quanquam aliquit sit necessarium ad folles mouendos & aërem, seu ventum tubis alueo contentis inspirandum.

Præterea Manduræ, de qua prop. 20. lib. citati, quatuor fidibus, alias sex, aut etiam plures volunt addere, quæ grauiores sonos, & varias consonantias edant absque iugamentis. Possent etiam addi violinis seu lyris orchesticis, de quibus prop. 25. & 26. fistulæ, vt Pan & Apollo iungerentur.

Quid commemorem famosam illam ingeniosissimi Mairi testudinem, quam Almeriæ nomine vult appellari, quæ suis 15. fidium ordinibus, duplici equuleo, & nouis metationibus toni quadrantes, siue dieses, atque dodrantes, simplices, siue compositas, ad genus enharmonicum aptas, variorum elateriorum ope à tergo manubrij adhibitorum redditura sit. Vide quæ dicta sunt. pag. 365. l. 4. Harmoniæ Physico-Mathematicis insertæ: & quidquid de Vrinatore Monito 5. & aliis locis, ne credas adeo vera, donec accuratissimum Obseruatorem, virúmque eruditissimum D. Petitum ea de re consulüeris, qui fraudem detegat.

Quæ ibidem, à pag. 354. difficilia proponuntur, nondum soluta, Quibus addo quaslibet fornices id habere, quòd hos quàm illos sonos perfectiùs, fortiùsque reflectant: verbi gratiâ, initio tertiæ scalæ maioris nostræ domus Parisiensis experior fornicem, cuius superna pars, pedes 7. ; erecta, sonum meæ grauissimæ vocis vnisonum adeo potenter reflectere, nullus vt sit musicus, qui tantum resultum non admiretur, quandoquidem nulli alii soni siue grauiores siue acutiores, etiamsi longè robustiores, ita reflectuntur.

Vnde concludendum puto quamlibet fornicem huic aut illi sono reflectédo esse, velut ab ipsa natura, factam, & accómodatam, quòd si fiat vi Vnisoni, dicendum lapides fornicis, vel omnes, vel illorum aliquem tremere, seu vibrari, eiusque vibrationes soni canentis vibrationibus, ac si quis concineret, simul vniri. Quòd non est opus prosequi fusiùs, cùm omnia quæ fidibus conueniunt, de quibus toties in Harmon. fornici trementi possint adhiberi.

Porrò quæ diximus de æquali quolibet fidium recursu, sumas velim eodem modo, quo cap. præcedenti de funependulorum vibrationibus: quippe putem chordæ maiores vibrationes non esse penitus isochronas; sed priores sequentibus tardiores, licet hæc tarditas non sit, imo neque forsan esse queat tantâ, vt vllum temporis discrimen inter primam maiorem, & quaslibet

X ij

alias minores inuenire possimus, atque adeo semper eiusdem grauitatis sonus audiri videatur.

Quantò autem prima, seu maxima fidium vibratio sit secundâ,
decimâ, aut aliâ quâuis datâ maior, & quantò magis duret, quis definiat? Placet autem aduertere circâ fides, eas dici & esse *falsas*,
quòd cùm non sint vniformes, & hæ vel illæ partes sint reliquis
crassiores, vel tenuiores, contingat vt diuersimodè tremant, quia
partes tenuiores cùm velociùs tremunt, crassiores resistunt, quarum tremor, seu vibratio tardior est: vnde fit etiam vt in Sambucis,
seu Harpis, quæ metationibus carent, fides cum aliis consentire,
consonaréque possint, quæ super testudinibus aut Violis falsæ
apparebunt, idque non semper, sed in quibusdam iugationibus,
quæ fides reddant breuiores, adeòvt neruus, qui cum aliis conue-
niebat in metationibus B, & C, &c. non ampliùs in C, D, E, conueniat, vt optimè Cabeus in Aristotelis Meteora.

An verò surdus à natiuitate possit alicuius fistulæ dentibus suis
apprehensæ, aut etiam testudinis, cui lignum aliquod agglutine-
tur & ex alio extremo dentes attingat, sonum audire, quis non possit experiri, quoties surdus occurret? quod & de vocibus intellige:
quanquam si debeat illud succedere, vix credam nondum à quo-
quam expertum: hac enim ratione sufficeret surdus edoctus, vt
omnes alios surdos ad id prouocaret.

Nullus dubito quin illius dentes, imo & nerui tremant, sed præter, quemcunque volueris, tremorem, audiendi potentia necessaria, quæ cum in quibusdam sopita quidem, sed non penitus abo-
lita sit, caue ne iudices de surdis omnibus ex vna vel altera, quæ alicui successerit, experientia. Est etiam aliquid de sonis reflexis,
Echum facientibus addendum: & quidem primò non aliam esse
rationem cur vox à muris curuis reflexa, statim audiri videatur
sub pedibus, vt contingit in horto regio Parisiensi, iuxta pergulas
regias; mox super capite, aut in alia parte aëris, nisi quòd in illa
punéta, velut in focos lumen, lineæ vocis, aut instrumenti harmonici sonoræ vel omni, vel maiori ex parte reflectantur.

Certissimum est autem vnicam syllabam à clamante satis commodè audiri, cùm distat 15. sexpedis à corpore reflectente: licet-
que à 12 sexpedis audiri possit, non ita tamen commodè, ac dis-
tinctè: quoties verò distantiam prædictam 15 sexpedarum multi-
plicabis, tot syllabas audies; verbi gratiâ, duas ex 30. sexpedis, 4
ex 60, &c. quas etiam à 48. sexpedis audies, dummodo illas
satis vehementer pronunties dimidii secundi tempore, sed non

adeo commodè, itaque fonus iens & rediens, feu radius fonorus incidens, & reflexus, 120. fexpedas fecundo minuto percurrit; cùm
vox folum iter rectúm infiftens, 230. fexpedas conficiat, hoc eſt
ferè duplum foni reflexi fpatium : quod vnde procedat, præter
ea quæ diximus in Harmonicis, viderint illi quibufcum noſtra
Phænomena communicamus: quanquam ea legenda fint quæ dicentur inferiùs.

Si paries, aut aliud corpus reflectens neceſſariò toties tremeret,
quoties tremit, neruus ad vocis incidentis vnifonum tenſus, facilis
eſſet ratio: vt enim vox pronuntiando 4. fyllabas, dimidium fecundum impendit, ita paries aliud dimidium fecundum ante reflexionem impenderet: quod vix quifpiam conceſſerit, nullum enim
fupereſſet tempus ad percurrendum interuallum, quippe fecundum integrum in fyllabarum duplici formatione tereretur.

Qui veritati fauent, eamque vnicè diligunt, ne fint adeo fo-
cordes, quin horologio fecundorum, vocis, aut alterius foni directi,
& non reflexi, celeritatem metiantur: cúmque vox noctu præfertim, ad 230 fexpedas audiri poſſit, inuenient hoc interuallum à
voce, vel quouis alio fono percurri, tempore vnius fecundi minuti,
quod proximè refpondet vni cordis pulfui fatis tardo, qualem mihi
Deus tribuit; adeò vt iure meritiſſimo qualibet horâ 3600. gratias
illi perfoluere debeam.

Quo facto, recedant 60. fexpedas ab aliquo pariete, ad quem fyllaba facilis pronuntiationis, qualis eſt *la*, perpendiculariter alliſa
reflectatur; certum eſt à clamante fyllabam la non auditam iri, niſi
poſt fecundum minutum, vel cordis pulfum mei pulfus ifochro-
num. Quem tamen pulfum ad tempus exactè menfurandum nullum clamantem adhibere oporteat, quippe clamando alteratur, neque fatis poteſt quis aduertere veram vnius pulfus durationem,
niſi taceat, & quiefcat: quapropter fecundorum horologio femper
vtendum, quod cum pro denario paretur, nullus de pretio, nequidem Iro pauperior, iure conqueri poteſt: fed neque de pondere,
quod fit ferendo nimis incommodum: cùm nequidem vnius vncia
pondo neceſſe fit, abundéque fufficiat vnciæ femiſſis, imo fex-
tans.

Cùm igitur fyllaba *la* eundo, redeundóque bis duntaxat 60. percurrat fexpedas, hoc eſt 120, dum fit Echo; conficiat verò 230, idque ad minimũ, quoties directè protenditur, numquid clarum eſt
maius tempus ab alliſo pariete, quàm prius impendere? Statuamus
240 fexpedas pro velocitate foni directi, tempore fecundi, neque

enim ab orbita plurimum difcefferimus, vt quifpiam poft capitis
XIV. præcedentis lectionem fatebitur;

Eft autem 60. quater in 240, igitur fyllaba *la* quartam duntaxat
fecundi partem vfque ad parietem impendit , adeovt ; fecundi
pro reflexa fyllaba fuperfint.

Num igitur fonus reflexus directo tardior? fanè nonnullus fcru-
pulus fupereft, cum enim 4 fyllabæ vt priùs dictum eft, ad 60. vel 55
hexapedas à muro reflectente pronuntiantur, quarta fyllaba ; quæ
definit finiente primo femifecundo, auditur in fine fequentis femi-
fecundi, adeovt 120 percurrat fexpedas tempore pofterioris femi-
fecundi, cum eat ad murum 60 fexpedis diftantem, indéque redeat
ad clamātis aurem : eaque ratione 60 fexpedas eundo, totidemque
redeundo conficiat : hinc fit vt nōdum putem omnino concludendum reflexā vocem effe directā tardiorem, cùm enim reflexa fæpenumero fit fortior, quàm multæ directæ voces, cur non eadem
velocitate curret? numquid illa 4 fyllaba *la* femifecundo 120 fexpedas faciens, integro fecundo 240 percurfura eit? vt vt fit, mònitos
velim peregrinos, qui Mediolanum adieriat, ne pretereant locum
vrbanum ad milliare fitum, cuius nomen Simoneta, fi bene memini, audiēt enim ex altiore cubiculo clamantes per feneftram, eandē
vocem tòt vicibus repetitam , vix vt numerum ineant; puto me
decies ad minimum repètitiones aduertiffe : quæ folent eò plures
effe quò vox maior, feu robuftior fuerit.

Sed cùm non ibi fint plures aliæ domus, aut alia loca reflectentia,
certum eft ambos parietes fibi oppofitos, quos 15. fexpedis ad
minimum diffitos arbitror, fibique parallelos, vocem reciprocare,
mutuifque reflexionibus remittere, inftar pilæ palmariæ, inter duos
parietes fibi vicinos inclufæ, quæ in vnū parietem impacta, fæpius
in vtrumque reflectitur, donec quiefcat : adeovt fi fuperficies
reflectentes nihil fono detrahant, vi, feu magnitudine foni cog-
nitâ; hoc eft, interuallo, ad quod directa perueniret, noto, notâ
quoqué diftantiâ corporis reflectentis, concludatur quoties vox
repetenda fit.

Omitto qua ratione foni verfus idem punctū, ope murorum cur-
uorū reflecti poffint, fiue circulares fiue ellipticos, feu parabolicos
intelligas, cùm ea de re fufiùs in Harmonicis dixerimus. Supereffet
vt varios ipfius aëris motus à neruo percuffi confideraremus, qui fi
coloribus quibufdam infici, oculifque fubiici poffet, aduerteremus
num fuæ vi liquiditatis ter moueatur, quandiu femel à neruo percutitur, vt illud diapafon diapente produceret, quod penè femper

cum sono primario auditur, eodem ferè modo quo neruus ob suam tensionem longè velociùs mouetur,quàm ipse digitus neruum percutiens: qua de re fusiùs in reflexionum recensione.

Hoc autem caput claudi nolim absque clarissimi viri Antonij Goreti Ferrariensis laudibus; apud quem duo cubicula satis ampla, omni ferè Instrumentorum Harmonicorum genere instructa, idque non solum vnico ex quolibet genere, sed totidem quot ad perfectum quotvis vocum,seu partium concentum requiruntur.

Violarum,exempli gratiâ,testudinum,spinetarum,fistularum, & eorum ferè omnium instrumentorum quæ libris nostris Harmonicis prosecuti sumus, perfectos concentus sibi comparauit.

Præterea triplicè spinetam habet, quarum prima chordis aureis, secunda argenteis, tertia chalybeis instruitur. Vbi non possum satis admirari quòd Cabeus pag. 289. Commentarij sui in meteora, ignoret quàtò grauiùs sonet aurea, quàm argètea, & ferrea chorda, cùm id adeo fusè & luculenter docuerim in Harmonicis,prop. 4. l. 3. de fidibus, chordis & metallis: ignoret etiam an chordarum tremores sint in eadem ratione, ac ipsarum chordarum crassitie ac tensione æqualium, longitudines ; cùm eiusdem voluminis Harmonici l. 2. de Causis sonorum, prop. 17, & sequentibus,illud accuratè demonstrarim; idque decennio, priusquàm suos libros ederet,rursusque in PhysicoMathematicis,postHaudraulica,Harmoniæ contractæ.l. 1.4. & 5. propos. anno 1644. editis, & Romæ prostátibus; vnde potuisset discere neruum vnisonum vocum, quibus iusta persoluebantur Generali Iesuistarum , in Basilica domus professæ, quam vocant magnum Iesum,in Vigiliarum recitatióne,cui aderam,tempore vnius secundi minuti saltem 64. recurrere,seu periodú integram complere,atque adeo 208 aèrem verberare : illæ siquidem voces erant fistulæ organicæ bipedalis obturatæ proximè, ni fallor,vnisonæ. Dixi saltem, cùm 232. percussiones aliâ accuratiore obseruatione reperiam.

Sonos igitur chordarum non eandem obseruare rationem, quam illarum pondera, satis constat ex locis prædictis.Sed vt ad viri Clar. Musæum reuertar, præter instrumenta prædicta, musicorum omnium præstantissimorum, præsertim Italorum opera, quibus peculiare cubiculum exornat, ita puluinis suis adaptauit, vt quilibet abacus supra positam habeat tabellam, in qua exprimitur ad viuum auctoris effigies ; sunt & abaci singulares, præcedentibus subditi, qui libros manuscriptos habent, quibus manu propriâ suprapositorum auctorum compositiones ad Diagrammata redegit,quæ

vulgò dicimus Partitionem, vel Tabulaturam.　Habet & effigies
regum & principum, qui Concentus Harmonicos amauere. Vix
fit vllus instrumentorum musicorum præstantissimus faber, (qualis est Nicolaus Ramerinus, cuius Cymbala recens inuenta Romæ apud eum vidi, quæ sonos vehementiores, aut remissiores
edunt, pro libito) à quo non emerit instrumenta, vt à prædicto
cymbalum habet, quod Echum reddat. Denique vidi apud eum
Motetum Alexandri Strygij 46. vocum ; Benedicti à Catano Ca-
pucini Litanias 66. vocum, cum 10. choris. Petri Mariæ, *Bene-
dictus*, 100. vocum, cum 20. choris &c. quibus addo 22. magnos
fasciculos Musicæ S. Ceciliæ, quam pro vocibus & instrumentis.
ipse composuit, & totidem annis Ferrariæ cöcini cum omnium admiratione curauit ; adeovt conciues effigiem illius titulis illustri-
bus exornari voluerint. Affirmauit etiam illius filius, eum scripsis-
se librum de instrumentis omnibus Harmonicis.

　Nolo præterire mirabilem Angelum, quem clauicymbalo, &
Violino, Venetijs apud Clarissimum Puteanum Senatus Veneti
Aduocatum, tantâ gratiâ & industriâ ludentem, & arcu tam erudito
fides tangentem, vt vnico illius tractu tam seipsum quàm audito-
res rapere videretur.

MONITVM.

*Animaduersiones quæ sequuntur, 11. 12. 13. 14. puncta huiusce
XX. Capitis complectuntur, lectu dignissima.*

Animaduersiones

Animaduersiones vtilißimæ in XII. Harmonicorum libros maiores, & in 4. minores Hydraulicis Phænomenis subiunctos.

NOlim verò præterire quæ præsertim emendari oporteat in nostris Harmonicis, ne qui ea legerint, decipiantur. Imprimis igitur propositionem tertiam Præfationis ita lege.

Definire num tempus, quo descendunt grauia perpendiculariter versus terræ centrum, sit ad tempus casus obliqui, vt iter casus obliqui ad iter casus perpendicularis : paginâ sequente,lineâ 15. lege ab A ad C spatio dimidii secundi. I. pag. eiusdem præf.l.30. Corollarium.l. 31. mobilis:pag.2.l. 5. circumductione.l. 39 dele qui l.40. reflectantur.pag. 3. l.17. arcum l.35. ex 326. pag. 4.l.4. dele, *pars est.*

Primo libro, præter ea quæ in Erratis præfationem sequentibus emendantur, postquam ipsius Epistolæ Dedicatoriæ initio legéris, *beneuolentia occurrit,* & *amicitia verò tua.* pag. 5. lin 9. à fine, lege vix. l. 5. in fine propos. 17. sunt : p. 6. l. 1. duos. l. 14. à fine,tribus. p. 26. l.11. verbi.l.12. superant.l. 17. à fine,miror. p.27.l.15. Corollario 1.l.17. à fine, duritiem plumbi. p. 28.l.15.& 17. A E. p. 29. vbicumque in corollario 5. & 6. lege E. pro H.

Paginâ 32. quæcumque de celeritate soni dicuntur, præter ea quæ proximè quadrant nostris obseruationibus, quas habes cap.14. delenda, cùm 230. hexapedæ, quæ passibus communibus 690. proximè respòndent, semper nobis apparuerint à sono percurri,témpore vnius secundi proximè, si obseruationem excipias, de qua prædicto cap. Sed neque iam dubium quin sonus à fidibus factus ipsis currat celeriùs. p. 37. l. 6. *cæco,* non cellulis. l. 50. quæ concentum. p. 38. l. 2. à fine,tensionem. l. 11. magnitudine l.24. de qua. pag. 41. l. 10. à fine, 3600. p. 51. l. 11. æqualitatis. p.53. l. 25. scribe 2000. sciásque Practicorum Musicorum aurem in Clauicymbali, & Organi temperamento discernere le soni partem in Quinta temperanda, hoc est proximè quadrantem commatis, vt iam pag. 336. Harmoniæ Physico M. dictum est.pag. 61. l.27. minor Quartæ. l. 57. Consonantiam plerumque. p. 68.ad calcem prop. X. minoris differentia. p. 76. l. 10. à fine, 12 ternario. l. 31. dele vel. pag. 77. l. 20. ratio sesquitertia, l. penultimâ, cap 4. pag. 79. lege post tabulam 11. coincidit.l.14. dele, nam duo &c.

vſque ad ſimiliter.pag. 80.l. 9. dele,per 2. vel 3.pag. 83.lege ir. pro illum verò, lege *atque*. p. 84. in 2. columna 3. diagrammatis altior nota cum ſuo numero 4. duobus gradibus deprimenda. p. 92.l.2. collocandum.p. 101.l.17.à fine,arteria l.10.;.14.p. 105.l.2, in prop. diſſonantias.p. 106. in 3. tabulæ prima linea,vltimum SOL muta in F A.p. 107. aduerte primò quartam rationem cur à nota VT primus modus incipiat, vel cur ille modus cenſeatur præſtantior, ingenioſam, eſſe videlicet quòd nulla præter hanc, Octauæ ſpecies habeat 4. Quintæ,&3. Quartæ ſpecies immediatè ſe conſequentes p.116.l.14.&15. in Nona. & vltima tabul. ex numero XXXIIII. dele vltimam vnitatem. p.118.l. 6. iam nuper didici ab ipſo auctore nomen illius eſſe Ioannem Matan, virum pietate, ac ſcientiâ ornatiſſimum.pag. 124.l. 15.à fine,quippe quæ.l.12.alias.& quæ à RE ſumunt,dele verò, *quam quidem*,vſque ad,*ſunt autem*.pag. 133.l.15. ternarii bis repoſiti.l.16. ternarii reperiuntur.

In eadem pagina, ex tabula Conbinationum, deduci poteſt,ex alphabeto 23. litterarum dictiones fieri poſſe, in quibus nulla littera repetatur, 7027306733033009809115. id eſt ſeptuaginta ſextiliones, &c. adeovt numeri litterarum, ſeu characterum, quibus illæ dictiones conſtabunt, ſint vnus ſeptilio &c. vt vides in ſequente numero, 154600249126726147905433. ſed neque terra bibliothecarum, ad libros capiendos dictionibus illis conſtantes neceſſariarum capax p. 134. tabella numerorum progreſſione dupla ſe conſequentium vtiliſſima, ſiue ad numeros primos, ſiue ad perfectos breuiter inueniendos: qua de re priuſquam loquar, l.7 poſt Geometrica, lege futurum diuitem,l. 33.Cùm dicitur ſummam omnium numerorum tabulæ illic repræſentatæ eſſe 4194303. ſupponitur progreſſionem Geometricam vſque ad 22. terminum ſolummodo peruenire, cùm tamen vlteriùs,vſque ad 64. attingat. Itaque numerus vltimus,demptâ vnitate, nempe 9223372036854775807.LXIII. præcedentium numerorũ ſummam cõplectitur.

Huius autem paginæ tabellâ, reperiuntur numeri primi, & perfecti, de quibus vide Caput XXI. de numerorum arcanis. pag. 136. in antepenult. numero columnæ X. pro 9.ſcribe 4.l.10.à fine, pro ſeptimæ, lege 9.&10.l.7.630. p.138.l.1. cùm 36. & quinquies repetitam, l. 11. à fine: dele, quater alia.l.13. ideoque numerus 4620. è regione III. p.140. vbi citatur liber de voce, intelligitur liber Gallicus maioris Harmoniæ noſtræ, quæ ſimiliter neceſſaria, vt ſequens eiuſdem paginæ Corollarium, & alia plura faciliùs intelligantur.p.143.l.4.praxim.l.14.facimus. p.147.l.2.poſt tabulam,

aliasque. p. 148. l. 2. primi diagrammatis, initio, scribe 12. pro 112.
pag. 150. secundam notam tenoris scribe vno gradu altiùs, debet
enim pronunciari, VT.

P. 151. Quòd dicitur hîc, aut aliis nostrorum librorum locis, nostram Musicam veterum Musicæ præferendam, ne credas me
ita contendere, vt propterea velim aliorum sententiam impu-
gnare, quàm potiùs longè prætulerim, vbi contrarium euicerint:
quod video persuasissimum Clarissimo viro Donio recentiorum
& veterum Musicam fusè conferenti, elegantissimo de præstantia
Musicæ veteris libro.

P. 153. quæ malè notatur 52. cantu 5. sub syllaba prima dictionis
Virgo, 4. nota 2. gradibus deprimenda. p. 162. l. 20. à fine, *con-*
generes. p. 163. l. 6. à fine, *hoc est.* p. 165. l. 9. à fine, *primis.* p. 167. l.
7. à fine, regulâ. p. 168. l. 7. consequantur. p. 181. l. 23. à fine, depu-
tare. p. 182. l. 4 ante finem; *fines.* l. 36. caret, & reliquas. l. 52. Vni-
sona. l. 55. ἄπυκχια.

In libris Instrumentorum, sequentia notanda, præter emen-
dationes. p. 1. in titulo, & infra, scribe per duo, τ, ὑπάτη· p. 3. l.
11. à fine, leucarum. p. 4. l. 28. quotcumque. l. 35. L M. p. 5. l. 3. integer. l. 55. ; . p. 8. l. 6. Isidis. p. 11. l. 4. antica. l. 5. incrustatur. l. 9
à fine, ordinibus.

P. 17. l. 2. post diagrammata, addituri diagrammata verò sequentia pessimè notata, quòd deessent characteres, optimè re-
stituta videas in Harmonia Gallica, p. 51. in propos. 32. si mauis. p.
53. l. 19, ad 9. p. 96. l. 3. diagramma. p. 105. l. à fine. 17. qui. p. 109.
l. 5. laborem subleuandum. p. 143. l. 4. à fine, aditus. p. 147. Vide
aliam meliorem figuram vltimâ propos. l. 6. Gallici de Instrumentis, qui quidem agit de Organis. p. 155. vbi suspicor aliquem errorem in auri cum aqua comparatione, interuenisse, cùm sit certum
esse auri grauitatem ad aquæ grauitatem, ad minimum vt 18. ad 1.

IV. Librorum Harmoniæ Physico-Mathematicæ Emendatio.

Superest vt 4. libellos Harmoniæ, Physico-Mathematicis, iuxta
desiderium Bibliopolæ, insertos, etiam recenseamus, quos qui legerit attentè, confido dicturum non esse penitus inutiles, cùm
integram theoriam ex veris principijs eliciant. Itaque præter
emendata in erratis, hæc accipe. p. 266. circa finem, si verticillos
malis quàm verticilla, commuta. p. 267. II. prop. nimis obscura,
his verbis scribatur.

Si nerui fuerint, eiuſdem longitudinis, & materiæ, illorum pondera ſunt in ratione duplicata conſonantiarum, quando vi eadem tenduntur.

Hoc eſt, ſi neruus lóngitudine pedalis, certum ſonum generet tenſus pondere vnius libræ, manente eadem librâ, debet fieri quadruplò craſſior, ſeu 4. neruis conſtare, quorum vnuſquiſque ſit primo prædicto æqualis craſſitudine. Vbi & 9. lin. lege, generet grauiorem. Velim etiam totam illam propoſitionem, cum explicatione, deleri, ob nimiam obſcuritatem : quæ partim nata videtur ex eo quòd pondus neruorum pro eorum magnitudine ſumatur, cùm ſint vt illorum magnitudines, ita & pondera.

Adde quòd dupla grauitas, ſeu magnitudo, aut potiùs craſſities nerui, (ſupponuntur nerui eiuſdem longitudinis), qui 2. verbi gratiâ, libris tendebatur, vt faceret ſonum quæſitum, ſi longitudinem duplam conuertatur, fiatque duplò tenuior, ſeu gracilior, non ſit ampliùs prædictum ſonum facturus, eodem manente pondere, ſiue eâdem tenſione, 2 librarum : ſed neque Octauam ſuperiorem, cum ſeipſo duplò craſſiore duploque breuiore, ſed inferioris Octauæ ſemiſſem, eodem modo quo priùs ipſe neruus duplò gracilior ſemiſſem Octauę ſuperioris, ſeu Tritonum æquale faciebat cum neruo duplo craſſiore lóngitudinis æqualis.

Tritonum æquale voco illud interuallum, quod neruus medius proportionalis generat, interpoſitus inter duos neruos eiuſdem craſſitudinis, & tenſionis, qui faciunt Octauam.

Vbi nota Campanarios Italos, ſi credimus Cabeo referenti, malleo tribuere pondus libræ 1. pro 25. libris æris Campanæ: vnde ſequitur malleum eſſe mille librarum, cùm fuerit Campana 25000. librarum. Malleorum verò pondera reperies prop. 12. l. 4. de Campanis, in cuius Corollario lege, Magnitudinem : & eadem paginâ 159. l. 4. à fine, *fremitus*. Porrò Cabeus pag. 297. debet emendare quod ait ſonum intenſiorem eſſe in inſtrumentis iuxta fulcimentum, cùm enim ibidem ſonus ſit eiuſdem acuminis, vt ipſe fatetur, eſt eiuſdem intenſionis, ſed robuſtior, ſeu vehementior, quanquam adeo delicatè nerui iuxta ponticulum, vel ſupercilium tangi poſſint, & adeo vehementer circa medium, vt ſonus in medio ſit multò fortior. Omitto cætera de motu nerui quantò ſit maior prope fulcrum, quàm in medio.

Quod de fiſtularum proportione, 3. prop. p. 269. dicitur, verum

est, si quemadmodum chordę duplò maior crassities tribuitur, vt
pleniùs sonet, ita & tubis longioribus maior crassitudo : sed
cum de his adeo fuse dixèrim l. de Organis, nihil addo.

P. 270. l. 10. à fine, lege puncto XXVII. quo diximus omnes me-
dietates totius alicuius, simul collectas, seu mente intellectas, totum
restituere, hoc est ei æquales; quemadmodum omnes trientes se-
missi totius, omnesque quadrantes, & quadrantum quadrantes in
infinitum æquales esse trienti totius, & ita de reliquis partibus.

Ibidem malè vocatur recursus ab F ad I, cùm recursus complectatur totum interuallum ab H ad I: meliùs igitur dicas, neruum
ad H adductum & redeuntem vsque ad I, interuallum F I minus
esse interuallo F H, &c.; hoc est si H F fuit 20. partium, F I futurum 19. partium.

Vbi notatu dignum, an funependulum
AB, à puncto C cadens, & porrò versus D ascendens, verbi gratiâ vsque ad
Q, interuallum Q D; quo minuitur, sit
pars 20 quadrantis BD : & qua ratione
fiant vibrationum vtrarumque, videlicet nerui B A inter H & I, suas vibrationes, & funependuli A B, suas inter
C & D reprocantis.

Pag. 271. fractus numerus non benè scribitur, numerator enim de-
nominatori superponendus, vt loco citato Harmonic. vnde repeti
debet. p. 273. l. 10. à fine, totidem vicibus. p. 274. l. 19. testudinem:
p. 276. perturbatur IX. colúmna: quæ, prout sequitur, restituenda,
cùm sit admodum vtilis, vel ad theoriam verorum interuallorum,
vel ad diagrammata, quorum ars Parásemantice dicitur, vt Clariss.
Donius l. de Præstantia Musicæ notauit.

Diagramma Harmonico - Theorico-Practicum.

I	II	III
VT	576	90
		Semitonium.
BI	540	96
		Tonus maior.
LA	480	108
		Tonus minor.
SOL	432	120
		Tonus major.
FA	384	135
		Semitonium.
MI	360	144
		Tonus major.
RE	320	162
		Tonus minor.
VT	288	180
		Semitonium.
BI	270	192
		Tonus major.
LA	240	216
		Tonus minor.
SOL	216	240
		Tonus major.
FA	192	270
		Semitonium.
MI	180	296
		Tonus minor.
RE	160	324
		Tonus minor.
VT	144	360
		Semitonium.
BI	135	384
		Tonus major.
LA	120	432
		Tonus minor.
SOL	108	480
		Tonus major.
FA	96	540
		Semitonium maius.
MI	90	576
		Tonus major.
RE	80	648
		Tonus minor.
VT	72	720

Prima diagrammatis, vel scalæ ipsius columna notas vulgares refert, quibus trisdiapason per gradus diatonicos canitur: vix enim eiusdem hominis vox pergat vlterius.

Secunda numeros habet vibrationibus neruorum adhibitos, adeout si neruus maior seu longior tempore vnius mensuræ vibretur 72 vicibus, eodem, vel æquali tempore, 576. vicibus tremat, seu vibretur minor.

Cantus ergo incipiendus ab VT inferiore, si vis ascendere; aut à superiore, si descendas.

Tertia columna incipit inferiùs à maioribus numeris, quippe neruorum grauiorum longitudines, siue quantitatem, non autem vibrationes referunt: quamobrem dici possunt materiales; vt alii 2 columnæ, formales.

Inter hos numeros scribuntur interualla, vt quispiam vnico intuitu, absque vllo calculo nouerit vbi sint toni maiores & minores: quos propriis, certisq; locis statui debere, si perfectè canatur, multoties demonstrauimus.

Si vero Taradià Maireà velis vti, eamq; Guidonianis notis anteponere, habes TA, RA, MA, FA, SA, LA, ZA, TA, p.392. parum refert quibus vtaris no-

minibus, dummodo iusta fiant interualla : sæpiusque cum eadem voce LA canuntur, & intonantur: Quam methodum in
Harmonia Gallica l. 6. de Arte bene canendi , fusissimè expli-
caui.

Pag. 278. l. 25. quæ in. p. 285. Diagramma , eodem modo, quo
pag. 276. dictum est, emendandum. p. 291. l 4. *sol, re,* p. 301. l. 10.
sex sequuntur. p. 303. l. 23. diapente facientes. l. 26. gignat. l. 27.
perficiatur. l. 29. sic, l. 35. terre. p. 314. & sequentibus, aliquid in notis accommodandum, iuxta meum exeplar, quod vnicuique suum
emendare volenti libentissimè tribuam. p. 330. l. 3. parti b P, dum
in b. p. 337. l. 3. idemque. l. 19. Superius. l. 30. præcedens. p. 350. l. 1.
saltu ad Octauam p. 356. l. 14. iam obiit Bannius, cuius Musicam
laudaueram; in qua tamen ferè nihil eximij reperiri ad me scriptum
est ex Bâtauia, idque ab illius amico singulari.

P. 356, l. 17. sexta difficultas. p. 357. l. 7. à fine, reliquorum. l. 3.
sex. p. 362. l. 12. à fine, campanæ crassitudini. p. 363. l. 20. suas. l.
27. cognoscendi. p. 366. l. 15. Via, gallicè, *Voye.* l. 22. sub quo. l. 23.
dele, quot super eadem facit, eosque. p. 368. Quod de Barreo dixeram, iuxta ea, quæ sæpius ipse coram omnibus affirmauerat,
& cui modum lucernæ faciendæ lumen sub aquis conseruaturæ,
iuxta varia, quæ feceram experimenta, suggesseram, cuique dan-
dam pecuniam ad duas laternas ex omni parte clausas, & cande-
lam accensam concludentes curaueram, quod, inquam, de illo
dixeram, tum loco cit. tum etiam in aliis locis, reuocandum, si
viro ingeniosissimo Petro Petito crediderim, qui affirmat eum esse
mendacem, neque per 6. imo neque per vnicam horam in fundo
maris posse subsistere: quapropter ab istiusmodi hominum, vt vt
iurantium se noua, & inaudita reperisse, fraudibus omnino cauendum. l. 6. à fine, *qualia.* pag. 369. l. 5. appensum, quod. De
illo experiméto, Clariss. Vandelini, iam antea c. 13 puncto 5. dictum
est. p. 369. quod videbatur à Bonneau sperandum, experientia docuit nullatenus expectandum, sicut neque quidpiam insolitum ab
illo, de quo ibidem, vrinatore.

Hæc sunt quæ in 4. illis Harmoniæ libellis Physico-Mathematicis emendenda, præter ea quæ iam in erratis animaduersa fuerant.
Cùm autem 5 prop. l. 4. Harmoniæ istius, inter difficultates quæ
soluendæ supersunt, prima sit cur voces humanæ ita se habeant,
vt semper, aut ferè semper, alias habeant socias, puta diapason diapente, & disdiapasonditono acutiores, vt constat ex nostris
choris, in quibus semper Duodecima resonat, & voces paulo gra-

uiores comitatur, existimo hunc sonum, veluti secundarium, non solùm in auribus fieri, sed etiam, idque priùs, in aëre, qui cùm ad hunc aut illum sonum determinetur à recursuum, seu vibrationum certa frequentiâ, sibique materiam aliquam subtiliorem adiunctam habeat, fieri potest, vt ista materia triplò sit aëre mobilior atque adeo triplò velociùs tremat, seu tres perficiat vibrationes, eodem tempore quo aër facit vnam : Cúmque Decimaseptima maior auditur, quod frequenter contingit vocibus grauissimis, quas illa, vt & Duodecima, comitatur, fieri potest iterum vt subtilissima quædam, & ætherea Materia sit eius mobilitatis, vt percussa tremat quinquies, quandiu aër semel, térque materia subtilis tremit: quodlibet enim corpus certam & determinatam habet tensionem naturalem, ob quam, vt vt leuiter, percussum, hoc aut illo vibrationum numero moueatur, vt constat ex fidibus, sarissis, & aliis corporibus.

Non repeto idem contingere fidibus crassioribus barytonis, hoc est grauiùs sonantibus, ac vocibus, neque aërem suis quibusdam motibus triplò, vel quintuplò, quàm ipsarũ fidiũ, celerioribus, fortasse prædictos sonos comites gignere; mihi satis fuerit viros ingeniosos ad huiusce phænomeni veram causam inueniendam prouocasse: quam Peripatetici refundere valeant in ignem, & ætherem, tam aëri, quàm aliis corporibus immixtum.

Vt vt sit, magnum foret operæpretium si nos hæc difficultas, & illius solutio duceret in notitiam proportionis, quam aër cum illis materiis subtilioribus tam densitate, & grauitate, quàm mobilitate obseruat, quod potiùs desideré, quàm vt sperem, donec lux de cœlo nobis affulgeat: neque desunt qui malint istam solutionem, quàm quidquid hactenus de rebus Harmonicis dictum & inuentum est; quibuscum me fateor esse, si præsertim aliarum difficultatum loco citato allatarum solutiones superaddantur.

Placet etiam aduertere nuper virum illustrem I. Baptistam Donium, veterum Musicorum vindicem, contendisse nostris illos tam in Praxi, quàm in Theoriâ fuisse doctiores: & tam vocibus quàm Organis πολυμέλειαν, Synchordias, & Synauliam habuisse; testibus 4 tibiarum speciebus, quarum παρθένιοι hoc est puellares, seu virginales superiori: παιδικοι parti sequenti: τελειοι Tenori: Basso, seu Barytono seruirent ὑπερτέλειοι, vt ea ratione tibiarum Syntagma Trisdiapason efficeret.

Contendit insuper Musicarios, vel Symphoniurgos, Melopoëos
veteres

veteres nihil ceſſiſſe hodiernis:quippe non Ethos & Pathos impor-
tunâ vocum diuerſarum mixturâ ita refringebant, & vt noſtri, he-
betabant:quid enim aliud noſtri ſuis adeo frequentibus homopho-
neſibus, epimeliſmatis, hypecheſibus, & aliis ornamentis efficiunt,
quàm vt ſententiæ vim eneruent, atque corrumpant? quâ de re
fuſiùs alio loco dicendum.

Porrò diuidit Muſicam in partes 15. puta Philologicam, Phyſio-
logicam, Politicem, Methodicam, ſeu Iſagogicam ; Harmonicam, Canonicam, Rhytmicem, Metricam, Melopoëiam, Rhytmo-
poëiam, Phonaſciam, Progymnaſticam, Odicem, ſeu Melodicam,
Organicam, ſeu Crumaticem, Semæographiam, ſeu Paraſemanti-
cem, Symphoniurgiam, Hypocriticam, ſiue quâ reſpicit Oratoriam, ſiue Hiſtrionicam, ſiue Orcheſticam : Organopoëiam, &
Criticam: in quibus ferè omnibus nos plurimum credit à veteribus ſuperari.

Porrò multa in meis Harmonicis, Gallicis præſertim, attuli
quæ ad partes illas ſpectant, primò quidem de Philologia, prop.
XXXI. l. 7. Inſtrumentorum Crumaticorum ago, quam propoſitionem ſi quis in volumen mole æquale Verderij Proſopo-
graphiæ, vel Teueti viris Illuſtribus, vel Tomo virorum doctrinâ, reque militari Illuſtrium Hilarionis noſtri μνημονικωτάτου ἡ ποτε,
τότε Hiſtorici, per me licet.

Quod ad Phyſiologiam attinet, ferè teſtantur omnes libri, quibus Harmonia noſtra conſtat, quot ea de re protulerim, quæ iuuare poſſint Politicam, nec non Militiam, & Moralem, à propoſ. 6
libri de Vtilitate Harmoniæ, & deinceps. Methodicam habes, ſiue
Iſagogicam fuſiſſimè l. 6. de Arte, ac Methodo benè canendi, vt
Phonaſciam, & Progymnaſticam, ſi præſertim addideris 1. prop.
l. 3. de generibus Muſicæ, quin & librum integrum. Harmonicam
iuuenies libris de Conſonantiis, Diſſonantiis, Generibus & aliis
ſequentibus; vt & Canonicam, & Rythmicem, 4 parte l. 6. de Arte
bene canendi ; & Metricam, à prop. 29 eiuſdem libri; & Melopoëiam, 2 parte : adeovt hic liber lôgè plura quam lector exiſtimet,
complectatur; in quo etiam Melodica.

Organicam inuenies in 7. Inſtrumentorum libris : Semæographiam, à 17. prop. l. 4. de Compoſitione. Vbi & Symphoniurgiã,
quemadmodum etiam l. 5, Hypocriticam Oratoriam, prop. 2. l. de
Vtilitate Harmoniæ: Orcheſticam, à prop. 22. l. 2. de Cantibus.
Omitto Criticam, quæ paſſim in Harmonia exercetur, & Organopoëiam, quam habes in noſtra Muſica Inſtrumentali, præſertim

Z

l. 6. de Organis. Verùm hæc omnia, si perfecta requiris, ab vnico Donio, Viro in monumentis veterum Muſicorum eruendis incôparabili poſſis expectare. Vide ad calcem capitis XX. & XXII, duas ingentes Harmoniæ difficultates, tuamque conferas in cæteris explicandis, atque ſoluendis induſtriam, de quibus tam hoc capite, quàm in maioribus Harmonicis, & V. prop. l. 4. Harmoniæ Phyſico-Math. vel quæ de nouo tuæ menti occurrerint.

CAPVT XXI.

De numerorum Arcanis.

1. Trianguli. & alij numeri figurati, quomodo differant à linearibus. 2. pyramidis quadratæ numericæ ſumma. 3. ſumma Quadratorum quomodo inuenienda. 4. Tetraedrorum numericorum ſumma, & vtilitas. 5. Summa Triangulorum, qui inueniatur. 6. methodus ſumma cuborum parium & imparium inuenienda. 7. numeri quorum partes aliquotæ faciunt duplum. 8. methodus inueniendorum numerorum amicabilium. 9. modus cognoſcendi an datus numerus ſit quadratus, vel primus. 10. quot modis numeri dicantur partes alterius. 11. partes primæ & analogicæ quid ſint. 12. partes numerorum relatiuæ. 13. characteriſticæ primorum numerorum. 14. characteriſticæ numerorum compoſitorum. 15. nullus numerus altero perfectior.

QVædam variis Phyſico-Mathematicæ locis dicta ſunt de numeris, præſertim Balliſticæ proporſ. 20. & Præfatione Generali, puncto XIX. & Præfatione in Hydraulica puncto XIV, quibus ad maiorem illuſtrationem ſequentia iuuabit addere : imprimis autem cum ſummam Quadratorum iniui, & triangulorum ſummâ vſus ſum, quibuſdam obſcurum eſſe poteſt quid ſit triangulus in numeris, qui ſuas habent proprias figuras à Geometricis differentes. Enimuero numerus figuratus nil eſt aliud quàm certus vnitatum vel punctorum vnitatem repræſentantium ordo, ſituſque, quo figuras Geometricas imitamur. Sit verbi gratiâ ſequens triangulus numericus, cuius latus 4 conſtet punctis, circulis, vni-   .   o   a,   1
tatibus, aut   ∴   o o   a a   1 1   Hæ figuræ nu-
quibusvis aliis   ∷   o o o   a a a   1 1 1   mericæ ſunt
characteribus,   ⁙   o o o o   a a a a   1 1 1 1   eodem modo

radicales, & primitiuæ, ac veluti matres omnium aliarum figurarum numericarum, seu numerorum figuratorum, verbi gratiâ, quadratorum, haxagonorum, enneagonorum, &c. ac triangulus Geo-
metricus ceterarum figurarum.

Quanquam illi plurimis in rebus ab his differant, verbi gratiâ,
in isto triangulo, cuius basis, vel latus habet 4. vnitates, vel puncta, considerantur tria interualla in quolibet latere, eiusque quantitas definitur decem vnitatibus, cùm trianguli linearis, cuius latus 4, magnitudo non attingat 7, quo minor est. . . . . o o o o
Simili modo quadratum numericum (cuius latus . . . . o o o o
constat 4 vnitatibus, vel punctis,& tria habet in- . . . . o o o o
terualla) continet solummodo nouem quadratu- . . . . o o o o
la, cum lineare quadratum, cuius latus 4, sexdecim quadratulis
constet, quot punctis numericum.

Aliæ differentiæ in aliis figuris obseruantur, si enim prædicto
triangulo numerico alium æqualem addideris, vt fiat rhombus; hoc
est si duplicaueris triangulum numericum 10, non exurgent 20, vt
in geometrico duplicato, cum 16 duntaxat constet vnitatibus,
triangulus verò linearis respōdens prædicto numerico, duplicàtus
non attingit 16, cum sit minor 14. Omitto alia innumera, quibus figuræ numericæ differunt à linearibus, vt clariora reddam quæ
Ballist. pag. 63.& 64. referuntur.

Supponamus igitur aliquem scire velle quantitatem alicuius pyramidis quadratæ numericæ, verbi gratiâ pyramidis, quæ prædictum quadratum 16 vnitatum pro basi habeat: cuius latus cùm sit
4 vnitatum, nihil aliud quærit, quàm summam quadratorum,
ex quibus illa pyramis conflatur. Cuilibet igitur quadratulo vnitas vel punctum intelligatur insistere, hoc est, nouem interualla,
veluti nouem poruli, 9 punctis repleantur, qualia sunt sequentia,
. . . quæ secundum pyramidis quadratum præcedenti superposi-
. . . tum referunt, deinde superstruatur 3. quadratū 4 punctis con-
. . . stans, quorū vnitates 4, tegant 4 interualla quadrati 9: quod
sit tertium pyramidis quadratum. , cui sola potest vnitas superimponi, vt integra pyramis ex 4. quadratis confletur, quorum
vltimum & minimum vnitas.

Hac autem ratione solent globi tormentarij sibi ipsis acerua-
tim in Principum armamentariis superimponi, quod etiam pueru-
li suis nucibus, & aliis sphærulis imitantur. Cùm ergo quæritur
summa quadratorum, idem est ac quantitas, seu multitudo vnitatum, quibus numerica pyramis constat.

Cuius exemplum hîc ipſis oculis cernitur, cùm enim habeat latus 4. ſume numerum vnitate minorem, nempe 3; qui ductus in triangulum quaternarij, quem vides conſtare 10. vnitatibus, dabit 30 pro ſumma quæſita propoſitæ pyramidis. Sed hæc regula peculiaris eſt huic pyramidi quadratæ, quæ non aliis conuenit; ſi enim illius latus conſtet 5 vnitatibus, ſeu 5 quadratis, ſumatúrque 4, qui ducatur in triangulum quinarii, hoc eſt in 15, exurgent 60, ſuperans quinario pyramidem quadratam numeri quinarii.

Si tamen ſimilis exceſſus occurreret in aliis omnibus pyramidibus, additus exceſſus facillimam regulam efficeret : experiamur in pyramide 6 vnitatum, ſeu quadratorum; & 5 ducatur in 21, vt habeatur 105, à quo latus 6 dematur, vt ſuperſint 99, qui ſuperant ſummam pyramidis, 8 vnitatibus, eſt enim illa 91. Vnde cernis quantum maioribus noſtris debeamus, qui nobis reliquerunt generales regulas quæ nunquam fallunt.

Hanc igitur regulam exemplo declaratam, quæ ſemper vera ſit in omnibus, accipe: ſit inuenienda pyramis quadrata, cuius latus 10, vt loco cit. Balliſt, ducatur 9 in triangulum denarii, 55; & ſummæ productæ 495. triens 165 (qui eſt triangulus nouenarii) duplicetur, vnde ſurgat 330; qui numerus additus triangulo denarii 55, dat 385, ſummam decem primorum quadratorum, ſiue pyramidis quadratæ vnitates, cuius latus 10.

Si numerus ſolorum quadratorum, quorum radices ſunt numeri pares, quæratur; breuiſſima regula quæſtionem ſoluit : quandoquidem Tetraëdrum maioris radicis Collaterale numericum dat ſummam quæſitam. Sint, verbi gratiâ, propoſita 4 prima quadrata, maior radix erit 8, cuius collaterale Tetraëdrum 120, exhibet ſummam quæſitam quatuor primorum quadratorum parium : quippe ſibi addita faciũt 120, vt & Tetraëdrum octonarii, cuius ſummam habes, ſi trientem trianguli nouenarii, (hoc eſt, numeri vnitate maioris) in 8 duxeris, vel octonarij in triangulum nouenarii.

Eſt enim 45 triangulus nouenarii, cuius triens 15, qui ductus in 8, dat 120, pro prædicto Tetraëdro. Vnde vides quibus cathenis ſibi inuicem numeri connectantur.

Quòd ſi velis quadratorum imparium, hoc eſt quorum radices ſint impares numeri, ſummam, illam itidem à Tetraëdro collaterali, ſeu coniugato repete, hoc eſt à Tetraëdro, cuius radix ſeu latus 7, idem eſt cum maiori radice quadratorum imparium:

Quæratur exempli gratiâ, 4 primorum quadratorum imparium

fumma, Tetraëdrum feptenarii, dabit 84 pro fumma quæfita, quæ minor eft fummâ præcedente 4 primorum parium, quadrato fenarij.

Hinc autem habes nouam regulam ex 2 præcedentibus compofitam, quâ reperias fummam omnium quadratorum propofitorum: fi enim 8 primorum quæras fummam, 84 additus 120, dabit 204. Vno itaque verbo fumma quotlibet quadratorum ab vnitate incipientium, nullo prætermiffo, eft fumma duorum Tetraëdorum Collateralium, nempe collateralis maximæ radicis tam parium, quàm imparium.

Nihil addo de inuenienda fumma trianguli cuiuflibet numeri, cùm non differat à fumma radicum, de qua primo Corollario prop. XX. Ballift. nifi quòd velim inftaurare fecundam partem 2 Corollarij.

Itaque cùm numeri paris triangulus, v.g. numeri 12. quæritur, femiffis illius 6 in fequentem numerum 13 ductus producit 78, duodenarii triangulum, & ita de reliquis: imparis verò numeri medius numerus eft paris fequentis pars media, vt fi tantifper labores in illius inueniendo medio, huius medietate facilius vtaris.

Nolim abiicere quadrata, quin fummam 50000. primorum afferam, quam ita reperies. Ex triente trianguli 50001. multiplicato per 100000, duplo lateris maioris quadrati, putà ex 4166916670000, deme triangulum 50000, fcilicet 1250025000, fupererit fumma quæfita, 4166791667500.

Scies autem quantò fumma 50000. quadratorum fecundorum vfque ad 100000. excurrentium excedat fummam 50000. primorum; hac ratione. Et quidem primò triangulum numeri 100001. eft 5000150001, cuius triens 1666716667; qui ductus in 200000, tribuit 3333433334.00000; à quo 5000500000, triangulus numeri 100000, demptus relinquit fummam 100000. primorum Quadratorum, 333338333350000: ex quo fi demas fummam 50000 Primorum Quadr. fupereft 2916704166750000 pro exceffu.

In gratiam verò primi Corollarij, addo fummam 50000 primorum Cuborum imparium ab 1 incipientium, nempe 2086333335000; quorum vltimus radicem habet 49999; & fummam 50000 primorum parium, 2083458335000.

Methodus autem, quâ primum reperies, hæc eft; fume trianguli 49999 fummam 1249975000, quam ducas in 49998; & producti 62586250050000 trientem 20862083350000, triangulo præcedenti adde, prædictus enim numerus 208. &c exurget. Summam alteram eodem modo reperies.

Sed cùm iftæ fummæ maiorem calculum requirant, fumamus tantùm fummam centum primorum parium, & imparium. Parium maximus 200, cuius femiffis 100 : eius triangulus 5050, cuius duplum 10100 ; huius quadratum 102010000, cuius duplum dat fummam quæfitam centum primorum cuborum parium, hoc eft, quorum radices à 2, incipiunt, funtque omnes pares, 2040. 20000.

Imparium maximus eft 199, hoc eft duplus, minus 1, numeri 100 : medius 100 ; quadratum 10000 : huius duplum 20000, qui vnitate minutus, 1999 ; huius triangulus 199990000 dat fummam quæfitam centum primorum cuborum imparium.

Ad Præfationis Generalis, de qua iam cap. 1. punctum XIX redeo, vbi cùm dixi tot, quot volueris numeros inueniri, qui cum fuis partibus aliquotis duplam rationem habeant, aduerte præter quinque numeros ibidem allatos, fortè nullum alium effe in infinita numerorum ferie, præter fextum qui fequitur, 51001180160. cuius partes componentes funt 16384, 5. 7. 19. 31. 151. cui etiam conuenit, vt in 3 ductus producat numerum fuarum partium aliquotarum triplum : quod toties contingit, quoties numerus duplus à ternario minimè diuiditur : quemadmodum quadruplus, quem non diuidit 5. ductus in 5, dat quintuplum, & ita de reliquis.

Quòd ad numeros triplos attinet, 34. inuenti funt : quadrupli 18. quintupli 10. & fextupli 7. nullus autem hactenus inuentus eft feptuplus.

Eodem loco numeri amicabiles referuntur, quos ita reperies. Elige numerum ad analogiam binarii pertinentem, cuius triplus, minus 1. fit numerus primus : huiufque duplus, plus 1, fit etiam primus : & productus ex vtroq; plus eorumdem fummâ, fit adhuc primus : quo ducto in duplum numeri ad binarii analogiam relati, producetur vnus amicabilium : productufque numerus ex 2. minoribus primis in prædictum analogiæ binarii numerum ductus dabit fecundum amicabilem.

Exempli gratiâ, fumatur 8, cuius triplus, minus 1, eft 23 ; cuius duplus, plus 1. eft 47 : productus numeri 23 in 47, eft 1081, cui fumma 23 & 47, hoc eft 70, additus, prodit 1151. primus, qui ductus in 16, duplum 8, furgit 18416, vnus ex amicabilibus : cuius comes producitur ex ductu eiufdem 1081 in 16, videlicet 17296.

Binarius per eandem regulam tribuit 284, 220, vt 64, dat 9437. 056, & 9363584.

Porrò maxima pars difficillimorum problematum numericorum pendet à numeris primis, vel à quadratis : cùm autem scire volueris an numerus sit quadratus, vide num desinat per hos numeros, 14, præeunte numero pari ; vel per 6, impari præcedente ; vel per 25, cum 0, 2, aut 6 antecedentibus, vel denique per oo præeunte quadrato, hi si quidem numeri sunt quadratorum indices : vt non quadratorum 2, 3, 7, 8, vel 5, nisi præeat 2,

Numeri primi sunt cognitu difficiliores ; quanquam sunt nonnullæ regulæ quæ laborem minuant, verbi gratiâ ; numerus primus quilibet, exceptis 2 & 3, differt ab vnitate, senario vel senarij multiplice : item quaternario, eiusque multiplicibus, excepto 2.;

Deinde, quilibet numerus analogiæ binariæ, plus 1, exponentem eiusdem analogiæ habens, primus est : ita siquidem 256, cuius exponens 8, plus 1, dat 257 primum, Omitto alias diuersas regulas, in quibus nemo fuit adeo fœlix, vt illarum ope definiat, num, propositus numerus sit primus, aut compositus, etiam si ad hoc vtiles sint, vt vitentur diuisionum myriades.

Hic tantùm addo primos numeros, 1. millenario concludi, 167. 2, 135 ; 3, 127. 4, 120. 5, 119. 6, 114. 7 ; 117. 8, 107. 9, 110 &c.

Porrò fuerit operæpretium explicare quot modis numeri dicantur alterius numeri partes, cum id sæpius occurrat : itaque pars dicitur prima, cùm est numerus primus ; qua ratione 1, 3, 5 sunt partes 15 ; & partes 180, 2. 2. 3. 3. 5. quæ in se ductæ numerum prædictum 180 componunt.

Partes analogicæ sunt potestates, quales sunt 8 & 9. numeri 72 : numerus 180 habet duas partes analogicas 4 & 9 ; & vnam primam 5.

Cùm autem quæruntur partes primæ, quæ metiuntur numerum, ynica cuiusque speciei sufficit, quales sunt 360 partes, 2, 3, 5. Si verò simpliciter quærantur partes primæ, omnes accipiendæ sunt, videlicet, 2. 2. 2. 3. 3. 5. cùm his numeris in se ductis constet.

Si petantur primæ & analogicæ, 8, 9 & 5 satisfacient : si denique partes, absque vlla additione, sequentes omnes afferendæ, 1. 2. 3. 4. 5. 6. 8. 9. 10. 12. 15. 18. 20. 24. 30. 36. 40. 45. 60. 72. 90. 120. 180.

Sunt autem partes relatiuæ, quæ binæ sumptæ numerum restituunt, vt ex sequente laterculo constat, in quo duodeni numerorum Binarij semper eundem numerum 360 restituunt.

1.	360.
2.	180.
3.	120.
4.	90.
5.	72.
6.	60.
8	45.
9.	40.
10.	36.
12.	30.
15.	24.
18.	20.

Vocantur autem analogici numeri, primi alicuius numeri Poteſtates; verbi gratiâ, numeri 2, poteſtates ſunt, 4, 8, 16 &c. numeri 3, 9. 27 &c. numeri 5, 25, 125 &c.

Quæ pauca de numeris attingo, donec ſubtiliſſima Theoremata numerica edantur à viro, non minus pietate, quam eruditione Clariſſimo, & in hac paleſtrâ incomparabili D. Freniclio, qui de numeris figuratis, primis, compoſitis, & aliis quibuſuis tria volumina ſcriptis mandauit.

Quanquam nullus vnquam mortalium poteſt omnia numerorum arcana penetrare, quemadmodum, neque Geometrica, imo neq; Phyſica, donec nobis illuceſcat æterna dies, in qua ſol noſter Deus, qui reuelabit abſcondita tenebrarum.

Sequens Regula numeris primis agnoſcendis admodum vtilis: videlicet numerum binarii analogicum vnitate decurtatum, cuius exponens primus, ternario, vel minore numero ab aliquo binarij analogo, cuius exponens ſit par, eſt numerus primus.

Verbi gratiâ, 7 eſt exponens 128, nam 7. differt ternario à 4. binarij analogo, cuius exponens eſt par, ideoque 127, eſt primus.

Præterea ſi 64, ternarius addatur, ſurget primus 67. atque adeo 67, poteſtas plus 1, erit numerus, qui ſequitur, primus. 147573952589676412927: quorum hæc eſt proprietas, vt in ſui medium ducti numeros perfectos generent: quod intellige de ſolis numeris primis, qui ſunt vnitate minores numero binarii analogo, eapropter non conuenit hæc proprietas numero primo 5, ſed numeris 3, 7, 31, 127, 8191, 131071, 524287, 2147483647, & omnibus aliis eiuſmodi generis.

Sunt & aliæ regulæ, quæ cùm detegant numeros compoſitos, primis ex conſequenti ſeruiunt: quales ſequentes.

Numerus qui multoties fit duorum quadratorum differentia, vel illorum ſumma, compoſitus eſt, vt contingit 21, & 25, & 100 ac 121 & 65, ſummæ 1 & 64, & 16 ac 49.

Rurſum, quoties characterum ſumma eſt ternarij, vel 9 multiplex, numerus eſt compoſitus, vt contingit 24579. & numeris per 5 deſinentibus, excepto ſolo 5.

Eodem Præfationis puncto, ſcribe, ſi fuerit exponens 1050000; qui cùm differat numero 140000 ab exponente 2090000 ibidem allato, vide quantum abſque perfectis interuallum. Quod autem admirabilius eſt; aſſignatum interuallum dari poteſt, intra quod
nullus

nullus primus numerus inueniri poſſit, quale, verbi gratiâ, interuallum 10000000000; quod reperies ductu mutuo numerorum
omnium primorum, quos prædictus numerus ſuperat, initio facto à 2.

Quod faciliùs capies ex interuallo 10, abſque primis: itaque
primi numeri denario minores, 2, 3, 5, 7, in ſe ducti producunt 210,
quibus iunge 1, vt 211 ſurgat, cui 10 additus, aliud extremum 221
habetur, neque enim vllus eſt primus inter 211 & 221.

Idemque continget ſi à 210 demas 1, vt ſuperſint 209, à quo demas 10, vt ſuperſit 199, quos inter nullus primus. Eodem modo
reperies interuallum 30, ductu primorum 2. 3. 5. 7, 11. 13. 17, 19. 23.
29, quorum productus 6469693230, cui addatur vnitas; diſtabit
interuallo 30 ab alio 6469693261. Ex quibus cernis quàm im-
menſo labore ſit opus ad interuallum initio propoſitum hac methodo inueniendum.

Longè facilior eſt inuentu numerus qui quotitatem partium
quantamcumquè habeat, verbi gratiâ 366, & non plures, cùm 366
poteſtas binarii numerum exhibeat: quemadmodum 365 partes
aliquotas, de quibus loquimur, tribuit 60, eiuſdem 2. poteſtas in
15. ducta. Sed difficiliùs inuenitur minimus numerus, qui partes aliquotas, non quaſuis, vt occurrunt, ſed determinatas habeat, verbi gratiâ 20. incipientes ab vnitate, & iuxta ſeriem naturalem numerorum ſe inuicem immediatè conſequentium, quas 232792560.
60. complectitur.

Quaſcúmque verò proprietates, vt vt admirabiles, quiſpiam numerus habuerit, ne propterea ſtatim concludas illum eſſe cæteris
perfectiorem, aut nobiliorem; vel imperfectiorem, cùm pau-
cas vel nullas habere tibi videbitur: quid enim, verbi gratiâ, perfectionis ſortitur 36, quod eius partes 666. producant? quidquid
de numero beſtiæ Apocalypticæ hi vel illi narrent: idemque dicendum de perfectione figurarum Geometricarum; propriè ſiquidem
loquendo neque numeri, neque figuræ perfectionem habent: ſed
ob noſtros vſus, & animi voluptatem, quæ naſcitur ex illorum theoria, nomine perfectionis vtimur.

CAPVT XXII.

De Grauibus cum Antifacomate, feu pondere op-poſito cadentibus.

1. *Quando graue velociùs, & tardiùs cum oppofito pondere defcen-dat.* 2. *An ſuum caſum, vt alia grauia, progreſſu acceleret.* 3. *Quo-modo punctum æqualitatis inueniatur.* 4. *Grauium deſcenſus in aqua collatum cum deſcenſu in aëre.* 5. *Quomodo quis ſeipſum tollat in al-tum cum trochlea.* 6. *Quæ ſuperſint obſeruanda in deſcenſu ponderum, auxilio trochleæ.* 7. *Harmonicam diuiſionem non eſſe conſiderandam in Muſica, ſed Arithmeticam. Difficultas à viro docto Galeatio Saba-tinio propoſita & ſoluta.* 8. *Radices primariæ Muſicorum internallo-rum, numeri fracti cum integris.*

Rata, ni fallor, erit Obſeruatio noua grauium cum oppoſito antiſacomate cadentium ; quam figura ſequens exhibet: ſit igitur trochlea A D B, puncto D appenſa, quæ facilè conuerta-tur ſuper axe ſuo immobili C : ſitque filum E A D B G H I F ei circumductum, quale vulgò ſutorum veſtialium, & ſartorum, quo pondera F & E ſuſtineantur, quæ ſint in ratione datâ : & qui-dem primum in dupla, adeovt F pondus ſit ponderis E duplum. Certum eſt, intellecto ſpatio B F, 5. pedum graue F, in illo ſpatio percurrendo duo ſecunda minuta im-pendere, quibus ſimiliter aſcendit antiſacoma, ſeu pondus oppoſitum, aut reciprocum E. ſine cuius re-ſiſtentia graue F, dimidio ſecundo à B ad F, hoc eſt, 5. pedibus deſcenderet, vt conſtat ex dictis. Secun-dò, ſit E ad F vt 3. ad 4, F deſcendit 4 ſecundis. Ter-tiò, ſit E ad F vt 13 ad 16, F tempore 7. aut 8 ferè ſe-cundis deſcendit. Denique cùm ſit E ad F vt 14 ad 16, F trochleâ ferreâ, qua ſum vſus, non poteſt ampliùs deſcendere, cùm etiam vix deſcendat, cùm E eſt ad F, vt 13 ad 16.

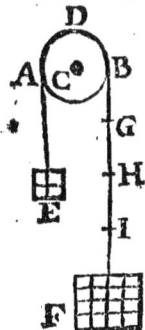

Quanquam vix dubito quin deſcendat vbi minor inter illa pondera ratio fuerit, quàm non ſolum 14 aut 15 ad 16, ve-rùm etiam 20 ad 21, &c. ſi trochlea paretur ſuum axem habens ſibi continuum, cuius extrema loculis politiſſimis ſuffulta facilius conuertantur, vt fieri ſolet in molendinorum aquariorum, & aliorum rotis: quod experiri poterunt quibus commodum fuerit: alia ſiquidem multa reperient, cum hæc Obſeruatio noſtra trochleam ferream minùs elaboratam habuerit quàm oporteat.

An verò pondus F, cadente B ad F cum oppoſito pondere E, ſuum eo modo caſum acceleret, quo dum cadit abſque E, ſi quæſieris: dico certum eſſe, cùm E pondus parum abeſt ab F pondere, verbi gratiâ, cùm E eſt 13. & F 16, deſcenſum F eſſe proximè æquabilem, adeovt ſi dato tempore cadat à B ad G, alio tempore æquali ſit à G ad H, eodemque modo ab H ad I, & ab I ad F caſurum: id enim euincit facilis obſeruatio: ſit enim F 2 vnciarum pondus, & E vnciæ 1½, F deſcendit æquabili motu per 5 pedes à B ad F, tempore ſecundorum 7, aut 7½ proximè: ſatiſque iudicat oculus quolibet ſecundo ſpatium æquale confici: quanquam trochlea minùs expedita potuerit aliquid interturbare.

At verò cùm maior fuerit ratio ponderum F & E, verbi gratiâ, cùm F pondus fiet quadruplum ponderis E, graue deſcendens ſuum caſum accelerabit, deſcendétque ſpatio vnius ſecundi: propiùſque imitabitur caſum grauium abſque reſiſtentia cadentium, quò reſiſtentia minor fuerit. Vix autem deprehendere poſſum num F quadruplum E, velociùs per ſpatium B F deſcendat, quàm vbi ſit octuplum. Fiat obſeruatio in maiori ſpatio, quale ſufficeret 8 ſexpedarum, ſeu 48 pedum, quos graue liberum F, ſpatio 2 ſecundorum percurret; cumque ſolos 5 pedes, tempore 7 ſecundorum, ad ſummum deſcendat, impendet 70 ſecunda hoc eſt minutum primum integrum, &; in percurrendo 45 pedum ſpatio, ſi maius illud ſpatium noſtri noncuplum noſtram obſeruationem æmuletur.

Quod forſan vtile futurum ad graue reperiendum quod habeat punctum æqualitatis, vltra quod ſi moueri pergat, ſuam velocitatem deinceps non augeat. Videlicet vbi tantumdem aër globum plumbeum impediet, quantum in trochlea impeditur à pondere E, quod ſit ad F vt 13 ad 16 vel forte 14 ad 16, in trochlea mobiliore: certè vix dubito graue tũc etiam ab initio motus æquabili ſemper motu deſcenſurum, quoties erit eius grauitas ad aëris grauitatem vt 13 ad 16: ad quam forte credas veſicam illam carpionis accedere, quam alio loco dixi 48 pedes percurrere 8 ſecundis: quanquam videtur graue ſolos quinque pedes debere percurrere, tempore 7 ſecundorum, vbi ab initio motu æquabili deſcendit, vt contingit graui F 16, cadenti cum refiftentia E 13.

Cùm tamen veſica noncuplò velociùs moueatur in aëre, in quo ſolùm 5 pedes eodem tempore percurrere deberet, quo 48. conficit. Quod certè illius grauitati reſpondet, quæ eſt 7 granorum vnciæ, licet illius magnitudo parum ſuperet digitum cubicum; cùm aëris 12 digiti cubici vix 4 vnciæ grana ſuperent, vt conſtat ex Phœnomenis prop. XXIX. Pneumaticorum : vnde concluditur illius veſicæ grauitatem aëris grauitate 24 ferè maiorem eſſe.

Verùm, etiamſi ſtatuerimus graue aliquod ab initio & deinceps motu æquabili deſcendere, quomodo definietur quandonam globus plumbeus, verbi gratiâ, locum in aëre ſit inuenturus, ex quo deinceps illo motu æquabili deſcendat? nunquid in eo loco futurum, in quo tantumdem aër motu ſuo, vel reſiſtentiâ globum impediet, quantum aër illud aliud graue ipſo motus initio impedit? Sit ita, ſed vbi locus ille? an cùm globus per vnam aut alteram leucam deſcenderit? dignum certè analyſeos obiectum. Vtrum autem hæc obſeruatio ſit vtilis ad definiendum quantò tardiùs grauia deſcendant in aqua, vel in aliis liquoribus, quàm in aëre, diſcutiendum.

Cùmque certum ſit pondus oppoſitum ſubduplum E, tempus caſus F ita ſufflaminare, vt quod à B ad F ſemiſecundo liberum cecidiſſet, vt conſtat ex dictis, ab E impeditum cogatur impendere duo ſecunda, hoc eſt tempus quadruplò maius in eodem ſpatio percurrendo; eáque ratione tantumdem impendat temporis per 5 pedum ſpatium, quantum in 48 pedibus abſque impedimento conficiendis, videamus an aliquid ſimile caſui grauium in aqua & in aëre contingat.

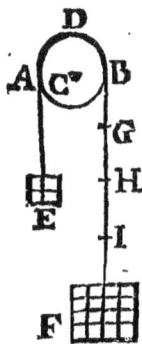

Certum eſt autem globum plumbeum tempore 2 ſecundorum 12 pedes in aqua deſcendere, quandiu in aëre 48 deſcendit, deinde certum eſt pondus E ſubduplum ponderis F, ei prædictam remoram iniicere, vnde concludendum eſſe videtur aquam nec quidem tantum impedire caſum grauium quantum E pondus ſubduplum, atque adeò vix eſſe aëris grauitate, vel impedimento duplam, aut certè, non ampliùs quàm quadruplam, ſi conferatur ſpatium 12 pedum, quod à graui percurritur in aqua, cum ſpatio quadruplo, quod in aëre pertranſitur.

Quis tamen exiſtimet aquam duplò ſolùm, vel quadruplò vipedire magis quàm aërem, qui nouerit obseruationes, quibus probari videtur aquam millies ad minimum, aut iuxta eos qui minimam proportionem astruere nituntur, decuplò grauiorem aëre?

Qua de re deinceps cogitent Physico-Mathematici, quorum hæc obseruatio, & quæ hinc elici posse videntur, studium requirit.

Quod à nostris obseruationibus iuuabitur, quæ docent tempus quo diuersa grauia descendunt in aquam: verbi gratiâ, globus argillaceus tripedale spatium in aqua conficit tempore 5 secundorum proximè, cuius grauitas est ad aquæ grauitatem vt 27 ad 16. Cereus ramentis plumbeis ita mixtus, vt incipiat in aquam mergi, vix vt vllam ramenti partem tollere possis, quin emergat, solùm dimidium pedem in aqua descendit tempore 4 secundorum: neque, puto, velociùs graue descendet in aëre, cùm eius grauitatem non magis superabit, quàm aquæ grauitatem prædictus globus cereus.

Omitto plures alias obseruationes, vt moneam non satis mihi videri lucis hinc affulgere ad punctum æqualitatis in vllo corpore definiendum, alioqui plura corpora diuersæ grauitatis idem punctum habitura sunt, vt fatebuntur qui viderint in aqua, & in aëre motu æquabili descendere corpora, quæ tamen plurimùm grauitate differunt.

Quamquam possit aliquis respondere vnicum esse punctum æqualitatis Geometricum, quod sensus deprehendere nequeat.

Porrò cùm F pondus, in hac figura, pondus E quater contineat: pondus F summam ferè velocitatem obtinet, quandiu trochleæ circumuolutione descendet: nam siue pondus F sit quadruplum, octuplum, aut sexdecuplum ponderis E, casus F ferè semper impendit secundum in 5 pedibus B F percurrendis, adeovt aliqua ratione maximum & minimum hîc statuantur, cum E fuerit 1, vel 13, ad pondus F 4, vel 16.

Est etiam istiusmodi trochlea vtilis, vt quispiam se propriis viribus tollat in altum: si enim, verbi gratiâ, pedibus in cophino F puncto appenso positis, manibus prehendas nodum E, & funem A E vi brachiorum trahas, ascendent pedes cophino, vel nodo F impositi, vsque ad 1, rursusque tracto E A, pedes in H, deinde in G, &c. ascendent, eaque ratione se ipsum quispiam attollet vsque ad trochleam A B, vt sum expertus, & quisquis volet experietur: vnde constat corpus nodo, vel cophino F incumbens non tantum contraniti, quantum possunt vires trahentis puncto F adbibitæ, quas videlicet adiuuat pars aliqua grauitatis corporis prædicti: quantum verò adiuuet, aut possit adiuuare, Geometræ viderint.

An verò trochlea possit conuerti satis velociter vt graue illius conuersione descendens tantâ velocitate cadat quantâ descendit absque ea, dubium esse potest, vtvt enim sit illa facilis, non potest tamen absque frictione conuerti, & ostendit obseruatio nunquam tantâ velocitate cadere, cùm à trochleæ conuersione pendet, etiamsi nullum sit antisacoma sensibile, quàm vbi cadens ab ea liberatur: quanquam eò minus impediatur quò facilior, & quò maior cæteris paribus, fuerit.

Multa supersunt obseruanda circa trochleam, verbi gratiâ, cùm antisacoma fuerit in aqua, dum graue mouetur in aëre, vicéque versâ: vel etiam dum vtrumque mouetur in aqua, siue trochlea sit intra, seu extra ipsam aquam, vnde forsan noua lux suboriatur: si præsertim trochlea sit ærea, quæ fabri doctis manibus ita construatur, vt ferè nihil descensum impediat.

Placet verò huic capiti finem imponere nouâ difficultate Harmonicâ, cui locum dedit vir harmonicè doctissimus Galeatius Sabbatinus Pisaurensis Ecclesiæ Penitentiarius, cuius epistolam Augusti 6, huiusce anni 1647, accepi, licet 11. Aprilis 1645. scriptam: ad quem cùm Româ scripsissem, cur diceret Octauæ, seu Diapason rationem non esse 8 ad 4, sed 6 ad 3, cùm tamen eadem sit inter vtrosque numeros ratio, tandem respondet in hoc differre, quòd licet absolutè, absque mediorum interuallorum consideratione, sit eadem inter vtrosque numeros ratio, primi tamen referant Diapason *b quadrati*; secundi verò Diapason *Emila.*

Additque, rationem 8 ad 4 diuisam, non habere sesquialteram; nisi falsam; neque ditonum minorem imperfectum, quo intelligit sesquiditonum, vulgò tertiam minorem. Cùm ea interualla sint inter 6 & 3, qualia inter E & e; vt inter 30. & 15. reperiuntur interualla quæ sunt inter C, c, hoc est *Csollut.* & inter 90 & 45, interualla Diapason *Fursa.*

De quibus omnibus cum fusissimè pluribus Harmoniæ Gallicæ locis egerim, præsertim verò Corollário 1, prop. X. lib. 1. Consonantiarum, videámque has cogitationes oriri ex eo quòd hactenus existimarint Musici tam Practici, quàm Theoretici, vt apud Salinam, & Zarlinum primipilos habes, diuisionem illam rationis duplæ, quæ collocat rationem sesquialteram infra, & inter numeros maiores: sesquitertiam verò supra, & inter numeros minores, esse harmonicam, maiorisque, quæ percipitur aure vel animo, delectationis, causam, operæpretium duxi paucis eos ad viam reducere:

licet dudum libris noſtri Harmonicis id contenderim, dum oſten-
di progreſſionem Arithmeticam inueniri cùm Diapaſon ita diuiditur, vt diapente infra, ſupra verò diateſſaron habeat. Videatur
propoſitio XXXII. l. 5. de diſſonantiis: totuſque liber IV. de Conſonantiis: necnon 6. prop. l. 1. Harmoniæ Phyſico·Mathematicæ.

Porrò videamus num deſit ſeſquialtera inter 8 & 4. nunquid 6
& 4 reperitur inter 8 & 4, peræque ac inter 6 & 3 ? ſed inquies, non
ſit ſeſquialtera cum maiore numero 8, maiorem neruum referente.

Quid tum, an minus eſt ſeſquialtera quòd fiat cum minori numero? nunquid minor numerus longè meliùs refert maiorem neruum vt ſonantem, quàm maior? cùm ſonus nerui maioris nil ſit
aliud quàm minùs frequens aëris percuſſio: cùm igitur neruus ille
quater ſolummodo percutiat aërem, quandiu minor octies percutit, nempe quoties duo nerui faciunt Diapaſon, minoreſque numeri ſint maiorum baſes, & principia, ſciant impoſterum omnes
muſici veram Harmoniam à natura ſonorum, ſeu frequentia vibrationum repetendam, non autem à neruorum magnitudine,
niſi malint ſemper materiæ & cadaueri, nunquam verò formæ &,
vt ita dicam, animæ incumbere.

Hac igitur ratione diuidetur Octaua 4, 5, 6, 8: idque, propriè loquendo, Harmonicè, hoc eſt ad Conſonantiarum ordinem aptiſſimè: quandoquidem Ditonus 4 ad 5, Trishemitonium
ſeu Tertia minor 5 ad 6, optimè ſe conſequuntur, diuidúntque
diapente 4 ad 6, optimâ, ſimpliciſſimâque diuiſione: Diateſſaron
autem à 6 ad 8, longiſſimè à fundamento reiicitur.

Suam verò diuiſionem ita vir egregius Sabbatinus cum aliis ſcri-
beret, 6. 5. 4. 3. ac noſtræ præferret, quòd maior numerus 6 habeat
infra tertiam minorem, & quintam; maiorque neruus numero 6
repræſentetur. An igitur cùm Muſica ad tuas aures reſonat, neruos aſpicis? quid ſi vocibus non fidibus canatur? quid ſi minores
nerui ſonos grauiores efficiant, maiores verò faciant acutiores, vt
fieri poteſt?

Sanè dum neruus maior 6 tremit, hoc eſt ſonat, ter duntaxat per-
cutit aërem, ſeu vibratur, quandiu neruus 3, vibratur ſexies, igitur
ſonus maioris notari debet numero 3, & minoris numero 6, vt illud
Diapaſon ita notetur 6. 3: cúmque neruus 5 tremat quater, dum
neruus 4 quinquies tremit, diuidetur illud Diapaſon hac ratione
3. 4. 5. 6: atque adeo Diateſſaron habebit infra, & diapente ſupra,
præter illorum opinionem & ſcopum: dent igitur potiùs manum,
vel mentem veritati, quàm vt contra nitantur, malintque deinceps

animatam, quàm mortuam Harmoniam amplecti; fateanturque quam hactenus harmonicam diuisionem appellarunt, esse Arithmeticam, vicéque versâ; eáque vt pote simpliciore, ac faciliore tam ad compositionem & praxim, quàm ad theoriam vtantur.

Quod si non impetrauero, non minùs veritas arridebit, minúsque falsitatem & mendacium oderit quispiam Philalethes. Non est autem opus vt de reliquis numeris 30 & 15, & 90 ac 45 agam, cùm ex positis fundamentis cætera consequantur. Quanquam maximè cupiam vt vir doctus proprias, quas coluerit de Harmonia Cogitationes, propediem nobiscum communicet, & in studiosorum gratiam edat.

Cæterùm iuxta meam hypothesim eodem modo possem asserere, numeros 6 & 3, & alios id genus, non esse aptos ad Diapason repræsentandum interuallis Harmonicis diuisum, quod inter 3 & 6 non occurrat primò loco tertia maior, neque Diapente, sed Diatessaron, quibusdam Consonantiarum monstrum: sed hæc existimo ludicra, cùm nil intersit quibus numeris non solùm Octauam, verùm etiam omnia eius interualla tam dissona, quàm Consona referas, & explices, nisi contendas optimâ ratione contineri quodlibet Diapason, seu quamlibet Octauam inter 2 & 1, numerósque fractos inter 1 & 2 collocatos, quælibet interualla, illorúmque rationes perfectissimo modo referre, vt sequentibus numeris demonstratur 1. $1\frac{1}{8}$. $1\frac{1}{5}$, $1\frac{1}{4}$, $1\frac{1}{3}$, $1\frac{1}{2}$, $1\frac{3}{5}$. $1\frac{2}{3}$. $1\frac{4}{5}$. $1\frac{7}{8}$. 2. quibus radices tam dissonorum, quàm Consonorum interuallorum coërcentur. Enimvero ab 1 ad $1\frac{1}{8}$ est tonus maior; ab 1 ad $1\frac{1}{5}$ sesquiditonus: ab 1 ad $1\frac{1}{4}$ Ditonus, ab 1 ad $1\frac{1}{3}$ Diatessaron: ab 1 ad $1\frac{1}{2}$ Diapente, ab 1 ad $1\frac{3}{5}$ hexachordum minus, vel senaria minor, Donio; ab 1 ad $1\frac{2}{3}$ hexachordum maius; ab 1 ad $1\frac{4}{5}$ septima minor: ab 1 ad $1\frac{7}{8}$, septima maior, denique ab 1 ad 2 Diapason: cuius maior terminus 2, à minori videtur diuidi, vt minor sit ½ maioris.

Porrò tantum abest vt spernam, vel reijciam viri docti cogitationem de certis numeris ad diuisionem Octauæ significandam aptioribus, cùm illius conatum laudem, atque confirmem numeros eò futuros aptiores, quò cæteris paribus, minores fuerint.

CAPVT

CAPVT XXIII.

Reflexionum Recensio.

1. *Typorum Errata emendantur, Vt quiſque ſuo exemplari medici-nam faciat* 2. *Menſura Brachij Florentini, & Genuenſis, & Cannæ Romanæ traditur.* 3. *Teſtonis Romani pondus & Valor , & piſtolæ pretium.* 4. *Altiſsima ædificia, Pyramidis Rothomagenſis & pyra-midis Ægyptiæ magnitudo & paſsuum & pedum noſtrorum cum Ro-manis collatio.* 5. *Natatio in hydrargyro, qualis futura, & trabium Vibrationes cuius Velocitatis.* 6. *Multæ difficultates circa cylindrum hy-drargyreum & Vacuum proponuntur.* 7. *Comparatur ſalis grauitas aquæ grauitati, moduſque traditur, quo ſciat Vnuſquiſque quantò Vna aqua ſalſior ſit alterà.* 8. *Methodus cognoſcendi quantum Vini ſuperſit in doliis.* 9. *De condenſatione, pondere & Viribus aëris notatu digniſ-ſima.* 10. *De Viribus percuſsionis, obſeruatio Galilæi.*

INter plurima quæ hoc capite recognoſcenda, veniebant omnia typorum errata; quæ tamen ad voluminis initium reijcere ma-luimus, qua propter hîc primùm monebo præter Errata typorum, quæ Phyſico-Mathematicis præfixa ſunt, etiam alia poſtmodum occurriſſe quæ velim à lectoribus ſuppleri; qualia ſunt, pag. 75. Hydraul. vbi ſcribatur linea 14 & 15 & tertiâ pagina 73, præce-dentis figura. l. 18 dextra. l. 28 illius, cuius diameter B C. l. 32 Su-perficiem pro baſim, & comprehenſam. l. 33. proportione.

Quæ ſolummodo ad exemplum attuli, cùm alia ſæpius oc-currant quæ tamen lector facilè poſſit emendare. Vide quæ no-tamus ad calcem XX capitis, quippe medicinam faciunt Har-moniæ.

Secundo, paginâ 77. quâ refertur quadrans brachii Floren-tini, lineæ A C deſunt 4. lineæ ; quapropter addatur lineæ

, Bb

C A., linea A D, vt C D fit quarta pars Brachii Florentini, quale reperi Romæ iuxta S. Petrum, vbi menfuræ
Italicæ venales proftant, cùm tamen A C fit quarta pars
illius Brachij Florentini, quod Harmoniæ Gallicæ, l. 2
de motibus corporum, Corollario, prop. dederam. Itaque Brachium illud non folùm 21 noftri pedis digitis, fed
23 proximè refpondet: cumque fubdiuidatur in 4. partes (quas fortè dicere poffis pedes Florentinos, licet noftri
pedis digitos 5, & digiti dodrantem non excedant) quælibet pars quarta rurfum in 12 partes fubdiuiditur, quarum
fingulæ refpondent noftris 5 lineis. Hinc fit vt brachium
iftud in 48 partes diuidatur.

    Cúmque Brachium Genuenfe fuper eodem inftrumen-
to notetur, fuperat Florentinum 4 noftris digitis, digitique
dextante. Hoc autem fuum Brachium diuidunt in 5 partes, quarum vnaquæque noftris digitis 4 & feptùnci, refpondet. Deinde quoduis fubdiuiditur in 6 partes; & quælibet fexta pars in alias 5 partes, adeovt Brachium iftud
diuidatur in 150 partes, feu lineas, quarum vnaquæque 2
noftris lineis refpondet.

    Placet etiam addere longitudinem Calami, feu Can-
næ mercatorum Romanorum, quæ noftram fexpedam
1 digito & dodrante fuperat. Hanc autem primùm in 8
partes diuidunt, quas palmos appellant; hancque partem
rurfum tripartiuntur, vt 24 partes efficiant.

    Vbi nota me Cannis Romanis fuiffe vfum in dimetien-
da S. Petri Bafilica, quòd Romæ mihi deeffet fexpeda
noftra: quapropter vnicuique fexpedæ digitum & digiti
dodrantem, feu addendum puto, vt iuftæ menfuræ ha-
beantur in noftris fexpedis, vel pedibus; verbi gratiâ longitudo Bafilicæ quæ 81 fexpedis, vicè 81 Cannarum, definita eft, 92 definienda veniet: & ita de reliquis menfuris.
Quod etiam facilè poterit emendari ex palmis Archite-
ctonicis, quorum numerum attulimus.

    Cùm autem Bafilicæ Rhotomagenfis pyramidem 375
pedes altàm dixerim; operæ pretium eft addere quæ nuper
ad me vir pius & doctus Dominus Preuoft Sancti Her-
belandi Parochus fcripfit, videlicet à Galli roftro ad eius caudam
pedes 3. Crucis arrectarium 12. pedes longum, vt & tranfuerfarium;
crucis globulorum vel fphærarum, poma vocant, diametrum effe

decem digitorum : Pyramidem à fummo plumbo ad initium muri
turris quadratæ 173 : reliquam turrim vfque ad Ecclefiæ pauimentum, 186 pedes altam effe.

Quod ad palmum Atchitectorum attinet, illius femiffis B Cre-
ctè fe habet, etiam iuxta menfuram à me Româ allatam; in qua
tantùm aduerto vltimam partem ex quatuor in quas fuum palmum diuidunt, tribus reliquis vnâ lineâ maiorem effe, cùm
enim vnaquæque digitis noftris 2 ; coæquetur, illa vltima digitorum 2 ; refpondet : forfan ob murarios, qui fuum palmum lineâ
faciunt maiorem palmo Architectonico, vt ipfe apud Nobiliffimum Equitem à Puteo, didici à murario, cuius palmus erat paulò
longior palmis, qui cernuntur in Iconibus Bafilicæ D. Petri.

Quòd ad nummos, vbi paginâ 34. libri de Numeris Gallicis
dixi, & dextans, l. 20. fcribe, vncia, notéfque diligenter Tefto-
nem Romanum eiufdem effe ponderis cum noftro Quadrante
fcuti, de quo ibidem : cumque cenfeatur ille Tefto eiufdem effe
puritatis, hoc pofito, certum eft piftolam eiufdem effe valoris feu
pretii Romæ, quo Lutetiæ, cùm 10 Teftonibus illis commute-
tur, vt hîc decem fcuti quadrantibus argenteis. pag. 65. oblitus
fum ficlum argenteum Angeloni litteris Hebraïcis infcriptum leuiorem effe Samaritano illius ibi laudato, granis 45 ;.

Tertiò, quod fpectat ad turrium altitudinem, de qua cap. 2.
aiunt turrim Ecclefiæ Cathedralis Argentoratenfis altam 489
pedibus, vel 635 gradibus : turrim Landhuticam in Bauaria, 560
gradibus; turrim S. Pauli Londinenfis, olim cùm fua pyramide
fuperftructa, 520 pedibus, atque adeo Ægyptiæ pyramidi altif-
fimæ, Grauio tefte oculato, æqualem.

Alio tefte oculato, vña ex pyramidibus, eiufdem cenfetur altitudinis, ac latitudinis, voco latitudinem quadrantem, feu partem quartam illius ambitus, ad bafim quadratam, hoc eft latus
quadrati, cui tota incumbit, & fuperftat; quod latus eft 280 paffuum, cùmque paffus effe foleat pedum 2 ;, fequitur eius altitudinem, vt & latitudinem inferiorem effe 800 pedum, quâ cenfet
aliam altiorem, fed paulò graciliorem, cuius nempe latus fit 250
paffuum.

In illa priore pyramide, ab imo ad fummum, 205 lapides nu-
merauit, quorum minores funt 1 ; pedis; plures verò bipedales,
& tripedales; cuius vertex truncatus 12 maximis lapidibus terminatur.

Videatur Villalpandus qui cap. 63. tomi fecundi, calculis

subducit quot pedes cubicos illa maxima Pyramis haberet, ex hypothesi historicæ fidei, quæ stadium cuique lateri, eiusque altitudini tribuit : quanquam in illius calculo requiritur aliquid, quandoquidem ex vero calculo pedes cubicos habet 82195924 $\frac{397}{1000}$, cùm tamen ille 10665625 pedes cubicos concludat.

Vbi notatu dignum 280 passus communes respondere stadio, si verum sit quodlibet latus istius pyramidis esse vnius stadii : quod cùm sumi soleat pro 125 passibus Geometricis, passusque vulgò dicatur 5 pedibus, videlicet Romanis, constare, sequitur 625 pedes respondere 280 prædictis passibus, atque adeo quemlibet passum fuisse pedum 2 $\frac{17}{56}$, seu $\frac{1}{4}$ proximè. Cumque pes Romanus sit 14. lineis nostro breuior, passus prædictus vix nostros pedes 2 superat, quemadmodum 5 passus Geometrici parum absunt à nostris pedibus 4 $\frac{1}{3}$.

Proderit autem hìc verum calculum afferre, vt pote satis difficilem, quique methodum inueniendæ magnitudinis similium corporum, si forsan occurrerint, faciliorem reddat. Si ergo pyramis innixa basi quadratæ vnius stadii, cuius altitudo vnius stadii, & gradus 250, latitudine, & altitudine æquales, vltimo excepto, qui desinat in aream quadratam 25 pedum, vt sit istius quadrati latus quintupedale.

Cùm 250 gradus supponantur, altitudo stadii, seu 625 pedum, diuisa per 250 dat cuilibet gradus altitudini, pedes 2 $\frac{1}{2}$. Graduum omnium latitudo est 625 pedum, ex qua si demantur 5 pedes vltimi gradus, supersunt 620, cuius medietas 310, diuisa per 249 tribuunt pro quolibet gradu pedem 1 $\frac{61}{249}$.

Iam verò pyramidis magnitudo inuestigetur, initio facto à primo gradu, ac si superficies cuiuslibet lateris esset absque gradibus, & vacua quæ fiunt inter gradus, solida forent. Tunc enim pyramidis altitudo pedum erit 622 $\frac{1}{2}$, à primo gradu non incluso vsque ad vltimum gradum.

Pyramidis verò minoris, à qua perfici supponimus maiorem, & cuius basis 25 pedum quantitatem habes per sequentem regulam, si maioris latitudo 310 dat altitudinem 622 $\frac{1}{2}$ pedum, latitudo minoris latitudinis 2 $\frac{1}{2}$ pedum, dabit pedes 5 $\frac{1}{31}$, vt constat ex 622 $\frac{1}{2}$ per 2 $\frac{1}{2}$ multiplicato; productóque 1556 $\frac{1}{4}$, diuiso per 310.

Hæc autem minoris altitudo maioris altitudini addita dabit pedes 627 $\frac{19}{31}$ pro tota pyramide. Quam postea si per basim quadratis pedibus 390625 constantem multiplices, exurget cylindrus, pedum cubicorum 245121030 $\frac{21}{51}$: cuius triens 81707010 $\frac{7}{31}$ dat pyramidis solidi-

tatem, quâ ex totali ablatâ, hoc eft ex 81707010 ⁴⁸⁵⁄₇₄₄, fupererit 8170-
6968 ²⁵⁹⁄₇₄₄ pro pyramide decurtatâ, fpatia graduum inania conclu-
dente. Quod graduum inane primi gradus priùs à pyramide
exclufi dimidium complectitur.

Ablatis autem 25 pedibus vltimi gradus ex 390625 ftadii pedes
quadratos exhibentibus fupereft 390600, cuius femiffis 195300
pedes ad pyramidis foliditatem pertinentes, quibus fi 25 pedes ad-
dantur, exurgent 195725, in quem ductus 2 ½, exurgent pedes cubici
488312 ½.

Cùm autem fint gradus 250, erunt 249 inania, inter illos interie-
cta, cúmque quadruplex inane cuilibet gradui conueniat, ob 4
vniufcuiufque angulos, 996 confideranda funt inania.

Sub graduum angulis parallelepipeda pedes 2 ½ altâ, fuas habent bafes quadratas æqualis cum gradibus latitudinis, putà 1 ⁶⁵⁄₈₃,
pedis, cuius quadratum ⁹⁶⁶⁄₆₈₃ pedis, feu pes & ⁴¹⁹⁹⁄₆₈₃, qui ductus in altitudinem 2 ½ dat pedes 3 ³²⁴⁷⁄₃₀₀₁ cubos, pro quouis parallelepipedo;
qui per fextam partem numeri 996, hoc eft per 166 multiplicati,
furgent 643 ⁵⁹⁷⁄₄₈₇ pedes cubici; quos addas foliditati fuperiori 8170-
6968 ²⁵⁹⁄₁₁₆ : quippe aliæ duæ foliditates 488312 ½, & 643 ¹⁷⁹⁄₄₈₇ ad primum gradum attinent; eáque ratione fumma pedum cubicorum
pyramidis erit 82195924 ⁶⁵⁷⁄₁₁₇, iuxta calculum fummi Arithmetici.

Quanquam non videatur neceffarium eam pyramidem cubicè
metiri, cùm multas habeat aulas interiores, quarum defcriptio-
nem petentibus lectoribus tributurus fim. Porrò de pedibus Ro-
manis prædicti pedes intelligendi, quibus ftadium metiebantur,
quos noftri fuperant, vt ex 2 capite clarum eft,

Quartò, quod ad calcem cap. 7. dictum eft de natatione in hydrargyro, clarum eft corpus hominis non poffe in illud ampliùs
mergi, quàm decima quartâ fui parte, cùm moles hydrargyri æ-
qualis moli corporis humani fit quatuordecies grauior: quapropter, fi quod effet argenti viui flumen, vix in illud vfque ad furam,
vel genua mergeretur homo, nec abfque fulcro, vel baculo poffet
in eo ambulare. Quin & ferrum, æs, argentum & alia metalla in
eo natarent, auro excepto, cuius grauitas eft ad illius grauitatem,
vt 18 ad 13 ½ proximè; vel vt 20 ad 14. ftannum verò & ferrum dimidiâ ferè fui parte extarent. Omitto tempus quo omnia corpora
hydrargyro leuiora in eo pedes 2 & ½ profundo confcendunt, cùm
fequenti capite fufiùs ea de re fit agendum.

Quintò, quod habetur pag. 123. de trabis craffitudine, illic craffitudo fumitur pro diametro bafeos, Galli vocant *fpiffitudinem*

epeſſeur : cùm alias craſſitudo pro ipſa baſe ſumi ſoleat, adeovt corporum craſſitudines ſe habeant vt illorum baſes. Intelligatur ergo diameter baſcos alicuius trabis eſſe decupla diametri baſeos manubrii ſariſſæ, quam nunc ex omni parte æqualem, ad nouas difficultates vitandas, hoc eſt cylindricam intelligi velim: trabis igitur baſis erit baſeos ſariſſæ centupla. Cúmque cylindrorum tam ligneorum, quàm cuiuſuis alterius materiæ vibrationes, neruorum vibrationes æmulentur, trabis prædictæ eiuſdem cum ſariſſa longitudinis, vibrationes erunt ſubdecuplæ vibrationum ſariſſæ : ſi trabs ſit duplò, vel quintuplò longior eius vibrationes erunt prædictarum ſariſſæ vibrationum ſubuigecuplæ, vel ſubquinquagecuplæ, & ita de reliquis.

Sextò, ad ea quæ de cylindro aëreo diximus c.6. pag. 104. æqualis grauitatis cum mercuriali cylindro ; poſſumus addere, iuxta noſtram, XXIX Propoſ. Pneumaticorum, obſeruationem, quæ docet aquam eſſe leuiorem aëre 1356 ¦ , cylindrum aëreum æqualem pondere cylindro mercuriali (cuius altitudo, ex noſtris obſeruationibus, eſt pedum 2¦, ſeu 27 digitorum, ad minimum, quoties vacuum efficit) altum eſſe leucas Gallicas, 2 ¦. licet enim ex 1356, detrahamus 56, vt 1300 retineamus, præter 2 leucas, ſuperſunt pedes 6675, qualium eſt dimidia leuca, 7500.

Porrò cur hydrargyreus ille cylindrus, qui manſerat in tubo, ſtatim atque aëri perpendicularis exponitur, redeat iterum in altum vnde deſcenderat, non autem illico deſcendat in aërem inferiorem, nullam quæ mihi perfectè ſatisfaciat, rationem inuenio:

Niſi dixerimus cylindrum aëreum æquilibrem, totis ſuis viribus impedire ne deſcendat hydrargyrus, quem eo ferè modo, quo aer condenſatus & fontibus hydraulicis concluſus aquam, vt prædicta prop. cernitur, vel in ſclopetis prop. XXXII, glandes plumbeas, aut ſagittas, vi magnâ expellat.

Vel ſtatuamus vim aliquam in aëre craſſiore tubum circumſtante, quâ ſuas partes ſubtiliores retrahendo, trahat etiam mercurium, qui cùm aliquid illius amiſerit altitudinis pedum 2¦, quâ potuerat illam materiam ad deſcenſum cogere, iam ipſe cogatur aſcendere, donec ab aëre ſequente deprimatur : vel aërem, præ conatu quo vult ad replendum vacuum aſcendere, mercurium vi magnâ repellat.

An verò tantò velociùs reuertatur in tubum hydrargyrus, quantò tubus fuerit altior, verbi gratiâ, cùm præter illam tubi partem hydrargyro plenam, pars vacua 16 pedibus conſtat, num diuiſo to-

tius afcenfus tempore in 4 æqualia tempora, diuifoque tubo vacuo in 16 partes æquales,quouis tempore 4. pedes afcendendo percurrat, an primo tempore pedem vnum,fecundo 3,tertio 5,& quarto 7,quis obferuare poffit, vbi tanta velocitas, quæ vel ftudiofiffi-
mum & oculatiffimum obferuatorem perturbet: quanquam fi quis
tuborum altitudinibus,verbi gratiâ 4,8, fexpedarum,experiatur, &
in tabulatis, feu contignationibus ad id paratis fint qui quamlibet
afcenfus partem obferuent, vt velocitatis gradus, definiri poffint
quibus afcenfurus eft hydrargyrus, nifi tamen quis putet fe velocitatem illam poffe ratione definire.

Quod autem ad aqueum cylindrum fpectat, obferuatio longè
difficilior, ob tuborum nimiam altitudinem, de qua cap. IV. dictum eft.

Porrò modica vacui altitudo ad alia multa vtilis erit, fiat enim
tubus 15 pedes altus, vt poft mercurii defcenfum fuperfint 12 pedes,per quos fi corpora diuerfæ grauitatis aliquo artificio appenfa
fundo tubi, defcendant, docebit experientia num omnia motu
æquali, putà medulla fambucea, & plumbum, an verò leuiora tardiùs defcenfura fint.

Poterunt etiam infecta vitæ robuftioris in ofculum tubi hydrargyro pleni iniici,ftatim enim eleuabuntur vfque ad fupremam illius fuperficiem vacuo conterminam, eo modo quo fubleuantur
in aqua & in ipfo hydrargyro ligna abiegna & alia leuiora, fed his
omnibus caput integrum tribuemus.

Denique variis modis efficietur vacuum, pro diuerfa liquorum
commixtione, fi enim aqua, verbi gratiâ, mifceatur mercurio,
fiet cylindrus compofitus, qui vim habeat inducendi vacui, cùm
eiufdem erit ponderis cum hydrargyro,dum folus vacuum efficit.

Ex hac etiam obferuatione concludi poteft aëris rarefactionem
non femper producere calorem, fi enim manferit in tubi fundo,
aut in illud introducta fuerit aëris aliqua particula, pifi verbi gratiâ, magnitudine, quæ per rarefactionem vnum aut alterum, vel
etiam plures tubi pedes, futuros alioqui vacuos aëre, repleat, experientiâ conftat tubum nullo modo calefieri.

Certè nulla fupereffe videtur ad reijciendum vacuum ratio,
quàm vt ad aliquam materiam aëre communi fubtiliorem, quidquid tandem illa fit, recurratur, quam hydrargyrus quibufdam
vncinulis poft fe trahat, donec ipfe fimilibus hamulis retrahatur,
cùm ex parte aëris cathena illorum vncinulorum maior & robuftior euadit.

Quòd enim aliqui contendant vaporos hydrargyri Spiritus continuò exhalantes implere tubum, aut aliquam aëris particulam adeo rarefieri, vt tubum, qui vacuus alioquin apparet, penitus impleat, id probabilitate carere iudicabunt qui rem istam experti fuerint. An verò liquor aliquis inueniri, vel arte componi possit qui sit grauitate medium proportionale inter aquam & hydrargyrum Chymici viderint, nullum ego liquorem simplicem oleo tartari grauiorem offendi, cuius grauitas est ad aquæ grauitatem proximè, vt 3 ad 2, hoc est in ratione sesquialtera.

Septimò, fusione salis aqua potest grauior effici, sed vix credo posse reddi grauiorem oleo prædicto: quod iam exploremus, cùm præsertim circa salem multa sim expertus, verbi gratiâ marinam aquam, vt vt sol faueat, non posse in salem conuerti, vel sal ex ea fieri, nisi solum, quo sustinetur, & apto tempore retinetur, vim aliquam peculiarem habeat saligenam, vel salsificam, vt in insula

Vliaro, vulgò Oleron didici, & in aliis locis, in quibus sal quotannis magnâ copiâ gignitur aut si mauis, ab aqua separatur: adeovt non rarò contingat, vt inter plurimas areas parallelogrammas, quales construi solent, quædam inueniantur, quæ licet eodem sole fruantur, & eiusdem maris aquâ perfundantur, & ad vnius aut alterius digiti repleantur altitudinem, nequidem salis granum efficiant.

Porrò tam in conficiendo, quàm in gestando sale, ad minimum, 15000 homines circa Brouagium seu Iacobopolim, & alias insulas, ac loca vicina laborant, qui ductis ex oceano aquæductibus illos in areas, deriuát, vt æstate, dum sol maximè viget, in tenues crustulas, aut cremorem aqua concrescat; & vbi fauet tempestas, ex qualibet area, spatio 2, aut 3 dierum, salis modium, pondere 50 librarum, colligant, qui 2 assibus, aut sesquiasse, nigredine nondum exutus, emitur; albi siquidem, seu candidi modius 30 venditur assibus.

Vendunt autem paludis libram, vulgò *liſre de marais*, hoc est 20 areas, 400 libris argenteis, quas *francs* appellamus. Aceruos salis dicunt *vaccas*, vacca modiis maioribus 150 constat, quorum quisque 50 modios minores habet : quos iam diximus, 50 librarum. Fusiùs autem scire volenti quâ ratione fiant aquæductus & areæ, & quibus dictionibus vtantur salinarii, libentissimè dicam quæ dum illic degerem, annotaui. Vt verò sciat vnusquisque quantò fieri possit aqua dulcis, salsedine, vel sale immixto grauior, notandum salem eiusdem cum aquâ molis, esse ad aquam vt 2 ad 1 proximè, adeovt si sal ex omni parte liquorem indueret, liquor ille futurus esset

esset aquâ duplò grauior. Vnde concludas corpora in salino liquore natantia, duplò minus, quam in aquâ, immersum iri: adeovt si nihil extent aquæ dulci, non ampliùs in salino, quàm sui dimidio
mergantur.

· Placet autem Cabei methodus quâ reperiatur quantò salsi putei
sint aliis fœcundiores, aut steriliores : atque adeo quantum salis
ex qualibet aqua fieri, vel secerni queat, si enim lagenulâ accipias,
cuius collum sit quadrans pedis, seu 3 digitos longum, & admodũ
angustum, quod primùm in aquam vitæ vsque ad summitatem
immergatur, deinde locum mersionis in aqua communi, lineolâ
collo prædicto inscriptâ notes, paratum erit instrumentum, quo
facilè reperias quantò magis collum sit ex qualibet aqua salsâ
emersurum.

Iam verò vasculum aliquod, putà vitrum, seu calicem accipias,
aquâ plenum, in quo prædicta lagena, cuius collum sit semper horizonti perpendiculare, natet ; quod facilius intelligetur ex schemate prop. 30 Ballisticæ, in qua sit A B lagena, inuersa tamen, vt
venter A sit infra, & B supra, vice cuius B, erit lumen quale est in
extremo collo L lagenulæ H I. : quanquam possit esse clausa in B:
nil enim refert, dummodo immergatur, & locus primæ immer-
sionis in aqua communi notetur, idque numero 1. Deinde sumptâ
salis librâ, paulatim iniice primùm vnciam; quæ faciet vt collum
magis emergat, quem locum numero 2. inscribes : vt numero, 3,
4, 5, &c, alia loca, ad quæ 2, 3, 4, &c. vncia collum eriget, donec
aqua sit adeo salsa, nihil vt deinceps salis accipere, seu dissoluere
possit : cúmque octo gradus sufficiant, vnaquaque vice duas salis
vncias in aquam iniicies, vt 8 vicibus integra libra salis dissoluatur;
cui dissoluendæ aquam mole duplam censeo necessariam; cùm duplam ad minimum impenderim in sale cõmuni soluendo: cumque
sal eiusdem cum aqua molis sit duplò grauior, sequitur aquam post
omnimodã salis dissolutionem esse duplò quàm antea grauiorem.

Ex dictis autem de ratione natantium, constat libram salis paulatim in aquam pintæ, seu 2 heminarum, per binas & binas vncias
iniectam, solutione factâ, hanc aquæ grauitatem indituram, vt qualibet vice, partibus æqualibus lagenæ collum sit emersurum, quod
8 lineolis æqualiter inter si dissitis inscribetur, vt tandem instrumentum ad omnes aquas salsas explorandas paratum habeatur :
quod similter erit vtile ad naturalium aquarum dulcium grauitatem inuéstigandam, si fortè varia sit in aquis diuersis; vt illa lagena
sit veluti statera generalis omni liquori destinata.

Verùm hunc ponderandi modum prop. 50 Hydraulicâ dudum explicauimus. Adde tamen aliquod plumbi, vel alterius
corporis metallici,aut alterius materiæ pondus fundo lagenæ adhibendum, quo fiat horizonti perpendiculare illius collum : vel si
aliquo cylindro vtaris, cùm vix tantâ fieri possit industriâ, vt aquæ
superficiei natans fiat perpendicularis, ei pondus accomodandum
quod illum perpendicularem detineat.

Octauò,cùm multa toto libro Hydraulico de salientibus dixerimus, non erit inutile,si quid circa dolia vino plena dixerimus, vt
sciat vnusquisque quæ vini quantitas suis in doliis supersit, quod
& de castellis aquarum intellige, déque vasis omnibus quæ possunt exhauriri.

Constat autem experientiâ, vinum altius epistomio,sesquipede,
cùm epistomii diameter est ⅓ digiti,seu 4 linearum,ex dolio saliens
tempore 4. secundorum Parisiensem Heminam implere, hoc est
vini libram effluere, vel hauriri prædicto tempore.

Cúmque vini plus aut minus fluat eodem tempore, provt maiora fuerint, aut minora lumina; plúsque vel minus effluat, quo vinum plus aut minus epistomii superat altitudinem, ratione altitudinum subduplicatâ, facilè concludes,quantum vini desit in dolio,
seu ad quam interioris dolii locum perueniat vinum, atque adeo
quot diebus sufficiat, siue quo tempore totum exhauriri debeat.

Quæ cùm ex dictis in Hydraulicis clara sint, vnico hîc exemplo
rem totam explico. Sit ab epistomio vsque ad dolii supremum fundum, spatium 16 digitorum, detque lumen epistomii prædicti libram vini, tempore 4. secundorum; quæ obseruatio semel facta,
vnicuique pro tota vita sufficiet;si quis postea ex eodem, vel æquali dolio hauriat per æquale lumen, æquali tempore, solummodo libræ semissem, certum erit vinum 4 solùm digitis lumine superius esse.

Si verò per æquale, vt antea, lumen hauriat,idque tempore
prædicto,2 libras,certum erit vinum epistomio 32 vicibus esse altius;& ita de reliquis. Quàm verò sit illud vtile ad furta detegenda,
& ad alia plura, videbunt quibus vtilitas & res domestica curæ
fuerit.

Nonò, quæ de condensatione,seu preissione aëris dicta sunt prop.
XXXII, vsque ad Monitum, ex eo confirmantur, quòd nuper,
multis præsentibus, etiamnum apparuit, sclopeto pneumatico,
cuius concauum æquali sesquipossoni Parisiensi, seu ⅓ semisextarii,
contineri aëris grana 64, aut ad minimum 60, adeovt quolibet dia-

betis impulfu granum vnum aëris in fclopetum ingrediatur fi fexa-
gies impellatur æqualiter.

Cùm autem iactus iftius fclopeti horizontalis fit 20 fexpedarum,
puluere autem nitri fclopeti quinquepedales, glandes fuas ferè per
centum fexpedas horizontaliter iaciant, fequitur 300 aëris grana
includenda fclopetis pneumaticis, vt vim æqualem habeant; atque adeo quinto velocius moueantur. vt verò quifpiam Poffonis
fpatium cognofcat, aqua eo contenta 4 vncias exæquat: quapropter locum 6 vnciarum aquæ illa 60 aëris grana occuparunt. Sed
quantò magis hoc fclopeto Pneumatico condenfari queat, nullus
poteft concludere, cum tantò maiorem aëris molem in fe recipiat,
quantò brachia diabetem impellentia robuftiora fuerint: quorum
etiam vim adhibito manubrio fuperare valeas. Nec tamen credas aërem magis ac magis poffe condenfari, cui nempe, fi maiorem
vim adhibueris, tandem omnia potiùs vafa, quibus continetur,
magno effringet impetu, quàm vt maiorem preffionem, feu con-
denfationem fuftineat.

Quanquam ex obferuatione prædicta concludi poffit aërem ita
comprimi, vt locum fuo loco naturali, decimo quintò minorem
occupet, cumque pondus aëris locum illum fitu fuo naturali re-
plentis fit 4. granorum proximè, grauitatis aquæ & aëris collatio
facilis. Eft autem etiamnum aqua hoc aëre condenfato ferè fexa-
gefies grauior; adeovt nullus fuperfit modus, quo tantâ vi com-
primamus aërem, vt aquæ grauitatem affequatur. Si tamen ad tan-
tas anguftias redactus intelligatur, viribus humanis, vel Angelicis,
nil refert, fclopetus pneumaticus fuam glandem, vel fagittam duo-
decuplò velociùs emittet, quàm igniaria catapulta.

Iam verò poffis afferere hanc aut illam percuffionê tot aëris granis refpondere, fi verbi gratiâ maximam percuffionem in 8, vel
centum minimas, fenfibiles tamen partes, feu gradus diuidas; qualis eft fulminis, vel maiorum tormentorum ictus, quem fi diuiferi-
mus non in talitra, fimilefue percuffiones, quarum vim nefcimus,
fed in percuffiones ei æquales, quas globus plumbeus vncialis facit
cadens ex 12 pedibus, vnicuique percuffioni pondus aëris facilè tribuemus, fi præfertim aëris ad aquæ denfitatem, & pondus coacti,
vel potiùs glandis ab illo aëre miffæ percuffionem illi maximo ictui
æqualem intelligamus: ictuúmque magnitudo fit in eadem ratione
cum proiectorum velocitate: His enim pofitis, facilè calculus
fubducetur.

Decimò, quæ Galilæus circa vim percuffionis in arcubus con-

Cc ij

fiderauit, examen requirunt, quod ad noftram prop. XXV. Mechanicorum aliquid conferat. Quod vt faciliùs intelligatur, fit in figura propof. XXXIV. Balliftica, BAC arcus, cuius chorda BC. Plures autem arcus fimiles intelligantur, hi tamen quàm illi robuftiores. V. Clariffimus Michaël Angelus Riccius, ad analyfim natus, mecum obferuationem Pifis à Galilæo factam communicauit, quæ fic habet.

Accepto fune, cuius pondus 2 vnciarum, verbi gratiâ, in extremo P appenderetur, fune brachium longo in K medio chordæ annexo, notauit pondus à puncto K ad P cadens traxiffe chordam BC, exempli gratiâ, ad punctum O, quod animaduertit ope vafculi in P pofiti, & à pondere percuffi. Deinde pondus 10 librarum collocauit in puncto chordæ O, quò detineretur chorda in eo ftatu, & arcus in D A E inflecteretur.

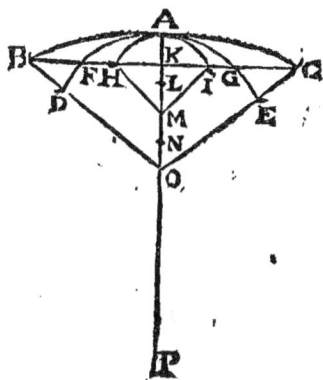

Cùm poftea robuftiorem arcum fumpfiffet, cuius chorda eodem pondere cadente ad minus fpatium adduceretur, expertus eft non poffe detineri chordam à 10 libris in eo loco, ad quem vi 2 vnciarum cadentium fuerat adductus, fed 20 libras requiri; vnde concludebat arcum adeo poffe robuftum fieri, vt nequidem mille libræ poffint illum in eo fitu retinere, ad quem à 2 vnciis, vt antea, cadentibus, adductus fuit: quapropter vim percuffionis aliquâ ratione infinitam effe; fed de illis arcus experimentis mihi dubitare liceat, donec ipfe videro: cùm aliæ fint obferuationes quæ contrarium fuadere videantur.

Aliam obferuationem affert de globo plumbeo, quem attenuet malleus cadens ex vnius, exempli causâ, brachii altitudine: quam attenuationem licet primâ vice decem libræ globum æqualem prementes efficiant, fi tamen ictu repetito malleus fuum globum plumbeum iam depreffum ex eadem altitudine percutiat, nouam depreffionem faciet, quam non poffint aliæ decem libræ, hoc eft 20 libræ efficere. Quod fi rurfus idem vrgeas, tandem vis percuffionis infinita concludetur.

Quæ valde conformia iis quæ de cylindro ferreo deprimendo, vel depreffo in noftris mechanicis dicta funt, nempe motum, quo aër interiicitur, aliquid habere quod non poffit à pondere, imo

nec à prælis suppleri : aër siquidem interceptus subiecti corporis
poros ingreditur, illiusque partes eâ velocitate comprimit, & deprimit, vel cogit vt subsiliant, quam nullum pondus, nulláue
pressio supplere potest.

CAPVT XXIV.

De Combinationibus & earum vtilitate.

*1. Maximæ, seu generalißimæ Combinationis generatio. 2. Al-
terius combinationis litteras similes auferentis produitio. 3. Tabella
combinationis ordinariæ. 4. Tabella progreßionis Geometricæ. 5. Tabella conternationum, conquaternationum, &c. 6. Tabella dictionum quotlibet similes litteras habentium sine ordine. 7. Tabella combinationis dictionum 2 similes litteras habentium cum ordine. 8. Tabula dictionum duas litteras similes habentium absque ordine. 9. Tabula dictionum quotlibet similes litteras habentium, absque ordine
10. Numeri Magici seu Planetarii, quid. 11. Quot diuersitates patiantur. 12. Obseruationes Variæ.*

CVm adeo multa de Combinationibus, libris Harmonicorum
dixerimus, qui ad paucorum manus peruenerunt, Gallici
maximè, ob exiguum exemplarium numerum, nonnullique errores in numerorum tabulis ibidem allatis contigerint, eas hîc iterum absque vllis erratis accipe, cúmque maxima Combinatio-
num, seu varietatum, quibus res quotlibet sumi, vel considerari
possunt, sit omnium facillima, quippe sequitur dignitates Alge-
braicas, seu progreßionem, aut proportionem Geometricam, illam
primo loco statuemus, ex quâ deinde possint aliæ tabulæ deduci,
atque separari.

Prima columna significat numerum, seu qualitatem rerum,
quæ combinandæ proponuntur, hoc est, quæ toties locum & ordinem variant, quoties fieri potest: verbi gratiâ 4, è cuius regione
ponitur 234256, significat res, aut litteras 4, sumptas in 22 litteris
alphabeti, siue omnes 4 sint diuersæ, vel similes, totidem dictiones
(pronuntiari valeant, necne, nil hoc loco refert,) efficere quot
sunt in illo numero 234256. vnitates.

Hæc autem tabula incipit à 22, ob 22 alphabeti nostri characteres: qui plures habuerint, aut pauciores in suis alphabetis, incipient à numero suorum characterum.

Prima tabula generalis Combinationis.

Itaque si 22 in se ducatur, producetur 484, qui docet 22,	1
duas litteras in toto alphabeto sumptas, 484 dictiones 484.	2
2 litteris constantes efficere. Idemque intellige de 10648.	3
22 litterarum dictionibus, quæ ad tres octiliones, 234256.	4
cum sequentibus numeris ascendunt, superant- 515 36 32.	5
que quidquid in hoc mundo numerari solet. 113379904.	6
Sed alia Tabula ex istius regione collo- 2494357888.	7
cata litterarum similitudines aufert ex 54875873536.	8
hac tabula, & consequenter ex dictio- 12072692'17792.	9
nibus, quarum nulla litteram vllam 265599227291424.	10
repetitam, sed omnes litteras di- '5843183014 11328.	11
uersas habet. 1285002631049216.	12
Hac autem methodo con- 28281005788308 2712.	13
struitur: primò litterarum 62118212734278 205 44.	14
numerus 22 (vel qui- 13688006801541205 1968.	15
uis alius minor, aut 30113614963390651432 96.	16
maior) per numerum 66249952919459433152512.	17
vnitate minorem 145749896422810752935 5264.	18
multiplicandus, 32064977213018365645815808.	19
hoc est per 21; 705429498686404044207947776.	20
& productus 15519448971100888972574851072.	21
484 iterum 341427877364219557396646722584.	22
n 20 du-	
cendus,	
&c. do- 357686347714896679177439424706.	
nec vl-	

timus numerus habeatur ordine 21, qui penitus idem, pro di- ctionibus 21, & 22 litterarum, in quibus nulla similis repetitur: cùm autem hæc tabella contineat varietatem ordinis, ad vulga- rem combinationem pertinentis, auferrique possit ab ea varietas illa, quemlibet illius numerum per combinationem ordinariam diuidendo, istius etiam Combinationis tabulam postmodum af- feremus. Porrò sequentis tabulæ numeri à præcedentis tabulæ numeris ablati relinquent aliam tabulam, quæ dictione solas complectetur habentes quasdam, vel omnes litteras similes, vèrbi gratiâ, dictiones duarum litterarum fimilium erunt 22 : trium verò 1408. & ita de cæteris.

Secunda Tabula deducta ex prima, absque fimilitudine litterarum.

Multos habet vfus hæc tabula, eûm illius ope vno	22. 1
momento cognofcat Dux, feu Imperator aliquem	462. 2
numerum militum ex maiore numero poffit eli-	9240. 3
gere ac feponere, putà 5 milites fumptos ex co-	175560. 4
horte 22; numerus enim è regione numeri 5.	3160080. 5
pofitus, videlicet 3160080, demonftrat quod	53721360. 6
quærebatur.	859541760. 7
Cúmque ordinaria quinarii combinatio	12893126400. 8
fit 120, prædictus numerus per 120. diui-	180503769600. 9
fus dabit 131670. pro militum, dictio-	2346549004800. 10
num, aut aliarum rerum numero,	28158588057600. 11
qui non complectetur combina-	309744468633600. 12
tionem ordinariam, feu diuer-	3097144686336000. 13
fitatem ordinis, & ita de re-	27877002177024000. 14
liquis.	223016017416192000. 15
Huic autem fecundæ Com-	1561112121913344000. 16
binationi fubiungamus	9366672731480064000. 17
communem illam, quæ	46833363657400320000. 18
nullam vnquam no-	187333454629601280000. 19
uam litteram, aut	562000363888803840000. 20
rem aliam habet,	1124000727777607680000. 21
fed earundem re-	22
rum folummo-	
dò mutat or-	30553507534926112960484.
dinem: quâ	

etiam fieri poffunt Anagrammata ; plurimos enim vfus habet: cúmque progreffio Geometrica incipiens ab 1, vfque ad terminum 22, det genus áliud combinationis, illius poftea vfum expli-
cabimus.

Tertia Tabula combinationis ordinariæ.

Hanc tabulam pag. 117. l. 7. de Cantibus,	1.	1
vfque ad terminum LXIV. profecuti fumus,	2.	2
vnde repeti queat, viderique 6. Muficæ no-	6.	3
tarum exemplum, tam litteris, quàm notis	24.	4
expreffum: quo 720. cantus differentes	120.	5
cernuntur, è quibus fi quis omnium	720.	6
gratiffimum & 12 alios præftantiores	5040.	7
eligat, & tales effe demonftret, fit	40320.	8
maximus omnium Muficus.	362880.	9
Porrò fi quis exemplum 8 no-	3628800.	10
tarum 40320. cantus diuerfos	39916800.	11
habens, cupierit, meum	479001600.	12
exemplar libenter commo-	6227020800.	13
daturus fum. Sequitur	87178291200.	14
tabulā progreffionis	1307674368000.	15
Geometricæ, quæ	20922789888000.	16
non minùs vtilis	355687428096000.	17
eft, tum ad pri-	6402373705728000.	18
mos & perfe-	121645100408832000.	19
ctos numeros	2432902008176640000.	20
inueftigan-	51090942171709440000.	21
dos, tum	1124000727777607680000.	22

ad illud
genus combinationis, in qua cùm fint res, vel litteræ diuerfæ, fumuntur binæ, ternæ, quaternæ, &c. toties quoties fumi poffunt: eâ
tamen lege vt nulla littera fit alteri fimilis, hoc eft non pofsint effe,
verbi gratiâ, duo a, vel duo b &c.

　Cùm igitur quæris quot fint varietates alicuius quotitatis rerum
propofitarum, fi binæ, ternæ &c. fumantur, fume duplæ progreffionis terminos, plus vno, quot res propofitæ fuerint, exurget
numerus varietatum; exempli cauſâ, fint 8 res propofitæ, quarum
combinationes, concternationes &c. dabit huiufce tabéllæ IX numerus, 256, quot modis variantur 8 notæ Diapafon, vt demonftratum p. 135. Harmonicorum. Caue tamen ne putes numerum
vltimum ordine 23, effe fummam numerorum omnium præcedentium; nam vnitate maior éft.

　　　　　　　　　　　　　　　　　　　　　　Tabella

Tabella Quarta progressionis Geometricæ   *Quinta tabula combinationis conternationis &c.*

Oftendit varietates rerum 22,	1.	1	22.
fi binæ,ternæ, fenæ &c. vfque ad	2.	2	231.
22 fumantur:in qua tabula, prop,	4.	3	1540.
11.l.1. de cantibus, in Gallico	8.	4	7315.
aberratum ; non in Latino,	16.	5	26334.
prop. 10. vbi recte fe habet	32.	6	74613.
vfque ad terminum 64.	64.	7	170544.
Est verò alia tabella,quæ	128.	8	319770.
varietatem ex ordine ma-	256.	9	497420.
nantem aufert, quæque	512.	10	646646.
nafcitur. ex fecunda,	1024.	11	705432.
per combinationem	2048.	12	646646.
ordinis diuifa.	4096.	13	497420.
Exempli causâ, fi	8192.	14	319770.
numerum quintum	16584.	15	170544.
3160080, per nu:	32768.	16	74613.
merum etiam	65536.	17	26334.
quintum ordi-	131072.	18	7315.
nariæ combi-	262144.	19	1540.
nationis diui-	524288.	20	231.
das, nempe	1048576.	21	22.
per 120. fur-	2097152.	22	1.
get 26334. In-			
tegram verò			
tabellam hîc	4194304.		
appono.			

Licet eam fufficiat vfque ad vndecimum terminum proponere, cùm fequentes numeri ab 11. ad 22. fint iidem ac præcedentes, ab 1. ad 11. Porrò ad hoc genus combinationis refertur varietas cuiuf- libet ludi alearum, quæ fi fuerint 36, vt in ludo Piqueti, conftructa tabula, libro 7 Harmonicorum de Câtibus, demonftrat 12 alearum ludum in numero 36 alearum fumptum ad ludos numero fequen- te 1251677700. contentos peruenire.

Si verò fumuntur ômnes ludi 1,2,3 &c. alearum vfque ad 36; 37. terminus progreffionis duplæ Geometricæ vno minus, hoc eft 68719476735. dabit numerum omnium ludorum poffibilium, vt

Dd

ex tabella progreſſionis X prop. l. 7. de cantibus habes, quæ ad LXIV. terminum progreditur. Nulla verò littera ſimilis inuenitur in dictionibus hac tabellâ contentis, vt ſequenti contingit, quæ componitur ex prima generali, ex qua fuerit ablata varietas ordinis. Hac igitur methodo conſtruatur tabella ſequens; ſcribantur primò numeri 1, 2, 3, 4, &c. donec aſſequaris numerum littera. rum ex quibus dictio componitur, verbi gratiâ vſque ad decem, pro dictionibus 10. litterarum, & è regione 1, ſcribatur 22, ob 22 dictiones, quæ fieri poſſunt ex dictionibus vni litteris.

Dictiones ex 2 litteris compoſitas habebis, diuiſo præcedente numero 22 per 2, quotiens erit 11, quos duco in 22, plus 1, hoc eſt in 23, vnde procedit 253 pro numero dictionum 2 ſolùm litteras habentium.

Trium litterarum dictiones habentur, diuiſo 253 per 3. vt quotiens. 84 : naſcatur & addito binario 22, vt ſint 24, quibus in 84 : ductis, oritur 2024, pro dictionibus 3. litterarum, qui per 4 diuiſus dabit dictiones 4 litterarum, erit enim quotiens 506.

Sexta tabula Generalis Combinationis abſque ordine.

Addatur ternarius 22, vt fiat 25, in quem ducto quo-	22.	1
tiente 506, productus dat 12650, pro dictionibus 4 lit-	2,53.	2
terarum, & ita de reliquis: ſi verò cupis dictiones	2024.	3
omnes vſque ad compoſitas ex 10 litteris, qua-	12650.	4
rum vnaquæque duas tantùm ſimiles litteras	65780.	5
habeat, ſequente methodo vteris: ſcri-	296010.	6
bantur nnmeri decem, ſemper vni-	1184040.	7
tate decreſcentes à 22 vſque ad 13.	4292145.	8
Si quæreretur numerus dictio-	14307150.	9
num 11, vel 12 &c. litteris	44354165.	10

conſtantium, deſcenſus
etiam faciendus eſſet vſque ad 12, 11, &c. Sit igitur tabula VII, quæ incipit ab 1, è cuius regione zero collocatur, quod nulla dictio vnius litteræ conſtare poſſit 2 litteris ſimilibus, quæ debent occurrere in iſtius tabellæ vocabulis.

Septima tabella dictionum 2. litteras similes habentium.

Huius autem tabulæ constructio longè difficilior alia-   0.   1
rum tabellarum præcedentium constructione, qua-   22.   2
propter illam omitto, ne caput istud nimium ex-   1386.   3
crescat. Cùm autem hæc tabula contineat or-   55440.   4
dinis combinationem, eam facilè detrahes: 1755600.   5
verbi gratiâ, si velis ordinem auferre à   47401200.   6
numero dictionum 6 litteris con-   1128148560.   7
stantium, quæ sunt 47401200.   24067169280.   8
sumes dimidium combina-   464152550400.   9
tionis dictionum 6. litte-   1346669632000.   10
rarum tabulæ III, nem-
pe 360, quotiens 131670, dabit numerum dictionum sex litterarum
2 similes habentium absque ordine : eodemque modo reperien-
tur dictiones quotlibet litterarum : neque opus est tabellam hanc
vltra duodenarium producere, cùm ei sit æqualis numerus dictionum 13 litteris constantium, vt numerus 14 numero 11, & numerus 24 numero vnius litteræ.

Octaua Tabula dictionum 2 litteras similes, absque,
ordine habentium.

Vbi obseruandum numerum dictionum 3 litterarum   0.   1
huius tabulæ, æqualem esse numero dictionum 2 litte-   22.   2
rarum secundæ tabulæ ; deinde dictiones 11 littera-   462.   3
rum decuplò plures esse, quam dictiones totidem   4620.   4
litterarum tabulæ V.   29260.   5
Demum dictiones 5 litterarum, 2 similes   131670.   6
habentium cum ordine, decuplas esse   447678.   7
dictionum 4 litterarum differentium   1193808.   8
cùm ordine.   2558160.   9
Cùm autem hæc tabella sit dimi-   4476780.   10
diata, si quilibet eius numerus   6466460.   11
bis repetatur, summa dictio-   7759752.   12
num erit 46137344, quæ
inter omnes dictiones possibiles primæ tabulæ, ablato ordine, duas
similes litteras habituræ sunt.

Superest combinatio dictionum, quæ non solùm duas, sed 3, 4,
Dd ij

5, &c. vſque ad 22 ſimiles, habeant, abſque ordine : quæ facilè conſtruetur, ſi priùs conſideres quaſlibet ſimiles pro vnica ſumendas, hóc enim poſito V. tabulæ beneficio, IX ſequentem conſtrues.

Sit, exempli gratiâ, dictio *inimici*, habens 4 litteras ſimiles, ſumaturque numerus dictionum 4 litteris conſtantium tabulæ, V. 7315, qui ductus in 4, dat 29260 pro numero dictionum tabulæ ſequentis 4 litteras ſimiles habentium. Notandum verò hanc tabellam incipere à 2, & deſinere in 21, quòd vnica poſſit eſſe dictio ex 22 litteris ſimilibus, & ex vnica littera.

Nona tabula dictionum quotuis ſimiles litteras habentium
abſque ordine.

Primus ordo numerorum ſignificat quot ſimiles litteræ ſint in dictione;	III.	II.	I.
	2 & 21.	462.	2
Secundus oſtendit numerum dictionum, in quibus tot ſunt litteræ ſimiles, quot à primæ columnæ numeris è regione poſitis ſignificantur, verbi gratiâ numerus 7, ſignificat dictionem habere 7 litteras ſimiles.	3, 20.	4620.	3
	4, 19.	29260.	4
	5, 18.	131670.	5
	6, 17.	447678.	6
	7, 16.	1193808.	7
	8, 15.	2558160.	8
	9, 14.	4476780.	9
Tertia denique columna docet ſuis duobus ordinibus, quot litteris conſtent dictiones, quarum numerum ſecunda tabella continet. Verbi gratiâ, 2 & 21 ſignificat dictiones tam 2, quàm 21 litterarum, 2 ſimiles habentium, eſſe numero 462. quapropter prima media pars iſtius tabellæ ſufficit, cùm ſecunda incipiens è regione 12, ſit penitus eadem cum illa, dummodo inuertatur.	10, 13.	6466460.	10
	11, 12.	7759752.	11
	12, 11.	7759752.	12
	13, 10.	6466460.	13
	14, 9.	4476780.	14
	15, 8.	2558160.	15
	16, 7.	1193808.	16
	17, 6.	447678.	17
	18, 5.	131670.	18
	4.	29260.	19
	3.	4620.	20
	2.	462.	21

Supereſſet hic explicatio methodi, quâ reperiatur numerus dictionum, habentium non ſolùm 2 litteras, aut 3, aut 4, ſimiles &c. ſed 2 ſimiles & 3 alias ſimiles, vel 4 & 5 ſimiles &c. ſed ita variant regulæ, vix vt abſque faſtidio legi poſſint ; ea propter illas omitto ; vt aliquid addam de numeris planetariis, quibus indo-ctiores aliquid suspicantur inesse mysterii. Nolim autem bîc afferre primum istorum numerorum solis 9 numeris constantium, cuius latus est 3 numerorum, cùm vbique prostet, neque sequentem, cuius latus 4 numeris constat, quamuis id habeat, quòd 880 va-rietates patiatur.

Quid si varietates omnifarias quæris ? Illas tibi suggeret I I I. tabula è regione numeri 16. quanquam & quadrata planetaria 3 & 4 laterum sis habiturus duobus sequentibus 8 & 9 laterum inclusa : quippe sequens quadratum, quod frustra magicum appel-lant, & cuius singuli ordines 260 efficiunt, includit primò qua-dratum planetarium, cuius latus 6, cuiusque singuli ordines fa-ciunt 195 : secundò quadratum 4 complectitur, cuius ordines sin-guli 130 producunt.

Quadratum Planetarum tri-plex lateris 8. 6. & 4.								
31	9	55	12	54	14	52	33
43	62	5	29	1	35	63	22
45	27	26	40	41	23	38	20
50	61	46	18	17	44	4	45
8	6	16	48	47	19	59	57
44	37	42	24	25	39	28	21
7	2	60	36	64	30	3	58
32	56	10	53	11	51	13	84

Quadratum Planetarum qua-druplex, cuius latus 9.								
73	13	53	26	71	24	49	15	45
57	12	80	8	76	16	78	7	25
47	72	44	30	40	36	55	10	35
23	20	54	39	81	3	28	62	59
17	12	32	5	41	77	50	70	65
21	18	48	79	1	43	34	64	61
31	68	27	52	42	46	38	14	51
63	75	2	74	6	66	4	60	19
37	69	29	56	11	58	33	67	9

Itaque duo ista quadrata continent 7 numeros planetarios, seu quadrata numerica, quæ suis quæque ordinibus rectà, seu trans-uersim accepris, semper eundem numerum efficiunt, nam qua-dratum, cuius latus 9, facit quolibet ordine 369. Quadratum in-clusum, cuius latus 7, ordine quoque suo 87. tribuit, vt suo 205. quadratum, cuius latus 5 : denique 123. producit quilibet ordo qua-drati, cuius latus 3. licet in numeris radicalibus 15 solùmodo habeat.

Quis verò demonstrabit quot ista quadrata varietates habere possint, in quibus semper idem numerus ab ordine quolibet produ-catur ? quod fortè minimè facilius quàm inuentio quadrati circulo æqualis. Vis scire quibus planetis prædicta quadrata tribuantur? 9, Lunæ ; 7. Veneri ; 5. Marti ; 3. Saturno, 8. Mercurio ; 6. Soli ; & 4. Ioui,

Qui quadratum, cuius latus 22 volet, quod suo quoque ordine producat 5335, quodque includat quadrata 16, 12, & 10 laterum, illico accipiet. Omitto quot varietates absolutè quadratum, cuius latus 8, aut 9, patiatur, cùm 64 & 81 terminus combinationis ordinariæ, tabulæ III, illas tribuat.

Iam verò pluribus obseruationibus huic capiti finem impono. Primùmque incipiam ab eo Carthamo, cuius folia, floresque & alia me obseruasse, iam art. 15. cap. 1. dictum est. Itaque 4 à Turonibus leucis, in vico Noisileio, didici libram florum Carthami 50, libram granorum 5 assibus diuendi : sericique libram, 3 florum libris tingi, qui tamen minuantur pro vario colore inducendo. 2 apud Xantonenses miratus sum mediocri fossâ, in quam Oceanus deriuatur, in vico *Tonè Charante*, naues 36 Hollandicas posse capi, vino Coignaceo. S. Iohannis, & aqua vitæ onerandas, in quas obseruaui dolium vino plenum ex nauiculis tempore 10 secudorum inferri. Dictionem verò Tonè, Anglicam esse, quæ *prope* significet. Ex hoc vico prospici tres vicos Soubizium, Mouasium, & totius Galliæ maximum Maranum, in quo miratus sum quadratæ turris Ecclesiæ pulchritudinem, & altitudinem, quam ad 32 sexpedas pertingere arbitror. In illis autem locis omnes ferè pro dictione affirmatiua Gallica *oüy*, semper dicunt *oüy bien*, vsque ad Rupellenses, quorum muri duas inter turres S. Martini & Laternæ interiecti, 4 sexpedas crassi seu lati sunt : Vbi & in Conuentu ad aggerem obseruaui pisum adeo fœcundum vt 150 siliquas haberet, quarum vnicuique si 6. pisa tribueris, vnicum pisum vnâ vice 750 pisa produxerit.

3. In fossa Nannetensi dolium aquæ vitæ, quod duobus alembicis, hebdomadæ tempore replent, quodque pondo mille librarum ; vendunt 80 libris, vt & dolium oleo Balænæ plenum : vendunt etiam molas cotarias ex Hispania aduectas, 40 assibus : sed nihil elegantius Nanneti quæras, quàm tumulum Britanniæ Ducum in Ecclesia Carmelitarum, quorum reditum 20000 librarum aiunt : quem tumulum si cum Ducum Burgundiæ tumulo in Ecclesia Carthusianorum Diuionensium existente conferas, cui nam palmam tribues? quanquam hic vltimus alterum mihi plurimum superare videatur.

Nolim omittere quod pro cura thymii, quo tot hominum pedes dirè torquentur, didici, nempe alliorum thallum conquassatum, per 10 aut 15 dies renouatum & thymio impositum, illud auferre : cui etiam remedium ferunt imposita hederæ folia, 2 aut 3 diebus

aceto macerara : & tabacum in puluerem redactum eidem verru-
cæ impositum, sed ficus ad emolliendum & tollendum dolorem mi-
rabilis.

Quod sæpius expertus sum refero, nihil ad herpetes, & erysi-
pelata, idque genus morbos curandos efficacius & promptius,
quàm radicum lapathi decoctionem, quâ pertinaciter foueatur,
& laueturcutis morbis illis laborans: optimumque ad morbos illos, ne veniant, anticipandos, radicum syluestris cichorii decoctionem, quæ manè bibatur.

4. Ingrandæ, inter Nannetum & Andegauum, 4 ab Ancenio
leucis, primo intuitu altare Ecclesiæ omnium longissimum esse
videtur : quod tamen 12 duntaxat pedum reperi : ita sæpe fallit
oculus. Notaui quoque apud Tertulian. l. de Idololatria, ver-
bum *interdixit*, dum ait, *serpentis figuram interdixit*, pro quo scri-
ptura sacra, *iussit*; iuxta Iurisconsultos intelligendum; qui sæpe
interdicta pro iussis accipiunt, vt interdixit, & iussit, vel edixit, eo
loco sit idem; sed & nomen Eusebii ex 645 S. Gregorii epistola de-
lendum, licet in eam à 755 annis irrepserit.

5. Campana maior S. Gatiani Turonensis est pondo 32000 librarum, cuius malleus pedum 7, pulsatur funium tractione, à 17
hominibus totâ vi contendentibus, quibus quiescentibus campana
ob præcedentem impetum spatio minuti sonat. Turrim Ambosia-
mam eiusdem altitudinis cum fornice Basilicæ S. Mariæ Parisiensis, nempe 18 sexpedarum reperi.

6. Salmurii, prope Ligerim, præsto sunt Lotium & Tonetus fluuii, qui Cyprianos habent, sed ille coenosos, hic egregios, qui paulo
infra S. Florentini Abbatiam Ligerim ingreditur, vbi notant fabri
ferrarii cancellos ferreos ad vnam ex S. Floretini fenestris esse mirabiles, quòd sint vno ductu, absque iuncturis, suturis, aut ferru-
minationibus elaborati, hoc est vnico ferro confecti. Ibidem
Vulcanus adest, qui vasa cuiusuis generis ænea eiusdem cum argento fabricet albedinis, nullus vt sit qui ea non capiat pro argenteis,
licet asserat se neque arsenico, nec hydrargyro abuti.

7. In agro Andegauensi spicam segetis inueni altitudine septu-
pedalem; & inter Aginnum & Montem Albanum in spica tritici
47 grana, & in spica secalis 81, quot etiam in auenæ calamo: sed rarius est quod in Maraneis paludibus nuper explicatis animaduerti,
nempe granum vnicum tritici 25, hordei verò granum, 35 calamos
produxisse: quanta terræ foecunditas ! Omitto quoties amoenis-
simi, longissimique prospectus occurrunt, tres præsertim Bur-

digalâ Montem Albanum euntibus, vbi fons pulcherrimus 15 aquæ ductibus faliens. Sed & Salmurii, tam è caſtello, & ex ſummis horti areis Patrum Oratorii, quàm ad extremum foſſæ, ſeu portus Nannetenſis, ex Capucinorum hoſpitio proſpectus alios admi-ratione dignos, viatoribus commendare velim, quibus abſque iniuria Galionenſem aſpectum, licet non adeò diffuſum, poſſis addere.

8. Nolim omittere remedium egregium ad renum lapidem comminuendum, & in arenam conuertendum, quod Pictaui didici, videlicet iuſculum bis, aut ter in hebdomada ſumptum, quod fit ex Eryngii radicibus, & ex dente leonis: duo ſi quidē pugilli bullientes cū butyro prædictū iuſculum exhibēt. Tertiam etiam dolii partem eo fructu implent, quem ſnelles appellant, hoc eſt pruna ſylueſtria in dumetis naſcentia, quem fructum Græci vocant ἀχροκοκκύμλον vel σερυμπον, & reliquam dolii partem vino replent, quo poſtea qui vtitur, longe minùs torquetur, vel etiam ſanatur. Ibidem totius Galliæ pulcherrimum opus inteſtinum trabalis, ſeu tignariæ ſtructuræ Collegii Patrum Ieſuiſtarum; & Baſilicæ ſancti Petri à tergo maioris altaris apicem admiratus ſum, qui adeo fortis vt nullam ferè iniuriam à percutientibus maiorum tormentorum bellicorum globis ſenſerit.

9. Tholoſæ, præter altiſſimas & ampliſſimas mercatorum ædes, S. Stephani Baſilica omnium pulcherrima, licet imperfecta. Ciuilis Conuentus Prætorium pulcherrimum : Collegiorum ædificia magnifica : pons ferè ſimilis ponti nouo Pariſienſi, vt & pons Caſtri Eradii. Philonem vnum habet S. Cernini parochum, qui tot in 2 aut 3 cubiculis collegit libros, nummos veteres & noues, figuras veteres, & omnimoda cemelia pretioſa, vix vt credam me quidpiam ſimile in Italia vel in Gallia vidiſſe, ſi variarum rerum numerus ineatur, nequidem excepto Viro in raris comparandis & ſtudioſiſſimè conſeruandis ſtudioſiſſimo, Domino Borrillio Aquarum Sextiarum Patritio.

Non commemoro rariſſima quæ Vir Clariſ. Septalius mihi oſtendit Mediolani, præſertim verò magnetes egregios Teleſcopia & alia plura, quæ ſingulari perficit induſtriâ : non Bibliothecas Mediolanenſem 20000, quemadmodum & Romæ Barberinam, & Collegii Societatis, conſtantes, cùm iam Mazarina ſit ferè duplò maior, poſſitque breui ad 100000 volumina excreſcere, ſi paſſibus æquis Celeberrimus Bibliothecarius Gabriel Naudeus perrexerit.

Cùm

Cùm Bibliothecam Tholoſo-Spondanam inſpicerem Duranti, commentarium in concilium Lugdunenſe, ſub Gregorio X. vidi Maioli operâ editum, anno 1569: quem ait à Ioanne Andrea laudatum, abſque nomine, in 6. Decretalium: qui dictus fuerit Speculator, ſtudueritque ſub Henrico Cardinali Hoſtienſi. Librum etiam Euangeliorum litteris aureis iuſſu Caroli magni ſcriptum, in Sacriſtia S. Cernini ; & Philandri, Vitruuii Commentatoris, in eiuſdem Eccleſiæ clauſtro; vt & Duranti, apud Franciſcanos, tumulum perſpexi.

Cùm autem viuos potiùs quàm mortuos quærerem, vnus abfuit Clariſſimus Fermatius, Geometrorum Coryphæus ; quem tamen Burdigalam redux, ductore integerrimo, doctiſſimoque ſenatore, Domino d'Eſpagnet, velut auulſum Bergeraco, triduò amplexus ſum. Vin ſcire quo loco ? Vbi S. Emilio Brito donatus eſt, anno 767. Vbi cœmeterium templo ſatis amplo ex vnico lapide conſtructo incumbit; vbi latomus quiſque exciſos à prædicti Domini lapidicina, quouis die, 10 lapides parallelogrammos excindit, & quadrat, quorum latitudo 1, longitudo 2 pedum: cúmque centum ſimiles quadrauit 7, librasrecipit.

Placet autem has obſeruationes apud Tholoſates perficere, in quorum ciuitate licet multæ ſint Baſilicæ ſatis amplæ, ea tamen quæ Dominicanorum eſt, & in cuius ferè medio altare maius, in quo quieſcit Caput S. Thomæ Aquinatis; neſcio quid fornice, & latitudine continet quod peculiarem maieſtatem præ ſe ferat: quibus adde S. Thomæ imaginem, quæ dextrâ tenet enſem veluti flammas aureas vomentem ſupra locum, vbi reponitur pyxis ſacramenti venerandi, cum hoc diſticho.

Nixus Euangelii folio Cherubinus Aquinas,
Vitalem ignito protegit enſe panem.

Ee

CAPVT VLTIMVM.

*De varijs tubi vitrei, tam aquâ, hydrargyro, &
spiritu vini subtilißimo, quàm tartari oleo pleni,
& vacui obseruationibus & vtilitatibus.*

1. *Quis primus vacuum obseruauit.* 2. *Quid in Italia ex obseruatione conclusum.* 3. *Mensurarum communicatio per totum orbem,
vbi fusè de brachio Florentino.* 4. *Quod aëreus cylindrus non poßit
esse causa isti us phænomeni.* 5. *Quod motus non sit instantaneus
in vacuo,* 6. *Quo tempore aurum descendat in hydrargyro.* 7. *Quo
tempore alia corpora mercurio leuiora vt plumbum, æs, ferum, suber
&c. in illo ascendant.* 8. *Comparatio ascensus, & excensus corporum
in mercurio & in aqua.* 9. *Comparatio corporum descendentium &
ascendentium in aqua, & in spiritu vini.* 10 *Variæ obseruationes
mirabiles.* 11. *Modus experiendi tempora per descensum & ascensum
diuersorum corporum in aqua.* 12. *Quomodo fiant corpora metallica æque
leuia ac suber, aut alia corpora leuißima.* 13. *Grauium motus in oleo tartari.*

CErtum est primò, vacuum ope tubi vitrei priùs in Italia, quàm
in Gallia obseruatum ; idque puto ; ab illustri Geometra
Euangelista Torricellio, qui tubum obseruatorium mihi anno
1644 ostendit, in magni ducis Etruriæ pergulis admirandis. De
cuius obseruatione nos etiam priùs monuerat illius singularis
amicus Michaël Angelus Riccius, Romæ, & totius Academiæ
Geometriæ decus eximium ; cuius epistola docebat ex tubo B A,
vt eâdem nostrâ figurâ IV capitis vtamur, a brachiis alto, & in
C D inuerso, hydrargyrum in vas E D F alio hydrargyro, vsque
ad E F plenum, exiuisse vsque ad punctum K ; adeovt à K ad supremam E F hydrargyri superficiem, altitudo 1½ brachii, & vnius
insuper digiti superfuerit.

Infusâ verò aquâ H I E F super hydrargyrum, & orificio tubi D
ad hydrargyri superficiem pedetentim erecto, tubi hydrargyrum
magno impetu vsque ad C ascendisse. Porrò cùm nihil in tubû qui
vacuus apparet, ingredi videatur, vel K C vacuum esse oportet,
vel aliquas aëris, aut spirituum ex mercurio exeuntium particulas

tenues, & indiuisibiles ita rarefieri vt illud vacuum repleant , libe-
rúmque accessum lumini faciant, cùm rectè videantur corpora
trans tubum, quæ forsan videri non possent, si esset vacuum in
tubo.

Alius maluit ad causam externam prouocare, nempe cylindrum
aëreum, fortè 50 milliaribus altum, qui faciat æquipondium cum
hydrargyro, vt fusiùs ad capitis VI. calcem explicauimus, vnde facilè concludas non
posse aëreũ cylin-
drum æquiponde-
rantem mercurio,
altum esse 50 mil-
liaria , nisi statua-
tur ille cylindrus
componi ex aëre,
qui sit nostro lon-
gè leuior.

In cuius verò
mentem priùs illa
vacui cogitatio ve-
nerit , & quis prior
animaduerterit col
lum tubi, siue la-
genam in extremo
habentis, siue soli-

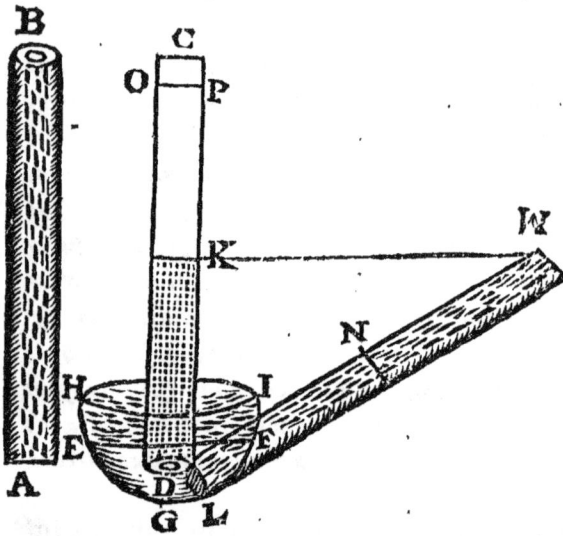

tarii, & in cylindri modum conformati , scire fortassis iucundum
fuerit; Chymici cuiusdam fortuitum inuentum nonnulli dicent:
alii referent ad acutissimi Philosophi meditationem qualis
Philosophorum princeps Galilæus, & amici Magiottus, & Nar-
dius , quod si nos docuerit incomparabilis Torricellius, gratis-
simum erit.

Vt vt sit, inspiciamus quæ possint ex hoc phænomeno , eiusque circumstantiis educi, præter ea, quæ iam 4 & 6 capite dicta
sunt: cúmque Florentina obseruatio dederit 1', brachium, cum digito, vacui, à C ad K, concludamus primò mensuram istam proximè nostris pedibus 2', æqualem esse , si hydrargyrum Florentinum fuerit eiusdem cum nostro Parisiensi, quo sum expertus, grauitatis : atque adeo hanc obseruationem vtilissimam, vt vbique
terrarum cuiusque loci mensuræ cognoscantur.

Verùm cùm antea duobus modis brachium Florentinum de-

derim; primo iuxtâ menſuram, quam àd me miſerat Perieſcius,
vir ille nobilis & ad decus litterarum natus, cuius vitam adeo fideliter & eleganter ſcripſit Petrus Gaſſendus Mathematicarum
profeſſor Regius, idque ſecundo capite; deinde 22 capite, iuxta
menſuram, quam Româ tuleram : hîc diſcutiendum eſt quonam
brachio Florentiæ vſi ſint: ſi priùs notauero, hanc vltimam menſuram primâ longiorem eſſe noſtri pedis ſeſquidigito, quippe quæ
brachium iſtud Florentinum præcisè ſatis reſpondet 23 digitis noſtris, hoc eſt pedibus 1 ⅚: quapropter quadrás brachii reſpõdet noſtri pedis digitis 5 ¾; ſupereſt vt ſciamus quid ſit digitus brachii: quo
tamen omiſ-
ſo (niſi fortè
ſit prædicti
quadrantis
ſexta pars, vt
24 digitos
brachium ha-
beat, ſitque
digitus ille
proximè di-
giti noſtri li-
neis 9 ½ æqua-
lis) iam iam
conferamus
altitudinem
mercurii no-
ſtri cum Flo-
rentina.

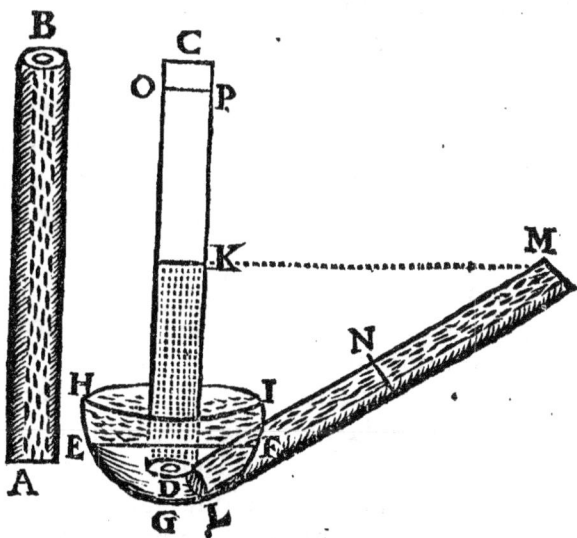

Brachium
igitur cum illius quadrante, reſpondet noſtris pedibus 2 & 4 digitis, prætereàque, ob digitum, ½ noſtri digiti : quapropter altitudo noſtri mercurii non erit Florentinæ æqualis; quippe quæ
nobis ſolùm apparere ſolet pedum 2 & 3 digitorum, & ½ digiti ad
ſummum; quànquam.& aliàs 4 ferè digitorum, præter 2 pedes, coram R. Patre Vaterio philoſopho ſubtiliſſimo,& pluribus aliis Ie-
ſuiſtis,& coram vtroque Clariſſimo D. Paſchali noſtras obſeruationes aſpici entibus apparuit.

At verò non eſt quòd huic menſurarum collationi diutiùs in-
ſiſtamus, cùm neſciamus quanta fuerit aquæ mercurio incumben-
tis altitudo, ex qua minor, vel maior hydrárgyri pendet altitudo,

cùm experientâ constet aqueam 14 digitorum altitudinem scutellæ F G E hydrargyrum prementem efficere vt tubi mercurius K D
digito super K assurgat, supra quod pedem integrum assurgeret,
si aquæ H E F I altitudo foret 14 pedum ι quod aqua sit proximè
mercurió 14 leuior.

Cum igitur solam mercurii quæris altitudinem, nullam aquam
infundas in scutellam, sed hydrargyrum solum, à cuius superficie
F E ad K, mercurii reperies altitudinem pedum 2 ¼, vel ad summum ½.

Cùm autem aëreus cylindrus mercurii superficiei F E incumbens nihil simile præstet, alioqui premeret totum mercurium, &
in tubum D C introduceret, præsertim cùm superest altitudo sola
pedis vnius, aut etiam minor à K ad D, non video Phœnomenon
istud illo cylindro aëreo explicari posse. Adde quòd non possit
premere, cùm inuertitur D in C, & ita digito clauditur, vt nihil
aëris possit in tubum ingredi, tunc enim vacuum est in parte superiore, in qua reperitur orificium D, quo tanta sit attractió pulpæ,
seu carnis digiti orificium C obstruentis, vt ferè D C vel A B tubum digitus ille sustinere possit, & velut vber in ablato digito
appareat.

Tunc autem cylindri aërei pressio super digitum obturantem minimè sentitur, neque potest ingredi per aliud extremum C, vtpote
seipso clausum ι quomodo igitur æquilibrium illius impediet ne
mercurius ascendat, aut descendat, quem nullatenus tangit?

Hactenus ergo nulla ratio huic Phœnomeno satisfacit; ne quidem cylindrus aëreus. Adde quòd si fiat experientia in capsula ferrea, ænea, vel etiam vitrea, vndique clausâ, qualis potest intelligi
vas H G I mercurio semiplenum, cuius operulo superiori H I foramen indatur, per quod transeat tubi A B orificium B, donec attingat punctum D in hydrargyro E G F immersum, claudatúrque
foramen hermeticè, vel alio modo, ne quid aëris ingredi possit,
mercurius tamen ex C in K descensurus sit, dummodo aër H I F I
capsulâ inclusus satis comprimi possit, vt mercurius, antea C K inclusus, æqualis, verbi grátiâ, mercurio K D, in eadem capsula re-
cipiatur. Cauendum enim est, si quando fiat hæc obseruatio, ne
mercurio superinfundatur aqua, quæ cum nequeat condensari,
mercurius altitudine C K non posset in capsulam ingredi, sed ita
maneret.

Si quis verò dixerit in aërem capsulâ inclusum à reliquo cylindro aëreo vsque ad atmosphæram, ita fuisse pressum, vt satis virium

habeat, quibus mercuriali pedum 2¼ cylindro æquiponderet, id gratis dicitur, quandoquidem pars inferior aërei cylindri pedalis, verbi gratiâ, non eſt magis preſſa, vel condenſata, quàm alia pars ſuperior, quemadmodum neque pars inferior aquæ denſior eſt partibus aquæ ſuperioribus.

Qui cum Ariſtarcho ſupponere poteſt omnia ſe inuicem attrahere, vt omnia, quæ ad noſtrum hoc inferius ſyſtema pertinent, mutuò ſe trahant, eo ferè modo quo magnes & ferrum, facilè dicet mercurium adeo grauem, vel robuſtum eſſe, cùm ſuperat pedum 2¼ altitudinem, vt non poſſit ampliùs à corporibus ſuperioribus trahi, ſed ab inferioribus, vt pote robuſtioribus, attrahi, deinde cùm ſit minoris altitudinis, retrahi: quemadmodum chorda ænea, vel chalybea pondere, vel tenſione tracta, ſtatim retrahitur à partibus ſuperioribus, ablato pondere, vel tenſione deſinente.

Sed quibus vncinulis, aut hamis corporum ſuperiorum aut inferiorum hæ fiant attractiones foret explicandum; alioqui laborat etiamnum animus, nec expletur.

Sunt alia plurima quæ deducere poſſis ex Phænomeno, verbi gratiâ, non eſſe verum quod in vacuo futurus ſit motus grauium deſcendentium, vel etiam proiectorum in inſtanti; cum eo ſolo motu quodpiam afficiatur, quem ei manu, vel alio modo impreſſeris, vt cernitur in ipſo mercurio huc illuc in tubo vacuo currente, qui ſolum eâ velocitate mouetur quam ei dederis: quanquam fortè motus ſit paulo quàm in aëre futurus velocior propter abſentiam impedimenti aëris.

Nam ſi quæ materia ſubtilior aëri ſuccedat, minùs impediet: ſed quantò minus, edicere nitatur qui eam ſtatuerit: quem ſequentibus Phœnomenis adiuturi ſumus, quæ ſimiliter illuſtrabunt quæ propoſ. LII. Hydraulicorum de fundo maris inueniendo dicta ſunt: quandoquidem oſtenſuri ſumus quo tempore corpora in aquam & mercurium deſcendant, vel ex illis emergant.

Sit itaque Mercurius K D, altitudinis pedum 2¼, in quo à puncto K, ſolum aurum deſcendit, idque tempore ſecundorum 8; reliqua corpora in eo aſcendunt, eo modo qui ſequitur: ſuber, & medulla ſambucea eodem ferè tempore, nempe 4 ſecundis, à D ad K aſcendunt; & tam in aqua, quàm in Mercurio, aëris aſcenſum ita ſequuntur, vt aëris bulla ſæpius tam medullam, quàm ſuber rapiat & ante ſe pellat, vel poſt ſe trahat. Admirabile verò mihi videtur, quod æquali ferè tempore in aqua & in hydrargiro tam aër quàm suber, & medulla ascendant, cùm aquæ grauitas ab hydrargyri grauitate, & aër à suberis grauitate tantopere discrepet. Ebenum ascendit 4 secundis. Buxus, & Ebur 5. Ferrum & Æs 5 ½. Plumbum denique 9 secundis. Sed in aqua, hæc tria corpora, vt & aurum eodem ferè tempore videlicet 1, aut 1 ½ secundis, descendunt. Ebenum 9 ½. Buxus 28. & Ebur 4 secundis, descendunt in aqua, pedes 2 & 7 digitos altâ.

Porrò suberis grauitas ad medullæ sambuceæ grauitatem est vt 3 ad 1: quare nec mireris quod eodem ferè tempore ascendant, cùm grauia, quæ sunt tantùm in ratione tripla, imo noncuplâ, eodem ferè tempore in aëre descendant, vt constat ex plumbo, & ligno. Cùmque suberis grauitas sit ad plumbi grauitatem vt 1 ad 72 proximè, medulla sambucea erit ad plumbum vt 1 ad 216.

Est verò Mercurii grauitas ad auri grauitatem ferè vt costa ad diametrum, seu 7 ad 10. Cùm autem aquæ grauitas sit nobis aëris grauitate notior, inuestigenius num corpus superans aquæ grauitatem in ratione supertripartiente septimas, id est in ratione 10 ad 7, descendat in aqua pedes 3 ½, æquali, vel eodem tempore, quo prædictum spatium aurum in aqua descendit, hoc est tempore 15 secundorum; vel pedes 2 ½ spatio secundorum 8 ½, iuxta nostras obseruationes sæpe repetitas.

Hoc enim nisi fiat, non erit eadem ratio grauitatum ad media, per quæ sit descensus, quæ est auri in hydrargyro descendentis.

Cuius rei veritatem assequi possumus sumpto corpore, cuius grauitas sit ad aquam, vt aurum ad argentum viuum, hoc est vt 10 ad 7: siue corpus illud simplex fuerit, siue compositum: nil enim refert, modò præductâ ratione grauitatem aquæ superet, etiamsi plumbum sumatur ex cauatum, vel cera quibusdam ferri, vel plumbi ramentis adeò grauis efficiatur vt sit ad aquam, vt 10 ad 7.

Quod si contigerit idem in aqua, quod in hydrargyro, facilè credam & in aëre futurum, vt corpus quod 15 secundis spatium 3 ½ pedum in eo descenderit, sit ad illum grauitate, vt aurum ad mercurium, viceque versâ: quanquam ob diuersam mediorum tenacitatem hæsitem.

Cùm autem illa ratio non adeo recedat à ratione sesquialtera, corpus eligas, aquâ grauius, & experire quo tempore 3 ½ pedes in aqua perpendiculariter descendat. Terram quâ figuli vtuntur, cùm vellem experiri coctam, quo tempore descenderet, 5 secundis descendit ex tubo tripedali: apparuitque ferè duplò grauior

aqua. Marmor in aquæ eiufdem altitudinis fundum tempore 5 fecundorum defcendit:vnde conftat hæc corpora effe minùs grauia,
& ideo alia quærenda.

Eft etiam aliud confideratione digniffimum, num eodem tempore corpora liquido leuiora in eo afcendant, quo grauiora
defcendunt in eodem, cùm eâ ratione liquidi grauitas fuperat illorum grauitatem, qua liquidi grauitas ab illorum grauitate fupe-
ratur. Exempli gratiâ, later coctus, hoc eft terra cocta, de qua
paulo antea, in-
telligatur aquâ
duplo grauior,&
5 fecundis per-
currat 3 ! pedes
in aqua : fuma-
túrq; poftea cor-
pus aquâ duplo
leuius, quod fi 5
fecundis pedes 3 ;
afcenderit, idem
efto de defcenfu,
ac de afcenfu in-
dicium. Quæ om-
nia, fi fuam ope-
ram ftudiofi con-
ferre nolint, for-
fitan aliquando,
iuuante Deo, fol-
uemus:nunc enim reliqua tuborum phœnomena profequemur, fi
priùs emendatur quod ad pag. 87 calcem dictum eft, nempe aërem
prope C punctum manere, quandiù mercurius cadit vfque ad
punctum K, cùm potiùs fequi debere videatur mercurium, quem
perpetuò tangit, nifi aqua interiiciatur, vt plerumque contingit,
cùm enim aër fit grauis,in C O P vacuo non manebit, fed hydrargyrum ex C in K defcendentem fecutus ei fupernatabit, vt in aqua
experimur.

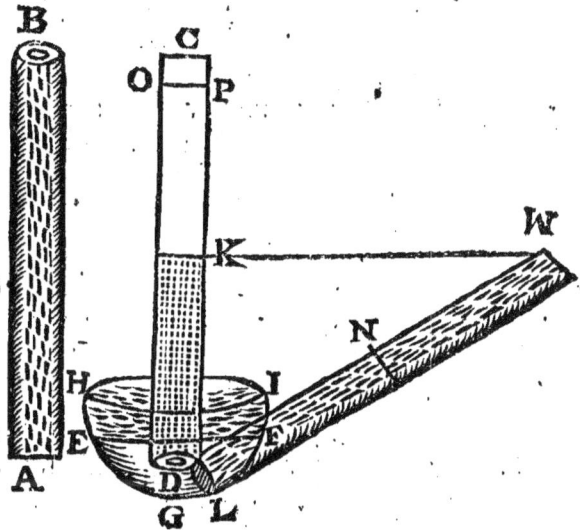

Itaque, fi pluribus vicibus educas hydrargyrum K D ex mercurio E G F, vt orificium D tantifper aquam tangat, & illico re-
mergas in hydrargyrum E G F, afcendet aqua pedetentim, donec
totum vacuum K C repleat, nihilque aëris afcendet; qui tantò
impetu in K C afcenfurus eft, fi priùfquam aquâ vacuum illud im-
pleuerit,

pleuerit, extrahatur os D ad fuperficiem aquæ H I, vt fundo tubi
C euidens ·immineat fractionis periculum: quod pluribus vicibus
eodem modo, quo de aqua dictum eft, efficere poteris, fi manu fatis promptâ D in aquam remerferis, donec fat aëris ad K C replendum afcenderit. Quæ certè non fierent, fi manfiffet aër in CK
tubo: nifi tamen ad fummam alicuius particulæ aëreæ inuifibilis rarefactionem tubum implentem recurras.

Impedies verò illum cùm aquæ, tum aëris horribilem impetum,
qui fit dum vnico ictu trahitur perpendiculariter tubus CD, donec aquæ E F, vel aëris H I fuperficiem attingat, fi tubum eumdem paulatim in D M inclines, tunc enim N M, quod prius
aëre vacuum erat, hydrargyro D K implebitur, alio D N ex catino
F G E haufto. Quod fi quæ vel aëris, vel aquæ particula manferit
in K C, hydrargyrus non afcendet vfque ad M, deerit enim afcenfui
pars ab aqua, vel aëre occupata: neque tunc illum fragorem percuffione puncti M edet, quem facit quoties vacuus eft aqua &
aëre.

Deinde omnia corpora, vt vt grauia, excepto auro, in orificio
A. vel D pofita, in hydrargyro afcendunt vfque ad K, neque vllum
tranfilit K, hoc eft afcendit verfus P, & pluribus vicibus exfcendit,
& afcendit, inftar vibratorum corporum, antequàm quiefcat: quod
neque corporibus ex aquæ fundo ad illius fuperficiem afcendentibus contingit.

Porrò mirabile videtur quòd aër adeo leuis ex D in K, vel ex L
in M non afcendat velociùs, quàm fuber, aut medulla fambucea:
quod etiam in aqua experimur, adeovt afcendentes aëris bullæ
leuia corpora, verbi grâtiâ medullam fambuceam, fuber, cerã, alia-
que id genus afcendentia corpora fibi occurrentia fecum rapiant.

Eft etiam notatu dignum, quòd licet fepe numero aër ex B in A
tripedale inuerfum aquâ plenum, 8 fecundis afcendat, aliàs tamen 10, & aliquando 12 infumat: quòd certè manat ab aliquo
nouo impedimento, quod oculos, tametfi lynceos, effugit.

Nota rurfus nihil effe quod fcrupulofiùs cures omnem aëris,
aut aquæ particulam ex K C, vel N M tubo expelli, quippe
fupernatat puncto K, nihilque vacuum K C impedit.

Qui verò peruicaciâ Peripateticâ laborant, volunt aliquid aëris
femper intra hydrargyrum manere, qui licet atomi magnitudine
oculo inuifibilis, ita rarefiat, vt K C totum, etiamfi fuperaret
coeli ftellati altitudinem, impleat: quod penitus coincidit cum
illa parte fpirituali fiue mercurii, fiue ipfius aëris, quam fingunt

F f

rarefieri, cùm tamen nefciant, quid fit rarefactio neque eam con,
cipiant, quippe quæ forfan implicat eo modo quo vulgò proponitur. Adde quòd nulla vis in hac obferuatione tanta videatur
adhiberi, vt tanta rarefactio fequi poffit, non enim hydrargyreus
cylindrus bipedalis trahit vi tantâ, quantâ manus validiffimi hominis embolum deducens ex diabete; quem vix equus trahere
poffit, fi fiat diabetes 15, aut plurium pedum; cùm tamen bipedalis
mercurius vacuum aëreum cuiufcûmque altitudinis efficiat, aut
conferuet: vt vt enim tenuis fit cylindrus hydrargyreus, vacuat lagenas quantumuis magnas, puncto C coniunctas: quæ tamen id
habent fingulare, quòd paulatim depleantur, quia orificium D eft

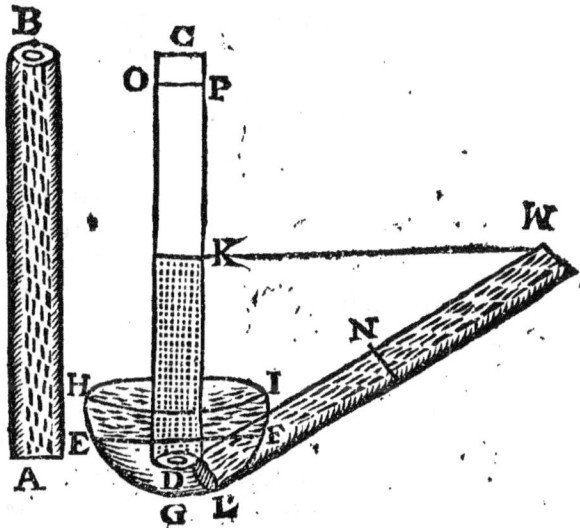

anguftius quã
vt argentum
viuumvno ve-
lut ictu, ex
C lagena ef-
fluat, vt con-
tingit tubo
CD, cuius
orificium D
eiufdem eft ac
tubus totus
DC, latitu-
dinis : qua-
propter fi of-
culi D bafis
longè minor
effet reliquâ
tubi craffitu-
dine, non ita
citò defcenderet mercurius ex C in K, ac in noftris tubis.

Cùm autem inclinatur tubus DC in LM paulò velociùs, vi
tantâ fundum M à mercurio percutitur, vt putes effe lapidem qui
percutiat, fitque periculum ne fundum illud frangat : quod non
contingit, quoties aër, vel aqua inter COP, feu inter NM in-
tercipitur. Poffunt autem fieri plurimæ obferuationes ad proportionem motuum conferentes, verbi gratiâ, quantò velociùs afcendat aër, & quoduis aliud corpus ex B inuerfo in A, quàm ex L
in M, & an fequatur rationem inclinationis ad perpendiculum.

Rursum ex inclinatione tubi L M, in quo mouetur hydrar-gyrus ab N ad M vacuum, conſtat prædicta non moueri velo-ciùs in vacuo, quàm pro vario impulſu, variáque motoris, & pro-iicientis impulſu: neque etiam velociùs grauia motu naturali deſcendere, quàm ex ea ſolummodo parte, qua aër impediebat, cuius reſiſtentiam admodum exiguam facilè probari poteſt ex deſ-cenſu per tubum 50 pedes vacuum, vix enim ante duo ſecunda plumbeus globus cadens tubi fundum attinget: experiatur cui commodum fuerit.

Ne verò quis aberret in menſuris ex hydrargyri altitudine repeti-tis, duo ſunt obſeruanda: primum vt ſit in omnibus experimentis hydrargyrus eiuſdem puritatis & ponderis: quandoquidem vnius ſcoria nimia poterit impedire menſuram, quam maior grauitas minuet, exempli gratiâ, ſi chymici poſſint mercurium ad auri grauitatem reducere, tunc altitudo mercurii non erit pedum 2½, ſed tantum ſeſquipedis. Secundum, cùm mercurio ſcutellæ F G E ſuperponitur aqua E H I F, decimaquartâ parte altitudinis aquæ mercurius aſcendit altiùs, quàm vbi aqua non incumbit: quippe premit aqua mercurium ſuo pondere: mirorque vehementer, cur cylindrus aëreus tam aquam, quàm Mercurium premens non impellat mercurium vſque ad C tubum, & vlteriùs, ſi tubus ſit al-tior, donec tandem fiat æquilibrium inter hydrargyreum, vel hy-drargyraqueum, & aëreum. Cur enim potiùs aquæ, quàm aëris cy-lindrus impellit hydrargyrum in tubum D K C? Quanquam ſi cuncta inſpicias, illud premat, & vrgeat ad aſcendendum, vſque ad punctum K, vt iſtius ſententiæ volunt authores.

Verùm cur mercurium non cogit ad altiorem aſcenſum, cum in tubo ſupereſt tantùm hydrargyreus cylindrus pedalis, aut digitalis in ſcutellæ hydrargyrum immerſus, cùm totius aëris cylindrus mercurio ſcutellæ F G E incumbat?

Deinde cùm eadem altitudo maneat hydrargyri, cùm inuerti-tur tubi fundum C in D, vt mercurius D K ſit in K C, reiicien-dus videtur ille cylindrus, vt ſuperiùs innuebam. Cùm igitur nul-la ratio ſit hactenus allata, quæ huic Phœnomeno faciat ſatis, ve-rior cenſeatur illa Philoſophia, è cuius principiis clarè, & abſque ambagibus illa ratio Phœnomeni, ſingulis circumſtantiis perfe-ctè ſatisfaciens, elicietur.

Verbi gratiâ, num aër, aut aliqui ſpiritus eo momento ſepa-rentur ab hydrargyro, quo ſuam 2½ pedum altitudinem deſcen-dendo repetit, vt ſpatium relictum impleant; vel ab aëre externo

tubum circumstante, vt iam antea diximus: vel ipse aër purior &
subtilior inter hydrargyrum & tubi, vel etiam scutellæ parietes internos transeat: vel reuera tubus omni corpore vacuus maneat:
vel denique, minima aëris particula manens alicubi in tubo, satis
ad eius vacuum reparandum inflari possit.

Vt vt sit, videamus quo tempore descendant vel ascendant corpora, tam in aqua communi, quàm in aqua vitæ, seu vini spiritu admodum subtili, cuius grauitas est ad aquæ grauitatem proximè, vt 3
ad 4, siue in ratione subsesquitertia. Sit igitur tabula sequens, quæ
primâ columnâ tam descensum, quàm ascensum corporum in
aqua fontis Rongeianæ 2¹ pedes altâ. Secunda in subtilissimo vini
spiritu eiusdem altitudinis eadem ostendit.

Tabula motus corporum grauium & leuium.

	In aqua communi.	In spiritu vini.	
Ebenum 10.	secundis descendit	6	descendit.	Ex hâc au-
Ebur	5. descendit	4	desc.	tem corpo-
Later	5. desc.	3¹	desc.	rum ascendê-
Cera Hispanica 8.	desc.	5	desc.	tium & des-
Chrystallus hexagona 4.		2¹	desc,	cendentium
Buxus	52. desc.	13	desc.	proportione,
Suber ascendit, 5¹.		5	ascendit.	quam in tu-
Cera	16. ascendit.	9	descendit.	bo chryftal-
Medulla Sambuci 8 vel 9. asc.		11	asc.	lino notaui-
Aer	5. ascendit.			mus, vix du-
				bito　　　quin

multa concludi possint: quanquam & hîc à pluribus sit abstinen-
dum conclusionibus, nisi aliunde fulciantur, ne postea sententiam
reuocare cogaris.

Cæterùm in his obseruationibus, inter multa, quæ passim notatu digna sunt, id præsertim videtur admirandum, quòd cùm illa
corpora quæ seruierunt experientiæ, sphærica fuerint, cùm medulla Sambucea pisi crassitudine, quæ fuit etiam aliorum corporum
crassitudo, ascendat in aqua tripedali, 11 secundis; cylindrus tamen
eiusdem crassitudinis, sed digitum altus, tempore 2 secundorum,
vel 3 aut 4, ascendat.

Quemadmodum vero spongia exsiccata initio ascendit
in aqua, quâ diutius imbuta, postmodum in eadem aqua descendit, vt vt lentissimè, ita buxus initio in ea ascendit, & postea des-

cēndit ; itą tamen vt post ascensum maneat aliquo tempore in æquilibrio cum aqua, quiescátque sub aqua in quóuis loco, vt mihi contigit.

Cùm autem suber & alia huiusmodi corpora tam lentè moueantur in aqua, vt vix dubites quin vbique seruent motum æqualem, facilè dices quanto tempore suber è fluuii, vel maris dato profundo redeat ; & ex ascensus tempore concludes profundum ; verbi gratiâ, suber ex aqua 30 sexpedas, seu pedes 180. profundâ emerget solummodo post tertiam horæ partem, si sit sphæricum, si enim cylindricum, sequatúrque velocitatem cylindri medullacei, de quo superiùs, tempus longè minus impendet.

Aduerte porrò quædam corpora Sphærica videri citiùs descendere, cùm latiorem tubi partem attigerunt : quapropter in aliquo vase admodum amplo repeti has obseruationes foret operæpretium : cui rei lacus, seu erogatoria fontibus & aquæductibus destinata, quorum altitudo saltem tripedalis sit, aptissima sunt : si tamen temporis articulum possis agnoscere, quo fundum à quolibet descendente corpore tangetur, quod oculus non potest satis discernere, ob varias corporum descendentium refractiones, ob quas apparere solent extra loca propria. Sed neque sonus quo fundum percutiunt, in plerisque corporibus percipitur, vt constat ex ebore, in aqua, & ex cera in vini spiritu descendentibus. Nudi pedes, super quos illa ceciderint, optimi testes esse poterunt ; sed æstate summâ in balneo calido, ad vitandum incommodum : quanquam ascensus leuiorum vix possint in istiusmodi lacubus fieri, nisi valeat obseruator manum vsque ad aquæ fundum deprimere, quâ leuiora corpora detenta permittat abire, donec superiorem aquæ superficiem attingant, Horologio interim appenso, quo singula tempora notentur.

Quid verò ex illis corporum in aqua, vinique spiritu mòtibus concludes ? an sufficere ad motū duplò velociorem corporum descendentium, quòd mediorum grauitates sint in ratione sesquitertiâ cùm ebenum tres ferè pedes, 13 secundis, descendat in aqua, 7 verò secundis in vini spiritu ?

Sed non est eadem inter aliorum corporum in vtroque illo medio descendentium proportio, licet enim ebur eandem ferè rationem obseruet, cum in aqua tripedali 11 secundis, in vini spiritu 5 secundis descendat, buxus tamen plurimum ab illa ratione distat, quippe qui 62 in aqua, 16. verò secundis in vini spiritu descendit, id est quadruplò velociùs.

Quòd ad corporum afcendentium rationem attinet, medulla fambucea fphærica, pifi magnitudine, defcendit in aqua tripedali 12, in fpiritu vini 14. fecundis. Suber verò tam in aqua, quàm in prædicto fpiritu, 7. fecundis: experiatur qui volet, fi nimium admiretur, rationémque inueftiget cur eadem ratio non feruetur in omnibus.

Iam verò comparare poffumus afcenfum corporum in mercurio pedũ 2 ¼, cum defcenfu eorumdem corporũ in aqua, & vini fpiritu eiufdem altitudinis, cuius grauitas eft ad hydrargyri grauitatem, vt 1 ad 14. Nam Ebenum, quòd in aqua, 10, & in fpiritu vini 6 fecundis defcendit, in Mercurio 4 fecundis afcendit, vt antea dictum eft, in quo licet obferuationes in quibufdam differant ab iftis vltimis, verbi gratiâ, quando buxus 28 fecundis defcendere dicitur in aqua, qui tamen in his vltimis obferuationibus, 52 fecundis defcendit, ne credas alter vtrum effe falfum, quandoquidem certum eft talia fuiffe experimenta, qualia narrantur : fiue maius aliquod pondus ex tranfitu per mercurium buxus contraxerit, fiue propter alias caufas, quæ fecundo experimento tempus auxerint: idemq; de cæteris obferuationibus, vt vt differentibus, cenfeto, qui vifurus fis aërem, fiue pifi, fiue cylindri digitalis magnitudine, ftatim decem, aut 12, fæpius verò 8 aut 7, aut etiam 6 fecundis ex aqua tripedali afcendere, fiue partes aquæ ftatim velociùs; mox tardiùs cedant; fiue ob aliquas alias rationes, de quibus in obferuando cogitabis ampliùs, atque fateberis quantas difficultates motus grauium & leuium in his aut illis mediis inuoluant.& quàm fit periculofum ex vna vel altera obferuatione de reliquis iudicare.

Ex omnibus autem corporibus in mercurio, aqua & vini fpiritu afcendentibus nullum animaduerti, quod furm afcenfum, eo modo quo grauia in aëre defcenfum fuum, acceleret : omnia fiquidem æquabili motu videntur afcendere, licet hæc quàm illa longè velociùs afcendant, vt ex dictis côftat : quod ftudiosè notandum, hinc enim fortè concludetur aliam effe caufam & rationem ob quam defcendunt, ab ea propter quam afcendunt; quanquam nec in iis corporibus, quæ 3, aut 4, vel plura fecunda infumunt in defcenfu 3 aut 4 pedum, vlla poteft acceleratio percipi, & motus fatis æqualis appareat, femper enim æquale fpatium æquali tempore pertranfire videntur.

Neque dubium quin fit longè difpar caufa, cùm aër longè tardiùs afcendat in aqua, quàm aqua defcendat in aëre, cùm enim ferè 12 pedes aqua tempore fecundi defcendat in aëre, aër in aqua

3 folummodo pedes afcendit tempore octuplo; cùmque aër fit multò leuior fubere, eodem tamen propemodum tempore ambo in eadem aqua videntur afcendere: rurfúfque fuber in aëre, fecundo minuto fere 12 pedes defcendit. Alias ponderum afcendentium & defcendentium in 3 prædictis mediis comparationes vnicuique permitto, fi quam inde conclufionem poffint ad res Phyficas promouendas elicere: quod fi fieri nequeat, agnofcant in Phyficis, vt & in fidei rebus, nos hic per fpeculum & in ænigmate Apoftolico etiamnum ambulare, porroque ambulaturos effe.

Antequam verò quidpiam de corporum defcendentium, vel afcendentium proportione concludas, folis corporibus metallicis quæ non imbibunt aquam, vel alia media, præter hydrargyrum, cuius colorem affumunt, vtendum eft, quæ debent ita excauari vt quamlibet habeant cum aqua, fpiritu vini, & aliis liquoribus, quibus experiri volueris, rationem. Verbi gratiâ, fiat vas rotundum æneum, vel ferreum, aut argenteum excauatum, vndique claufum, cuius grauitas fit ad aquæ grauitatem, vt 12 ad 11, 10, 9, 8, 7, 6, 5, 4, 2, 1: hifque decem eiufdem materiæ corporibus experire in quolibet medio, 3 aut 4 pedes altitudinis, & accuratè notes tempora, quibus defcendent aut afcédent, tam in prædictis liquoribus quàm in aliis aquâ grauioribus, qualia funt olea tartari, & vitrioli, de quibus ad calcem iftius capitis.

Poteft tamen idem corpus metallicum omnibus obferuationibus fufficere, modò fiat ob excauationem, adeo leue vt in vini fpiritu poffit afcendere, & noua corpora poffint per foramen in cauitatem immitti, qualia funt, aqua, hydrargyrus &c. quorum ope fieri poffit grauius in ratione datâ, donec fit aquâ duplo, vel quadruplò grauius.

Eft autem diligenter aduertendum quanta fit tuborum latitudo in quibus grauium defcenfum, & leuium, feu minùs grauium afcenfum expertus fueris, ne fi poftea latioribus, vel anguftioribus vtaris, non ampliùs eadem defcenfuum vel afcenfuum tempora reperias. Itaque tuborum, quibus experior, latitudo, vel bafeos diameter, eft 4 linearum, feu triens digiti: globorum verò defcendentium & afcendentium diameter eft 2, aut 3 linearum.

In his autem tripedalibus aquâ plenis experior tres globulos cereos diuerfæ magnitudinis, quorum vnus habet diametrũ lineæ, vel dimidiæ lineæ; alii 2, vel 3 linearum, in aqua afcendere æquali tempore, nempe 34, vel 36 fecundis in aqua tripedali: aliàs 28 plus minus; atque adeo non effe magnum difcrimen velocitatis corporum in puteis, vel in aëre libero defcendentium, quidquid aliqui caufam hinc arceffant, cur homines in puteis cadentes non adeo grauiter ladantur.

Deinde tribus aliis cereis globulis, plûbi ramentis ad eam redu-ctis grauitatem, vt cùm fint æquales magnitudine, primus fit tan-tifper duntaxat aquâ eiufdem molis grauior, & pondo fefquigrani, defcendit in aqua tripedali tempore 12. fecundorum: fecundus du-plô grauior, feu 3 granorum, tempore 6 fecundorum; vltimus deni-que quintuplô grauior, tempore 5 fecundorum; quo etiam mar-mor in eâdem aqua defcendit.

Vbi mirabile videri poffit quòd dupla grauitas duplam velocita-tem tribuat, & plufquàm tripla grauitas, nempe 5, collata cum 1', nihil ferè velocitati addiderit, folum nempe gradum: cuius phænomeni rationem doctiores quærant.

Quòd etiam in aëre contingit, adeovt cùm ratio dupla grauita-tis initio mutauerit velocitatem admodum fenfibiliter, aliæ duplæ, imo & quadruplæ, & octuplæ rationes nullam ferè mutationem velocitatibus ïfferant, quibus fpatium 50, vel centum pedum à grauibus penes illas rationes differentibus percurruntur. Exempli gratiâ, globus buxeus, qui proximè reperitur eiufdem cum aqua grauitatis, in qua vidi eum afcendentem, fed admodum lentè, priufquam imbibiffet aquam, in qua ferè defcendebat eâdem tar-ditate, quâ priùs in eadem afcendebat, eft ferè vigefies auro le-uior, qui tamen, ex centum vel pluribus pedibus, æquâ cum auro velocitate videtur in aëre defcendere: licet in aqua tripedali, 2 fe-cundis, quin & velociùs defcendat, in qua buxus defcendit 52 fe-cundis.

Deinde, fi quodpiam corpus fumatur vigecuplô leuius buxo, erit illius in aëre defcenfus buxi defcenfu longè tardior, cùm e-tiam fpatio 50 pedum difcrimen appareat vnius fecundi, quando corpus noncuplô leuius eft buxo, vt contingit fuberi, quod tribus fecundis exfcendit in aëre, in quo 2 fecundis buxus, vt plumbum defcendit: & tamen medulla fambuci, quæ vix fubere triplô leuior eft, 5 fecunda in eôdem fpatio afcendendo infumit: igitur ratio tripla hîc maiorem velocitatum differentiam tribuit, quàm antea ratio vigecupla tribuerit.

Vbi rurfus foret operæpretium corpora metallica, quale æs, vel ferrum, excauata præparâre, quæ quamlibet inter fe rationem haberent; verbi gratiâ, leuius corpus effet ad globum æneum fo-lidum, vt globus fambuceus ad globum eundem æneum folidum,

vel

vel etiam ad aureum, hoc est vt 1 ad 120, vel ad 100 : ne superfit vlla
fuspicio pororum fuberis medullæ fambuceæ, &c. num fortè quibusdam aëris vncinulis à defcenfu impediantur. Quod dubium
foluetur, si fiat globus excauatus æneus, qui sit ad globum aureum
folidem eiufdem magnitudinis, vt 1 ad 100. qualis est proximè globus fubereus ad globum aureum: quod an fieri possit inuestigemus.

Globus ex fubere, cuius diameter 7 linearum, & pondus 8 granorum, fiat crassior, donec illius diameter sit 7 digitorum, seu
præcedente diametro duodecuplo maior : erit igitur pondo istius
globi ad pondus illius vt 1728 ad 1, cùm Sphæræ sint in ratione
fuarum diametrorum triplicata: pondus igitur globi fuberei, cuius
diameter 7 digitorum, erit granorum 13824, vel fefquilibræ, cùm
30 granis. Numquid verò duci potest lamina ænea in tantam tenuitatem, qua fiat globus concauus, cuius diameter 7 digitorum,
vt fefquilibram folummodo referat?

Certum est primò fuperficiem conuexam globi, cuius diameter
7, esse 154 proximè ; cùmque 7 intelligatur de digitis quadratis,
æneæ laminæ 154 digitorum quadratorum pondus non debet esse
fefquilibriâ maius.

Certum est fecundò, 154 laminas, cuius vnaquæque digiti quadrati fuerit, facilè fatis ad illam tenuitatem reduci, vt cuiuslibet
pondus sit 12 folummodo granorum ; quæ in 154 ducta, nequidem
4 vncias efficiunt: cumque 4 sit fubfextuplum 24, fequitur æneam
excauati globi, cuius diameter pedis feptunx, conuexam fuperficiem fextuplò, ad minimum, crassiorem esse posse laminis æneis,
quibus vnciæ grana notari folent, quarum crassitudo pars est lineæ
decima proximè, qualis est grani arenæ Stapulensis, cuius pondus
tractatu de Ponderibus, pag. 2. definio vigesies millesimam qua-
dringentesimam & octuagesimam partem vnius grani vnciæ.

Quapropter illius concauæ fuperficiei crassitudo fuperabit dimidiam lineam : quanquam globis vitreis cauis, quos Encauftes fabricet, vti possis ; opere siquidem encaustico tenuissimæ cruftæ
globi fieri folent, huic negotio aptissimi.

Præcedentia Phænomena multas fuggerent circa grauium motum in aëre cogitationes, verbi gratiâ, num quemadmodum vitrum, & alia id genus corpora 5 fecundis tripedale fpatium in aquâ
percurrunt, cùm eorum grauitas est tripla, vel quadrupla grauitatis aquæ, æquale fpatium alia corpora triplò, vel quadruplò aëre
grauiora in eo percurfura sint æquali tempore

Vbi tamen aduertas velim corpora defcenfura, magnitudinis

Gg

alicuius fenfibilis effe oportere, quippequæ poffint effe adeo exigua, vix vt vno minuto, vel vnâ horâ tripedale fpatium defcendere poffint, etiam fi, fpecie, millecuplò grauiora fuerint, vt experimur in minutiffimo puluere ab equitatu excitato : licet enim lapides ex illis arenis coagmentati & compofiti velociter defcendant, cuiufque tamen arènæ grani fuperficies refpectu grauitatis tanta eft, vt ab aëre propemodum illa granula fuftineantur, nubiûmque inftar diu perfiftant in aëre.

Quis autem non concludat corpus in aqua eadem velocitate defcenfurum, quâ lapis defcendit in aëre, fi fuerit aquâ millecuplò grauius, vel cùm illius grauitas erit ad aquæ grauitatem, vt lapidis grauitas ad aëris grauitatem?

Sed natura nullum corpus nobis dedit aquâ millecuplò grauius, quam videlicet ipfum aurum omnium corporum hactenus cognitorum grauiffimum folummodo vigefies fuperat: adeout noftræ experientiæ à corpore leuiffimo, fambuci medullâ, & auro coërceantur, inter quæ cera, vel aqua videatur effe media proportionalis ; eft enim ea medulla ad aquæ grauitatem vt 1 ad 20, ad minimum ; vt & aquæ ad aurum proximè : vt ratio 1 ad 400 fit actiuitatis noftræ Sphæra in experiendo grauium & leuium afcenfu ; & excenfu: quæ ratio ad eam accedit, quam Galileus inter aërem & aquam ftatuebat ; cui tamen hac in re non affentior, alioqui medulla fambucea non adeo velociter in aëre defcenderet, quod fequente ratione probari videtur.

Certum eft ex dictis, medullæ fambuceæ grauitatem effe, ad minimum, ad auri grauitatem vt 1 ad 400 : experiatur qui volet, fumatque medullam fambuci vtcumque viridis cylindricam, cuius altitudo fit digitorum 2 ;, bafeofque diameter , digiti, feu 3 linearum, cuius pondus 3 duntaxat vnciæ granorum reperiet, (vnde fit vt cylindruli medullæ iftius aptiffimi fint ad grana, granorumque fragmina, nempe femiffem, trientem, quadrantem &c. notanda: quæ cùm ænea funt, vel argentea, non folùm manus, fed etiam obtutum fæpius effugiunt) cúmque cylindrus cereus æqualis magnitudine fit pondo vnius drachmæ, hoc eft 72 granorum, erit quater & vigefies medullaceo grauior; addatur aurum, iuxta plures, aquâ vigefies grauius, nunquid medulla fambucea erit ad aurum grauitate, vt 1 ad 480? vel, vt minimum fumamus, à 400 ad 1? Eâq; ratione vini fpiritus defœcatiffimus erit proximè medius proportionalis inter medullam & aurum, inter quæ vel æs, vel argentum erit medium arithmeticum,

Quibus, ex obſeruatione, poſitis, cum aurum in aqua deſcendat ad ſummum 12 pedes tempore 2 ſecundorum, debet aqua, vel cera totidem duntaxat pedes æquali tempore in aëre deſcendere; cùm ſit ad aëris, vt ad auri grauitatem, reciprocè: cùm tamen nullum ſit ferè diſcrimen ceræ, & auri 12 pedes in aëre vno ſecundo deſcendentium.

Deinde medulla ſambucea eſſet ſolùm aëre vigeſies, aut 24 grauior, ad quem eſſet vt aqua, vel ſpiritus vini ad aurum, quod in illis mediis vix tripedale ſpatium vno ſecundo deſcendit; cùm tamen prædicta medulla vno ſecundo ſpatium triplò maius in aëre percurrat. Quapropter aërem multò, quàm quadragenteſies, aquâ leuiorem eſſe concludo; auſimque, iuxta propias obſeruationes, aſſerere aquæ grauitatem cum aerea collatam Galilæanâ triplò maiore, hoc eſt aquam eſſe ad aerem, grauitate, vt 1200 ad 1.

Aduerte verò non eſſe iudicandum ex paucis obſeruationibus, cum initio contingat, vt corpora longè tardiùs in aqua deſcendant, ob aquæ diuerſas imbibitiones: quod etiam de aſcenſu intellige, qui tardior, ob eandem rationem, efficitur: quod minimè contingeret, ſi corpora nihil aquæ ſorberent, eùm idem ſemper manens idem, & neceſſariò agens ſemper idem efficere cenſeatur, vbi cætera fuerint æqualia.

Cùm autem corporum tabulâ præcedente comprehenſorum deſcenſum & aſcenſum expertus fuerim in liquore, quem exiſtimant Chymici omnium ferè grauiſſimum, videlicet in oleo tartari, quod non multùm ſuperatur ab oleo vitrioli, cuius grauitas eſt ad aquæ grauitatem vt 8 ad 5 proximè; illudque potiùs elegerim, quòd ſit magè perſpicuum; ſitque ad aquæ grauitatem vt 3 ad 2 proximè, hoc eſt ſeſquialterum: placet varias obſeruationes addere, Tubi autem atque adeo liquoris iſtius altitudo fuit pedum 3 ½: ſed cùm hîc 2 digiti ſatis exiguum diſcrimen inferant, ſit altitudo tripedalis.

Cylindrulus æneus deſcendit ferè 2 ſecundis, vt & ferrum, plumbum & aurum ſphæricum. Ebur ſphæricum 21 ſecundis, cylindricum 30: quòd nempe fuerit eiuſdem ferè ac tubus craſſitudinis, vt & præcedens cylindrus æneus. Later 16 ſecundis; chryſtallus hexagona, & marmor 9: ferrum foſſile, quod dicimus *mine de fer*, 4 ſecundis deſcendit.

Reliqua corpora, quibus ſum expertus, vt ſequitur aſcenderunt: buxeus cylindrus 32 ſecundis; buxeus globus 23, ſed diametro minor. Ebeninus cylindrus 48; globus ebeninus diametro

minor, 24, Cereus globulus, 13. globulus fubereus, & fambuceæ
medulæ, 8 vel 9: fed medullaceus cylindrus 3 : cylindrus ceræ Hi-
fpanicæ; 69, fed globulus minor eiufdem ceræ, 18.

Vbi videtur mirabile quòd aër, tam in mercurio, quàm ina-
qua oleo, & vini fpiritu, hoc eft in omnibus noftris mediis, eadem velocitate afcendat, neque medullacei globuli celeritatem
anteuertat, cùm tantopere leuitatem illius fuperet.

Porrò fruftra leuiorem, aut grauiorē liquorem quæfieris, cùm
vix effentia rorifmarini, vel oleum terebinthinum leuitáte vini
fpiritum puriffimum, quali fum vfus, fuperet. Idemque cenfeto
de grauioribus liquoribus, quos excepto vitrioli oleo, fuperat
oleum tartari, nequidem exceptis aquis fortibus : hincque concludendum, in liquoribus, maximum & minimum videri, fpiritum vini, & oleum tartari: quod cum ex vino prodeat,in ynum
vinum has obferuationes refundere poffis : quamquam fi quis
ftannium, plumbum &c. in liquorem foluere queat,alia plura experimenta fieri poffint, quæ noua fuggerent.

Dum autem hæc fcribo, fubit & animum illa fapientis, Ecclef.
8,fententia, *Quòd omnium operum Dei nullam pofsit homo inuenire ra-*
tionem, eorum quæ fiunt fub fole : & quantò plus laborauerit ad quæ-
rendum, tantò minus inuenturum, vtcumque fapientem fe effe dixerit :
cui fuccinit Apoftolus 1. ad Corin. 8. *Si quis autem fe exiftimat fcire*
aliquid, nondum cognouit quemadmodum oporteat eum fcire.

Quæ licet ad mores traduci foleant, qui tamen norunt quot
& quantæ fint Phyficæ difficultates, vix negabit illa loca de rebus naturalibus explicari poffe: non quòd Ecclefiaftes neget res
exiftere, cùm potiùs eas fupponat, vt etiam noftras obferuationes fupponimus, quas non minùs veras effe fcimus, quales explicauimus, quàm hanc effe manum, quâ fcribo hæc, anno 1647
die S. Auguftini.

Sed cur res hæc aut illa fit, quæ eft caufa finalis, aut quâ
ratione exiftat, fuafque operationes, vtvt noftris fenfibus obno-
xias,obeat, vel etiam, vtad tropologiam accedamus, cur his mala, illis bona fuccedant, & id genus fexcenta, quæ pendent à
Dei voluntate, fi quis fe fcire putet, totaque vitâ fummos labores in rerum iftarum ineunda ratione exantlarit, verè poteft
affirmare, fe hactenus in fpeculo, & in ænigmate ambulaf-
fe.

Quæ cum meditor, &,cum S. Iobo,in dies, aut momenta expe-
cto donec veniat immutatio mea, Reflectionibus noftris finem

impono; ac cuique Lectori beatam illam patriam exopto, in qua
nihil nescitur; quid enim nescient, qui scientem omnia clarissimè
visuri sunt? Illuc igitur nostra desideria collinent, & arden-
dentissima vota dirigantur: omnisque spiritus laudet Dominum,
ad cuius honorem omnia mea, tam præterita quàm futura, eodem
penitus modo quo vult ipse, relata quoque peruelim, postquàm
hac B. Virginis, huiusce anni 1647 natali die, cor meum 1861107945
subsiluit, nempe quolibet anno, 315389551. vt mih, iam cum Psalte
dicendum supersit, Psal.83. *Cor meum & caro mea exultauerunt in Deum
viuum.*

MONITVM.

Oro lectórem ne perlegat illa 25 capita, quibus hic libellus
constat, quin priùs errata præli, iuxta nostram emendationem,
in suo Exemplari corrigat, & integram Præfationem oculis per-
lustret: virgulas autem siue malè collocatas, vel absentes, aut
alia puncta suppleat.

Gg iij

INter plurima, de quibus lectorem monendum arbitror, primùm tenent locum præcipua typorum errata, quæ velim emendari, priufquam fequentes Reflexiones legantur. Itaque paginâ 64. lineâ 3. legatur editis. l. 7. grauiores l. 14. coctionem. p. 66. l. 18. ellipfeos. p. 68. l. 14. & 15. numeris addatur zero. p. 69. l. 4. & 5 figuram explicantem. l. 6. à fine, putei. p. 70. l. 16. & 25. 2.

Paginâ 71. lineâ 8. lege fubtiliffimo. pag. 72. l. 13. diffimiles autor interfe comparat l. antepen. fi denos vnicuique grano. p. 75. l. 4. fuperficies. p. 77. l. 20. B C. p. 82. l. 6. poffint. vniufcuiufque bafis eft. l. 16. p. 90. l. 9. mauis. pag. 93. l. 4. coëgeris. p. 94. l. antepen. reuocet. p. 98. l. penul. lector. p. 99. l. 27. falientium atque motum fupremæ fuperficiei. p. 102. l. 24. cubicum. p. 104. l. 25. & 26. 2. *& non* 12. leucarum. p. 105. l. 12. à propof. 43. p. 106. l. 5. dele *vel figuris.* p. 114. l. vlt. æquale. p. 115. l. 6. à fine A B, dele C. p. 121. l. 9. à fine, fuperficies. p 122. l. 16. extant. p. 123. l. 18. illic. p. 124. l. 3. 1645. p. 126. in elenchi linea quarta. 230. pag. 127. l. 17. pro per femetipfum, lege ipfemet. p. 29. l. 12. Monito, dele *Corollaios.* l. 23. illac. p. 130. l. 6. à fine, tamen primum. p. 133. l. 23. fexpedas percurrit p. 135. l. 4. F C. l. 8. dodrantem. p. 136. l. 7. percurri. p. 137. l. 9. à fine, Antipodarum. p. 139. l. 9. T P N L. p. 144. l. 9. T & t. p. 146. l. 9. A N. p. 153. l. 5. diuturnas, effe falfum. l. vlt. cafum, non crafim. p. 159. l. 13. pro æqualibus. p. 161. l. 1. aliquid. p. 166. l. 16. quem vidi. p. 171. l. 10. & fequentibus, deeft figura, quam manu facilè reftiuas, nifi tamen fuffecerit femel eam infpexiffe. pa. 270. Harmoniæ. p. 174. l. 7. à fine, doctiores; & tam pro vocibus. p. 175. l. 21. legantur per omicron duo vocabula græca. l. pen. exercetur. p. 181. l. 4. l, 4, 9. p. 182. l. 17. numero differt. l. 23. quorum primorum. l. 32. 21. quo 4. & 25, & 100. ac 121 differunt. p. 185. defcendat, cùm F pondus eft ad E pondus vt 16 ad 13. p. 186. cùm l. 30. dico plumbum 12. pedes in aqua defcendere, tempore 2 fecundorum, fequor meas priores obferuationes, quas pedum 3. funependulo metiebar: certum enim eft globum aureum & plumbeum 12. pedes in canali coriaceo, quem 12. pedes altum fieri curaueram, aquâ pleno, tempore duorum fecundorum defcendiffe; cum tamen eiufdẽ materiæ globi in tubis vitreis anguftioribus pedes 3. altis aquâ plenis, etiamduo fecunda videatur infumere, cùm tamen vtar funependulo tripedali: fed cum 2 primis recurfibus ifta 2 funependula tam parum abfint, ad tubi potius anguftias recurrendum, quippe coriacei bafis

diameter, si bene memini, 2 erat digitorum, & globuli aurei &
plumbei, dimidii digiti, cum diameter orificii tuborum vitreorum
quibus experior, & de quibus cap. 25. loquor digiti trientem vix
superet. Quod monuisse fuit operæpretium, ne putes me contra-
dictoria scribere: vtque ipse in tubis diuersarum crassitudinum, vel
in aquarum lacubus experiaris.

Ead. p. 186. in fine & initio sequentis, lege quadruplò magis,
quàm aërem, impedire, cuius lineâ 5. requirunt. p. 188. l. 18. Pœ-
nitentiarius, qui aliàs, expiationibus Præpositus. l. 30. C, sol, ut.

Dubium quod p. 188 proponitur, an trochlea satis velociter moueri queat, vt graue ab ea pēdens æquè velociter descendat, ac dū
absq; ea cadit, meditatione dignū videtur: cum enim eius ambitus
sit pedis dimidium, vt graue ab ea pēdens 48 pedes percurrat, tempore 2 secundorum, debet illa 96 vicibus conuerti, sexcentisque
vicibus, dum graue descēdet 50 hexapedas, seu 300 pedes, tempore
5 secundorum, vt contingit globo plumbeo ex fenestris tholi S.
Petri, vsque ad eiusdem S. Petri Confessionis pauimentum descen-
denti: vix autem quis crediderit trochleam tantæ velocitatis capa-
cem esse. Omitto semper aliquod impedimentum oriri ex frictione vel ipsius trochleæ cum suo clauo, vel axe, quem premit, vel ipsius axis peritrochia prementis, quæ quantum velocitatis auferant
graui, quis absque obseruationibus concludat.

P. 193. l. 13. numeris Gallicis. p. 197. l. 9. hydrargyrus, id inueniri queat. pag 200. l. 9. à fine, 4. vicibus. p. 204. l. penul. dictiones. p. 205. l. 6. quem numerum. p. 209. l. 13. per 360, per quod di-
uides prædictum numerum. p. 211. l. à fine antepenult. quod fortè
difficilius inuentione. p. 214. l. 27. nouos. l. 36. 20000. voluminibus, anno. 1645. p. 215. l. 11. Geometrarum. p. 219. l. 28. operculo. l. 33.
FE. l. 40. dele 101. p. 221. l. 16. inuestigemus. l. 27. prædicta, pag. 226.
l. 8. à fine, dele cùm.

Défauts constatés sur le document original

Contraste insuffisant ou différent, mauvaise qualité d'impression

Under-contrast or different, bad printing quality

www.ingramcontent.com/pod-product-compliance
Lightning Source LLC
Chambersburg PA
CBHW060339200326
41519CB00011BA/1987